规模化养殖场卫生防疫技术丛书

兔 场 卫 生 防 疫

丁 轲 薛帮群 主编

河南科学技术出版社
·郑州·

图书在版编目（CIP）数据

兔场卫生防疫/丁轲，薛帮群主编．—郑州：河南科学技术出版社，2013.6
（规模化养殖场卫生防疫技术丛书）
ISBN 978－7－5349－6334－6

Ⅰ．①兔…　Ⅱ．①丁…　②薛…　Ⅲ．①兔－养殖场－卫生防疫管理　Ⅳ．①S858．291

中国版本图书馆 CIP 数据核字（2013）第 098935 号

出版发行：河南科学技术出版社
地址：郑州市经五路 66 号　　邮编：450002
电话：（0371）65737028　65788613
网址：www.hnstp.cn
策划编辑：申卫娟　　编辑信箱：hnstpnys@126.com
责任编辑：申卫娟
责任校对：耿宝文
封面设计：张　伟
版式设计：栾亚平
责任印制：张　巍
印　　刷：郑州文华印务有限公司
经　　销：全国新华书店
幅面尺寸：148 mm×210 mm　　印张：9.25　　字数：266 千字
版　　次：2013 年 6 月第 1 版　　2013 年 6 月第 1 次印刷
定　　价：26.00 元

《兔场卫生防疫》编写人员名单

主　　编　丁　轲　位　兰　薛帮群

副 主 编　李葱晓　李双军　宋宏晓

编写人员　（以姓氏笔画为序）

丁　轲　李双军　李葱晓

位　兰　宋宏晓　薛帮群

前　言

近几年来，随着我国养兔生产向专业化、规模化方向发展，大、中型规模化兔场数量迅速增加，目前规模化兔场已在我国养兔生产中占据重要地位。虽然兔场的规模扩大了，但是规模化兔场的饲养管理技术还是局限于小养殖户的水平，缺乏科学管理方案。因此，大多数大、中型兔场存在诸多管理和生产技术问题，特别是兔场疫病防控问题一直走不出误区，只知道吃药打针可以防病和治病，而不知道从根本上防病，从源头防病，致使兔的死亡率仍然较高，特别是 30 ~ 70 日龄的幼兔死亡率较高，造成劳动效率低，经济效益差。为了搞好兔场疫病防控工作，以满足广大养兔场的需求，我们编著本书，旨在指导规模化兔场所有工作人员如何从卫生防疫的角度防治兔病，真正了解如何从源头防病，使兔不发病或少发病，从而提高劳动效率和经济效益。

本书共分八章，第一章介绍了我国规模化养兔生产现状和存在的问题，重点讲述了规模化兔场疾病流行特点，并进行了原因分析。第二章为规模化兔场环境与疫病防控，重点介绍了环境与兔健康养殖的关系。第三章为规模化兔场管理与疫病防控，从引种、营养水平、饲养管理、繁育管理和用药等方面介绍了如何从管理水平防制疫病。第四章为家兔的生活习性和生物学特性与疫病防控，介绍了兔的生活习性和生物学特性对疫病的影响。第五章为兔病防治基本知识，重点介绍了兔病的发生原因、兔病的类型和各类型兔病的防治特点。第六章为规模化兔场防病体系的建立与实施，主要介绍了兔场防病体系建立的原则和兔场防病体系的基本内容。第七章为主要常见兔病诊断技术，包括临床诊断技术、病理学诊断技术和实验室诊断技术。第八章为家兔的主要疾病与类症鉴别，分别对病毒性传染病、细菌性传染病、其他传染病、寄生虫病、营养代谢病、中毒病、产科病、遗传性疾病和普通病的病原或病因、流行病学、临床症状、病理变化、诊断要点、鉴别诊断和防制措施进行了详细介绍。全书图文并茂，内容丰富，直观实用，是各类兔场管理人员、基层兽医工作者、兔业服务人员、各大专院校畜牧兽医师生和各省市农业科学院从事畜牧兽医专业工作者很好的一本参考书。

由于编者水平所限，书中若有错误之处，恳请同行和读者不吝赐教，多提宝贵意见，以便再版时改进和完善。

编　者

2013 年 1 月

目 录

第一章　概　述

第一节　我国规模化养兔生产现状及存在问题

我国养兔历史悠久，饲草资源丰富，农副产品较多，具备发展养兔的得天独厚条件。另外，家兔生产具有投资小、见效快、不与人争粮的特点，发展养兔业既是现阶段产业结构调整的需要，也是优化资源配置、发挥区位优势和增加农民收入的需要。因此，发展养兔业有着广阔的市场前景。

一、我国兔产业的发展现状

（一）肉兔生产

目前，我国是世界第一养兔大国。改革开放初期，我国与西方发达国家产量相差巨大，我国兔肉年产量仅为 5.25 万吨，占世界总产量的 7.12%，同期欧洲年产量为 64 万吨，占世界总产量的 86.8%。近 30 年来，我国肉兔产业取得的成绩举世瞩目，2010 年全国家兔存栏量 2.15 亿只，出栏量 4.65 亿只，兔肉总产量 69.2 万吨，占世界同期总产量的 42.6%，增加了约 12 倍。尤其近 10 年来，我国肉兔产业呈现稳步快速的发展态势。从产量来看，2000～2010 年我国兔肉产量占世界兔肉产量的比重持续增加，2000 年占 28.6%，2003 年占 30.5%，2008 年首次突破 40% 大关，2010 年达到创纪录的 43.2%；从增长速度来看，2000～2010 年世界兔肉产量年平均增长率为 2.7%，同期我国平均增长率为 8.9%，明显高于世界同期增长速度。

（二）兔皮生产

世界上饲养獭兔的国家主要有法国、德国、美国、中国、西班牙和俄罗斯等。其中不少国家养殖獭兔仅供观赏，而中国的獭兔养殖业虽然才起步，但已成为世界上唯一有批量的獭兔皮及其制成品出口的国家（目前全国年出栏獭兔在2亿只以上）。从世界市场上看，仅美国和日本两国年需獭兔皮就达1 000万张，意大利、韩国以及我国香港及东欧等国家和地区，对獭兔皮及其制品的需求量正日益增长。纵观我国獭兔业的发展，长期以来存在着“重引种、轻培育，重数量、轻质量，重兔种、轻饲养管理”的问题，加上饲养零星、分散，始终不能形成原料和产品优势，也就形不成质量和商品优势，制约了獭兔生产的发展。特别是进入21世纪以后，中国獭兔业由于出现了一批集獭兔引进、繁育推广和裘皮服饰精深加工出口于一体的龙头企业，采取了以公司为龙头，种兔场为基地，专业饲养户为骨干的生产模式，改变了以往零星分散的饲养方式，进入了规模饲养并产生规模效益的发展阶段，进入了商品生产良性循环的正常发展时期。

（三）兔毛生产

中国现已成为世界兔毛产量最大、兔毛出口最多、兔毛世界贸易量最高的国家。目前，全世界的兔毛年产量为1万～1.2万吨，中国年产兔毛9 000～9 500吨，最高时曾达1万余吨，占世界兔毛产量和贸易量的95%。中国长毛兔品种主要有皖系长毛兔、西平长毛兔、镇海巨型高产长毛兔、珍珠系长毛兔、沂蒙巨型长毛兔、泰山粗毛型长毛兔等。长毛兔年产毛量也由20世纪70年代末平均每只产毛200克，提高到现在的1 500～2 000克。

二、我国兔产业发展存在的问题

（一）品种退化严重

中国肉用兔、皮用兔和皮肉兼用兔的育种体系还不完善，保种力度不够，多数农户缺乏品种标准知识，盲目引种，近亲交配，品种退化严重。特别是在种源不足时，不加选择地都用作种兔，导致家兔品种良莠不齐，生产性能下降，影响了养兔业的发展。

（二）饲料营养与兔业发展不相称

目前家兔饲料尚无统一的营养标准，饲料质量千差万别，缺乏专门生产兔配合饲料的厂家，散养户由于规模小，以青草配合粉料饲喂为主，随意性较大。规模化兔场饲料生产中遇到的最大难题是粗饲料难以解决。一些养兔户还沿用着粗放经营的模式，饲料营养供给不平衡，饲料转化率低，兔群消化道疾病多发，尤其是幼兔的消化功能更差，死亡率极高。

（三）疾病防制体系不健全

中国多数养兔户，轻视平时预防，对兔群缺乏科学的免疫和驱虫制度，一些兽用生物厂家、兽药生产厂家和饲料厂家，没有组织生产兔专用的疫苗、药物和添加剂，致使一些饲养户很难购买到所需的疫苗、兽药，导致防疫跟不上，治疗不及时，致使兔群病原混杂，轻者影响兔群的健康和生长，重者造成批量死亡。随着规模化养兔的出现，新养兔场（户）的增加，主要疾病呈现上升趋势。特别是兔瘟（非典型性居多）、呼吸道疾病（传染性鼻炎为主）、魏氏梭菌病、球虫病和真菌病等，给养兔生产造成较大损失。

（四）饲养技术、社会化服务滞后

养兔业缺乏政策引导和信息服务，科学养兔技术不普及，养兔技术培训和技术推广工作开展较少。社会化服务组织少、力量薄弱，家兔的疫病防治、饲草饲料生产、兔产品加工销售，基本依靠企业或农民自己解决，更缺乏辐射带动能力的龙头企业。大部分地区的养兔户仍采用传统的饲养方法进行生产，只强调家兔吃草的特性，精料过少和过于单一，造成营养不良，发育不好，生产性能低下。兔笼兔舍脏乱、潮湿，环境污染严重。没有一套完整的消毒防疫制度。更有甚者，兔场既无系谱，又无生产记录，进行血配、近亲交配，造成兔生长发育受阻，生产性能下降。

（五）销售渠道单一，产品开发滞后

中国的兔产品大多以原肉、原毛和原皮出口，兔农更是以活兔或原毛出售，产品附加值低，受国际市场需求影响较大。养兔业的规模小、生产水平参差不齐，很容易被国外市场或其他行业冲垮，不能适

应兔产品生产发展和人们的消费需求。

三、发展对策

（一）引导消费，扩大市场需求，发展绿色兔肉生产

积极引导消费，扩大市场需求，加大兔产品开发广度和深度，减少对出口和外销的依赖。国际市场价格虽好，但市场容量有限，应该把重心放在国内，把国内市场做大。中国兔肉消费水平还很低，兔肉消耗量不足肉类总产量的1%，年人均消费水平只有0.2千克。随着人们对绿色食品、环境保护、可持续发展、动物福利认识的不断提高，以肉兔为主的规范化养殖成为发展的主流，在全球兴起绿色消费的浪潮下，发展绿色兔业势在必行，以实现兔产品的高质量和无残留（农药、兽药、病原微生物、重金属等）。应鼓励地方性从事兔产品收购、加工、运输和销售企业的发展，注重地方性企业和地方性市场的作用。

（二）建立良种繁育体系

畜牧主管部门要加大对种兔场的监督和管理力度，培育和维护正常的种兔生产和市场秩序。加快良种繁育体系建设，依靠科研力量，建立稳定可靠的优良种源基地，不断加强品种改良，优化杂交组合，提高养兔的科技含量和良种率。良种兔推广应纳入畜牧业良种推广工程，从技术、资金、管理上支持良种兔场的建设，并不断选育、提高和创新，以满足社会化生产对种源的要求。

（三）提高规模化技术管理水平

各级畜牧主管部门应加强领导、组织、协调和扶持，转变观念，重视科技培训，加强与有关科研院所、大专院校及行业组织的技术合作，加大科普宣传和推广的力度。加快养兔科学技术的推广应用，提高兔业科技含量和生产水平。实行标准化饲养，种植优质牧草及利用农作物秸秆，充分利用当地的饲料资源，开发家兔的配合饲料生产，对规模化兔场推广兔用全价颗粒料，解决家兔营养不平衡的问题，以提高饲料转化率，降低饲养成本，提高养殖户的饲养与管理水平。

（四）健全疫病防控体系

制定科学免疫程序，健全疫病防控体系，各地可根据本地区疫情发生情况，针对性地制定适合本地区的防疫程序，科学用药，及时监控，防止传染病和普通病的地方性流行。

（五）做好产品深加工，提高产品加工技术

中国养兔业多年来动荡起伏，主要原因是没有解决好产品的深加工、产品及成品的销售和市场的开发问题。肉兔加工的方向是利用高新技术进行肉兔的全方位深加工，特别是对兔副产品的深加工，这是中国兔业的发展重点、难点，也是未来兔业投资的热点之一。建议建立兔产品加工企业，以调节供求余缺，提高养兔业抵御市场风险的能力，拉长产业链，提高产品附加值，提高综合经济效益。

（六）适度规模经营，推广产业化发展的新模式

中国的家兔生产基本上还停留在群众自发行为上，仿效他人、零星散养，多为单家独户分散饲养，同国外规模饲养相比缺乏竞争力。目前，全国各地在养兔产业化经营方面已做出了不少探索，“公司+基地+农户”“公司+行政+农户”“公司+科技+基地”等形式是发展养兔较为成功的模式。必须发展中国兔业规模经营，逐步走产业化道路，形成生产、加工、销售一体化，提倡适度规模经营养兔方式，进一步扩大饲养规模，建立区域性的龙头企业，进行集团式经营，增强抵御市场风险的能力。

第二节 规模化兔场疾病流行特点及原因分析

随着我国家兔产业的迅速发展，养兔业呈现规模化发展趋势。规模养兔具有群体规模大、生产效率高等特点，但如果管理和防疫不到位，疾病发生率就会较高。目前我国规模化兔场群发性疾病（如传染病、营养代谢病、中毒性疾病、流行性腹胀病等）发生率较高，危害严重，对这些疾病进行综合防控，是保证规模化兔场健康发展，获得较高经济效益的前提。

一、兔瘟流行呈现低龄化、非典型化

兔瘟，即兔病毒性出血病，是由病毒引起的家兔的一种急性、烈性传染性疾病，是危害家兔的主要疾病之一。典型的兔瘟流行特点是，3 月龄以上兔易感，断奶兔、仔兔有一定的抵抗力，发病率达 90% 以上，病死率达 76% ~100%，剖检呈现全身性出血性病变。而目前兔瘟流行和剖检呈现以下特点：

1. 发病年龄呈现低龄化趋势 青年兔、成年兔发病率较高，而断奶兔发病呈现走高的趋势。幼龄兔（如 40 日龄左右的断奶兔）也发生兔瘟，且症状典型，发病率、死亡率均较高。

2. 死亡率降低 与以前的病死率达 76% ~100% 相比，目前由于多数种兔群均注射过疫苗，机体或多或少有抗体存在，免疫失败导致的兔瘟病死亡率不太高，一般为 20% ~30%。

3. 剖检特征不明显 现在多数兔瘟病例都不能发现全身器官出血、瘀血、水肿的特征，多数仅肺、胸腺、肾出现出血、水肿，其他器官无明显变化。

二、呼吸道疾病发病率明显增高

规模化兔场因密度高、通风不良等因素造成的空气质量下降是导致呼吸道疾病发生、流行的主要原因。许多规模化兔场为了充分利用舍内空间，降低投资，一味追求兔舍大跨度、多层高密度，但通风设备又不完善或安装不合理，北方地区寒冷季节处理不好舍内空气质量与温度之间的矛盾，造成舍内有害气体如氨、硫化氢、二氧化碳等浓度上升，诱发呼吸道疾病。目前引起我国规模化兔场发生呼吸道疾病的主要病原为支气管败血波氏杆菌，其次为巴氏杆菌、克雷伯杆菌。

三、大肠杆菌病、魏氏梭菌病等发生率高

目前，规模化兔场大肠杆菌病和魏氏梭菌病的发生率位居所有疾病之首，其中大肠杆菌病主要危害断奶前后的仔兔，在兔群中发病率和死亡率均最高。魏氏梭菌病危害各种年龄的家兔，且无有效的治疗

方法，致死率较高。大肠杆菌病是由一定血清型的大肠杆菌及其分泌的毒素引起的一种暴发性、死亡率很高的仔、幼兔肠道传染病，其特征为水样或胶冻样粪便及脱水而死。这种兔群发病前大都受到各种应激，最常见的应激因素有断奶（笼位、饲料等变化）、饲料配方突然改变、气候突变、长期或大剂量使用抗生素、转群、饲养人员突然改变（导致饲喂量改变）等。大肠杆菌属家兔常在菌，各种应激均可导致肠道紊乱，诱发本病。一旦兔群个别兔发病，同笼兔或相邻兔往往相继发生，逐渐扩散到兔群中，此病在秋冬、冬春时期更为严重。减少各种应激是预防本病的最有效措施之一。魏氏梭菌病是由 A 型或 E 型魏氏梭菌及其所产生的外毒素引起的一种死亡率极高的家兔急性消化道传染病。特征性症状是急性腹泻，多数水泻后当天或次日死亡。剖检可见胃溃疡，大肠有条纹状出血斑、点。抗生素对本病无效。与传统粗放饲养管理相比，规模化兔场为了提高家兔的生产性能，多采用含较高能量和高蛋白质的饲料，这时饲养管理稍有不慎（如饲喂量突然增加等）就容易诱发魏氏梭菌病，这是养兔生产中魏氏梭菌病发生率较高的主要原因。

四、多种病原混合感染增多

在规模化兔场经常出现两种或两种以上的病原同时感染同一兔群，并发、继发和混合感染病例上升。病毒病与细菌病混合感染，常见的有兔瘟与巴氏杆菌病、兔瘟与魏氏梭菌病、兔瘟与波氏杆菌病并发等。两种以上细菌性疾病同时发生，常见的有巴氏杆菌病与波氏杆菌病同时并存，有的甚至还有绿脓假单胞菌病等。还有寄生虫病和细菌性病并发、传染性疫病与营养代谢病并发等。这些多病原同时混合感染和发生，危害严重，给兔群疾病防控带来很大的困难。这就要求规模化兔场要做好这些疾病的防控工作，同时在诊断时必须抓住主要矛盾，分清主次，将临床症状与实验室诊断相结合，综合分析，做出正确判断，并采取相应的综合防控措施。

五、饲料霉菌中毒事件频频发生

近年来，饲料霉菌中毒已成为危害养兔生产的主要疾病之一。饲料霉菌中毒是指家兔采食了发霉饲料而引起的中毒性疾病，临床上以腹泻、盲肠秘结、瘫痪，怀孕母兔发生流产、死胎、产畸形胎儿和神经症状等为特征。随着我国家兔产业的发展，优质粗纤维饲料十分短缺，养兔集中的地区和大型兔场尤为突出。而我国饲草产业尚未形成，粗饲料供需矛盾十分突出，有些粗饲料加工厂不能剔除掉发霉变质的饲料，有的甚至把土掺入饲料中，如果采购稍不注意，质次价高的粗饲料难免会进入养兔企业、饲料加工厂，造成饲料霉菌中毒。因此，兔场在原料采集、贮藏、加工等环节上一定要引起足够重视。

六、营养代谢性疾病呈现上升趋势

规模化兔场养兔多采用笼养，生产水平高，家兔生长发育、繁殖、产毛所需的营养物质只能从饲料中获得，日粮中某一营养元素缺乏或过量，就会引起相应的症状。如日粮中钙、磷不足或比例不当，会引起幼兔佝偻病、母兔产后瘫痪等症状。长期饲喂维生素 A 和维生素 E 含量低的日粮，会导致兔群受胎率低、滑胎率高、仔兔脑水肿数量增加、活产率低等繁殖障碍。饲料配方不合理、饲养管理不当引起的家兔妊娠毒血症近年来发病率亦有增加趋势。

七、流行性腹胀病危害严重

目前，在我国一些地方兔场出现一种以腹胀、具传染性为特征的新的疾病，暂定为兔流行性腹胀病。该病发病率在 50% ~70%，死亡率在 90% 以上，有些兔场发病死亡率高达 100%，给养兔业造成严重损失。目前对该病病因尚不清楚，有人认为本病可能是魏氏梭菌和大肠杆菌病混合感染引起的。本病一年四季均可发生，秋后至翌年春天发病率较高。各品种兔均可发病，以断奶后至 4 月龄兔发病为主，特别是 2 ~3 月龄兔发病率高，成年兔很少发病。应加强饲养管理，提高兔群抗病力。

八、球虫病呈常年化流行特点

球虫病主要是由艾美尔属的多种球虫引起的一种对幼兔危害极其严重的常见体内寄生虫病。规模化兔场由于饲养方式的改变（地面饲养转为笼养）、预防意识的增强，目前球虫病发生呈现下降趋势。但同时由于规模化兔场加强了对兔舍的环境控制，冬季兔舍温度适宜，也为球虫卵的生存、发育提供了一个适宜的条件，球虫病的发生已无明显季节性。所以生产者要树立全年预防的观念。

九、繁殖障碍性疾病普遍发生

目前我国规模化兔场因环境控制不到位、饲料营养不平衡或饲养管理不当，造成兔群繁殖障碍，兔群繁殖力较低，这些隐性灾害严重影响着养兔的经济效益。常见的繁殖障碍疾病有不发情、配种受胎率低、屡配不孕、流产、死胎、产畸形胎和母兔妊娠毒血症等。

十、毛癣菌病发生极为普遍

目前，毛癣菌病在一些规模化兔场或地区广泛流行，造成皮张质量、生产性能严重下降，病兔虽然可以治好，但消耗的人力、财力较大，给养兔生产者造成很大的经济损失和心理负担。毛癣菌病是由致病性皮肤癣真菌（须发癣菌、石膏状小孢霉等）引起的以皮肤角化、炎性坏死、脱毛、断毛为特征的传染病。据课题组调查发现，有些规模兔群开始仅有几只兔发生，由于舍不得淘汰而进行治疗，经过一段时间不但没治好，反而导致全群大面积感染，甚至有的饲养人员也会感染本病。本病很少有自然感染，多数是由于引种带回来的疾病。因此，引种时必须从健康兔群中选购，引种后必须隔离观察至第一胎仔兔断奶时，如果仔兔无本病发生，才可以混入原兔群。有些青年兔或成年兔外观看似无毛癣病，但实为带菌者，分娩后不久，仔兔迅速感染、蔓延。一旦发现兔群中有眼圈、嘴圈、耳根或身体其他部位有脱毛，脱毛部位有白色或灰白色痂皮者，要及时隔离，最好淘汰，并对其所在笼位及周围环境用2%氢氧化钠或火焰彻底消毒。

第二章　规模化兔场环境与疫病防控

兔场的场址选择是否合适，规划是否合理，兔舍和兔笼设计是否符合兔的生活习性，对兔尤其是规模化兔场的疫病防控起着极其重要的作用。

第一节　规模化兔场场址选择、规划与布局

兔场是养兔的场所，提供给家兔良好的生活环境，对养好家兔特别重要，占养兔成败的30%左右。兔场场址的选择、设计与规划应符合家兔的生活习性和生物学特性；有利于家兔发挥生产性能；有利于饲养管理，减轻劳动强度，提高生产效率；有利于兔病防控。

一、兔场场址的选择

兔场场址应选择周围环境安静，离公路、铁路干线、集贸市场和村庄等闹区500米以外（至少500米）的地势高燥，地形开阔，通风透光，背风向阳，水源充足优质，电源交通便利，排水除污方便的地方。以保证兔场相对安静、清洁干燥、利于防病。

二、兔场规划与布局

规模化兔场选定后，根据饲养规模和自然条件做出总体规划，一般设生活区、管理区、生产区和排污区。各个功能区之间的间距大于

50 米，并用防疫隔离带或墙隔开。

（一）生活区

生活区是指所有工作人员生活的区域。在离生产区不远的地方单独建院，严禁与兔舍混建，既要考虑工作人员的生活方便，又要考虑便于养兔生产。

（二）管理区

管理区应设在生产区的前方，单独成院，其内设有饲料加工车间、饲料原料库、成品饲料库、配电室、供水设备和化验室，以便于生产管理。

（三）生产区

生产区应设在管理区后方，单独成院。在生产区入口处应设紫外线消毒间（内设挂衣钩，准备白大褂，对入场人员消毒、更衣）和消毒池（对入场车辆及物品消毒），以防止疫病传入场内。生产区设母兔产仔与仔幼兔育成舍、后备兔舍和商品兔育肥舍。母兔产仔与仔幼兔育成舍建在生产区最后方，保持环境安静，除饲养员、技术员和场长经常进出外，禁止陌生人和其他动物进入。后备兔舍建在中间，主要饲养选育的种兔。商品兔育肥舍建在生产区最前方，便于出售，也可供外来人员参观。各种兔舍设排污沟（粪尿沟），都必须有一定坡度，使污水能够流走，以便冲洗除污。污水最好自动流入排污池。

（四）排污区

在生产区的后方或旁边的墙外 50 米以外的地方设排污池（或建造沼气池）和垃圾池。把兔场所有的粪便、污水及死兔归池，发酵杀菌；把兔场所有垃圾归池，定期焚烧处理。

三、兔场道路建设与绿化

（一）兔场道路

兔场道路是兔场内各建筑物之间的联系纽带，不仅关系到场内运输和组织生产活动的正常进行，而且对卫生防疫和提高工作效率具有重要作用。因此，场区道路一定要硬化，路面不积水，宽度能错开车，运料道与运粪道分开。这样就有利于物品运输，有利于冲洗消毒。

（二）场区绿化

场区院墙外种植 1 ~3 排长势快、木质好、树叶大的树种（如悬铃木、杨树、桐树等），兔舍之间的间距应在 5 米左右，种植 1 排树冠大、枝条长、病害少、通风好的树种（如柿树、核桃树、枣树等），道路两旁设绿化带，种植一些低牧草（如酢浆草、三叶草等）。这样不仅美化环境，改善兔场面貌，更重要的是起到减少噪声、吸附尘埃、阻止细菌传播、降温防暑的作用，从而达到防病目的。

第二节　规模化兔场兔舍、兔笼设计

兔舍是家兔生活的地方，兔舍建造的目的，一是满足家兔对环境的要求，保证其健康生长和繁殖，提高兔产品的数量和质量；二是便于饲养人员和管理人员饲养管理及疫病防治的操作，提高工作效率。所以兔舍建造是否合理，将直接影响兔的健康、生产力的发挥和饲养员的劳动效率。

一、兔舍的类型与要求

兔舍的类型有三种，即母兔产仔与仔幼兔育成舍、后备兔舍和商品兔育肥舍（长毛兔的叫生产群兔舍）。

（一）母兔产仔与仔幼兔育成舍

这种兔舍是饲养配种公兔、繁殖母兔和育成仔幼兔的兔舍（60 ~70 日龄前的仔幼兔在其内育成）。具体要求如下：

1. 空间及设备要求　建造长 40 ~50 米（或更长），宽 4 米（舍内摆放双列兔笼）或 8 米（舍内摆放 4 列兔笼），高 4 米的房舍。两侧每隔 2 ~3 米安装 1 个窗户，每个窗户长 1.5 米，宽 1.5 米，最好是双层带纱窗；两头的适当位置安装排风扇（抽风机）；房顶水泥预制或是脊顶，设隔热层，每 3 米处安装 1 个吊扇；地面适当位置设排粪沟和出水口，以便冲洗。这种兔舍光照时间长、通风速度快、保暖性能好、卫生清理方便、劳动效率高。一个饲养员可饲养 150 ~200

只母兔和1 000～1 200只仔幼兔。

2. 温度及气味要求　采取相应措施维持室温在25℃左右，相对湿度在60%左右，无氨味存在。只要能保证此环境条件，母兔可四季繁殖，仔幼兔的育成率可达90%以上。饲养皮兔可实行反季节繁殖，以提高经济效益。

（二）商品兔育肥舍

该种兔舍是饲养60～70日龄以后的幼兔和青年兔的兔舍，要求的条件比母兔产仔与仔兔育成舍差些。具体要求如下：

1. 空间及设备要求　与母兔产仔与仔幼兔育成舍相同。

2. 温度及气味要求　温度5～30℃，相对湿度60%左右，无氨味存在，1个饲养员可饲养1 500～2 000只。

（三）后备兔舍

后备兔舍设计同商品兔育肥舍。

二、兔笼设计与要求

兔笼设计总的要求是兔、粪、料（草）三不接触，从而有利于饲养管理，减轻劳动强度，提高养兔效率；有利于打扫卫生、消毒防病；有利于各类型兔发挥生产性能。作者在长期的养兔生产中设计出三种类型兔笼，即水泥预制组合式笼舍、砖砌组合式笼舍、钢筋焊制组合式兔笼。

（一）水泥预制组合式笼舍

1. 地基处理　地基处理成弓状地面，水泥硬化，以便于冲洗。建筑兔笼处应呈前高后低的斜坡，前后相差5厘米。第一层底座按适当位置摆放后，其顶面（1～n）为水平面。

2. 笼的建筑方法　摆放侧板、后挡板，盖顶板于底座两头各建成一笼位。侧板置于底座中央，两侧均有1～1.5厘米的空间，以插入底箅。后部留出3厘米空间，以放后挡板。侧板与后挡板摆放固定后盖顶板，顶板前出侧板14厘米，后出后挡板5厘米。两头顶板为前高后低的斜平面，其前、后端为水平面。并各挂一条直线，照此摆放其余笼位的侧板、后挡板和盖顶板，顶板间缝灌水泥浆抹平。在其第一层顶板斜平面上适当位置摆放第二层底座，顶面为水平面。按第一层的建筑方法摆放第二层笼位的侧板、后挡板，盖顶板、灌缝、挂线。在其第二层顶板斜平面上适当位置摆放第三层底座，与第一层、第二层的底座照直，按第二层的建筑方法摆放第三层笼位的侧板、后挡板，盖顶板、灌缝。所不同的是第三层顶板前出侧板 7 厘米，后出后挡板 12 厘米。一侧建成后，再建另一侧，两侧的三层水泥预制组合式兔笼建成后，于第三层顶板距前缘 6 厘米处砌砖墙高 100 厘米，另一侧砖墙高 90 厘米，搭适量根木檩条，盖上石棉瓦固定之，即成笼舍融为一体的水泥预制组合式笼舍。条件允许情况下在两侧砖墙上设若干个翻窗，建成阁楼式房顶，内安装若干个灯泡和吊扇等设施。在摆放底座、侧板、后挡板和盖顶板时，需垫适量水泥浆，使其更为牢固。笼舍两头砌砖墙安装舍门。

3. 笼门和料斗的安装　将笼门置于两侧板正前方，使其门闩轴放在铰链孔上，搭扣轴放在关门孔上，于适当位置折弯将门闩轴插入铰链孔内，搭扣轴握成扁孔，扣于关门孔，再用直径 2 毫米铁丝握一插销，插入关门孔内，将门固定。将所有笼门安装完毕后，把料斗固定于笼门所留空内（图 2. 1、图 2. 2 和图 2. 3）。

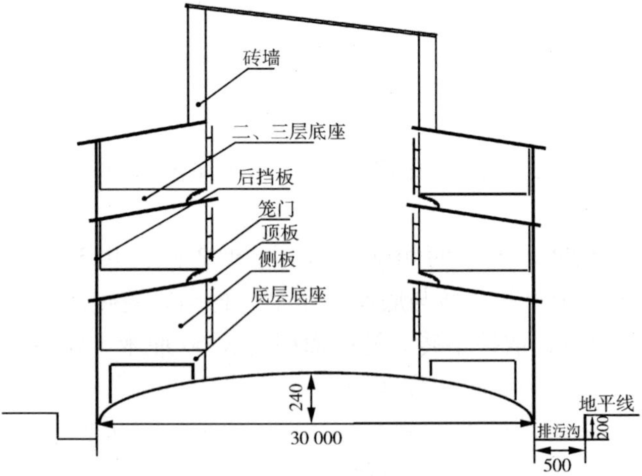

图 2. 1　水泥预制组合式笼舍（侧面）（单位：厘米）

4. 底箅制作　底箅用竹片和木条钉制而成。木条2根，每根长64厘米×宽2.5厘米×厚2.5厘米；竹片若干根，每根长（49～51）厘米×宽2厘米；长3.3厘米铁钉剪尖备用。钉成的底箅长64厘米×宽（49～51）厘米×厚3.5厘米，可合适地插入笼内或取出。竹片间距1厘米，表面平整光滑。

图2.2　水泥预制组合式笼舍（后面）

图2.3　水泥预制组合式笼舍（前面）

注：前门安装料斗和自动饮水器

（二）砖砌组合式笼舍

1. 砖砌底座　同水泥预制组合式笼舍，底座砖平砌3砖6层，各层间垫灰沙泥浆，为长72厘米×宽12厘米×高35厘米的底座墙，其顶面（1～n）为水平面。

2. 砖砌侧壁　置于底座砖中央，两侧均余出3厘米空间，以便插入底箅。立砌3砖，为长72厘米×宽5厘米×高（39～40）厘米的侧壁墙。

3. 砖砌后壁　置于两侧壁之间，立砌2砖，共3层。在砌后壁砖时，其下方中央暂垫砖与底座砖水平，再砌后壁砖，当后壁砖墙凝固后（约5天），取掉垫砖。笼内面积为长66厘米×宽50厘米。

4. 盖顶板　方法同水泥预制组合式笼舍，所不同的是顶板长90厘米×宽55厘米×厚3厘米。盖顶板时，在侧壁墙顶面前端垫一厚约5厘米的砖头，整个侧壁墙顶面垫灰沙泥浆，再盖顶板，使其前高后低，前出14厘米，后出5厘米。第2层、第3层的底座砖砌法同第1层，所不同的是砖层数减少，前放2平砖，后放3平砖，其顶面为水平面。

5. 预埋笼门铰链孔和门搭扣 砖砌组合式笼舍建成后，于侧壁墙前端平面的适当位置（与笼门的门闩轴和搭扣轴相符）钻3个小孔，孔深4厘米，塞进2~3根火柴棍或木塞锤平。取木窗风钩扣拧进即可，以便安装笼门（图2.4和图2.5）。

6. 安门、装料斗和底箅制作 同水泥预制组合式笼舍。

图2.4 砖砌组合式笼舍（后面）

图2.5 砖砌组合式笼舍（前面）

（三）钢筋焊制组合式兔笼

作者在长期的养兔生产中设计出以下2种规格兔笼。

1. 母兔产仔与仔幼兔育成防鼠笼 母兔产仔与仔幼兔育成防鼠笼设3层，每层饲养1只产仔母兔和其所产的1窝仔兔（6~8只）。每层笼由前网片、后网片、顶网片、侧网片和隔网片构成（图2.6和图2.7）。

图2.6 母兔产仔与仔幼兔育成防鼠笼（正面）

图2.7 中间两层是母兔产仔与仔幼兔育成防鼠笼（上下两层是后备兔笼）

（1）母兔产仔与仔幼兔育成防鼠笼使用技术：母兔产仔与仔幼兔育成防鼠笼属活动式钢筋焊制组合笼，既可摆放在室外，也可摆放在室内，但最好摆放于室内。该笼适合饲养肉兔和皮兔的产仔母兔和育成仔幼兔。当母兔怀孕 20 天，调整到该笼的母兔笼位饲养，除正常喂料外，每天要补喂 300 克以上青绿或多汁饲料，以保证胎儿健康发育和母兔的乳腺发育。当母兔怀孕 28 天或 29 天时，将消毒好的产仔箱放入仔兔笼位内，以便母兔衔草、拉毛、做窝和分娩。仔兔笼底箅上垫一块直径 1 厘米的塑料网，防止仔兔腿插入竹片间隙。产仔箱内的垫草一定要清洁柔软，产仔箱在笼内保持 40 天以上，不要急于撤出，防止仔兔腹部着凉拉稀。垫网于 45 天撤出，仔兔在该笼内饲养 60～70 天，体重 1.2～1.5 千克，转至商品兔育肥笼内饲养，直至出栏。

（2）母兔产仔与仔兔育成防鼠笼的优点：母兔笼与仔兔笼融为一体，便于哺乳，省力省工；搬运方便，缩短建场时间，规模化兔场或农户庭院养兔均可采用；提高仔幼兔育成率，经过 2 年实践仔兔成活率达 96% 以上；组装时进行适当加固，使用年限可达 10 年；便于在每层笼的后网适当位置安装自动饮水器。

2. 商品兔育肥防咬笼

（1）20 位无草架商品兔育肥防咬笼：每笼设 4 层，每层设 5 个笼位，主要饲养 60 天以后的幼兔和青年兔，直至出栏。每个笼位宽 48 厘米，长 39 厘米，前高 35 厘米，后高 25 厘米。由前网片、后网片、顶网片、侧网片和隔网片构成（图 2.8）。

（2）24 位带草架商品兔育肥防咬笼：每笼设 4 层，每层设 6 个笼位，主要饲养 60 天以后的幼兔和青年兔，直至出栏。每个笼位宽 55 厘米，长 33 厘米，前高 35 厘米，后高 25 厘米。由前网片、后网片、顶网片、侧网片和草架网片构成（图 2.9）。

3. 现代化兔场生产的品字兔笼　如图 2.10 所示。

图2.8　20位无草架商品兔育肥防咬笼

图2.9　24位带草架商品兔育肥防咬笼

图2.10　品字兔笼

第三章　规模化兔场管理与疫病防控

规模化兔场的管理比中小型兔场管理的难度大，兔的发病率高，控制的难度较大，所以必须在引种计划、饲料选购、饲养管理、繁殖育种和合理用药等方面下功夫，从各个环节把好关，方可有效地控制兔病暴发。

第一节　规模化兔场引种与疫病

种兔是兔场的核心，种兔是否优良、是否健康是决定兔场效益的关键，因此，任何一个兔场在引种前都要做好详细的规划，要引什么样的种兔，引进后要做哪些工作，如何检疫，如何防病。

一、品种引进计划

目前世界上大约有60个家兔品种。

按照体型大小可分为大型品种、中型品种、小型品种和微型品种。一般将成年体重在5千克以上的家兔称为大型品种，如弗朗德巨兔、德国花巨兔等；成年体重在3.5～4.5千克的家兔称为中型品种，如新西兰白兔、加利福尼亚兔等；成年体重在2～3千克的家兔称为小型品种，如标准型青紫蓝兔等；而成年体重在2千克以下的家兔称为微型品种，如小型荷兰兔、观赏的宠物兔等。

按照家兔的经济用途分为肉用兔、皮用兔、毛用兔、实验用兔、观赏兔、兼用型兔。肉用兔主要用来产肉，该类型兔具有前期生长速度快、饲料利用率高、屠宰率高和肉质好等优点。目前，较理想的肉兔品种有新西兰白兔、加利福尼亚兔、伊拉、伊普吕和齐卡配套系等。皮用兔主要用来产皮，该类型兔被毛具有短、平、密、美、牢和皮板质量优等特点。目前，皮用兔多饲养的是力克斯兔，我国养兔者叫獭兔。毛用兔主要用来产毛，该类型兔的毛生长速度快，一年可剪（拔）4～5次。目前，饲养的毛用兔多是我国培育出来的中国长毛兔（原镇海巨型高产长毛兔）和苏、浙、皖系粗毛型长毛兔以及河南西平长毛兔等。实验用兔主要用于科学研究，该类型兔具有体型中等、被毛白色、两耳长大、血管清晰等特点，利于采血和注射，新西兰白兔和日本大耳白兔是常用的实验用兔。观赏用兔是满足消费者观赏需要的一类家兔，该类型兔外观特殊、体型特别、毛色毛长异样。目前，所饲养的有小型荷兰兔、熊猫兔、狮子头兔、彩色长毛兔、垂耳兔等。

二、引种技术

（一）引种基本知识

1. 确定引进品种和数量　办场者根据当地市场需求，确定引进哪类品种和适度数量。千万不可凭一时冲动，按照主观爱好，盲目引进数量较多的兔种，这将会给兔场带来较大损失。

2. 考察供种场的基本情况　考察供种场有无省、市种畜禽经营许可证，种母兔、仔兔、后备兔情况，系谱档案是否健全，提供的种兔有无缺陷，防止只有2.5千克左右的后备兔，而没有繁殖兔和仔兔的这类所谓的种兔场，这些兔都是从外面收来的商品兔充当种兔；查阅相关资料，弄清所引种兔健康状况，仔细检查，确保无病，方可引入，对有皮肤真菌病、螨病、鼻炎和拉稀的兔子坚决不能引入，仔幼兔、老年兔和怀孕兔也不要引入。

（二）引种前的准备工作

1. 消毒笼舍　根据引种多少，将笼舍进行2～3次消毒、封闭待用。

2. 准备兔用优质全价饲料　引种时购买一些原种兔场饲料，前3～5天用原种兔场饲料，以后与准备的饲料混合饲喂，使引入种兔逐渐适应新更换饲料。否则，易引起消化道疾病。

3. 运输准备　准备运输笼具及车辆，笼具一定要平整、无钉尖，以防刺伤兔体，建议选用作者设计的种兔运输笼。起运时运输笼一定要固定，不应活动，以防压伤兔，两层之间垫一层硬纸片，防止伤及兔腿。运输前两天要求原兔场给兔饮用1～2天抗应激药（葡萄糖2 500克，含碘食盐450克，电解多维30克，抗菌药20克，兑水50千克），所调运的兔吃半饱或空腹，每笼4只，密度切记不要过大。

4. 办理检疫证　到当地检疫部门办好检疫证，防止途中被罚款误事。调运前车辆及笼具务必严格消毒，起运后途中尽可能不要停留，以缩短运输时间。

5. 运抵目的地　运输到目的地后，及时把兔放入事先准备好的笼内，不要急着喂料，先让兔充分休息，供给抗应激水。之后喂给少量青草或精料，第一天多少吃一点即可，待2天或3天后逐渐加大用量至正常喂量，切记不要喂量过大。

6. 兔舍保持安静　兔舍内注意清洁卫生，保持干燥安静，除喂兔外，兔舍门紧锁，不要经常进出兔舍观看，更不能让陌生人进入兔舍，这样会影响兔的休息。30天内对新引进种兔加强饲养管理，做好消毒防病工作。

7. 确定免疫时间　新引入的种兔不要急着打疫苗，要等兔正常吃食，精神状况好，30天左右时打疫苗，如果过早打疫苗会引起成批死亡，应引起注意。

8. 注意防病　内服复方新诺明1片/兔，每天1次，连续5天，或选用恩诺沙星或乳酸环丙沙星20克，葡萄糖1 000克，兑水50千克，连续饮用5天。可预防消化道和呼吸道多种疾病。

9. 种兔运输笼的设计　包括1片底网片、2片长档网片、2片宽档网片、3片隔网片和2片顶盖网片。

（1）底网片1片，选用直径2.5毫米铁丝焊制而成，成品长60厘米，宽40厘米。长铁丝21根，铁丝间距1.8厘米，加上铁丝的宽度，即总宽度为40厘米；宽铁丝9根，铁丝间距7厘米，加上铁丝的宽度，即总长度为60厘米。

（2）长档网片2片，选用直径2.8毫米铁丝焊制而成，每片成品长60厘米，宽（高）20厘米。长铁丝3根，铁丝间距9.8厘米，加上铁丝的宽度，即总宽度为20厘米；宽铁丝21根，铁丝间距2.8厘米，加上铁丝的宽度，即总长度为60厘米。

（3）宽档网片和隔网片共计5片，选用直径2.8毫米铁丝焊制而成，每片成品长40厘米，宽（高）20厘米。长铁丝4根，铁丝间距，上方的1个间距为2厘米（插入扣丝），下方的2个间距分别为8.9厘米，加上铁丝的宽度，即总宽度为20厘米；宽铁丝14根，铁丝间距2.8厘米，加上铁丝的宽度，即总长度为40厘米。

（4）顶盖网片2片，选用直径2.8毫米铁丝焊制而成，每片成品长40厘米，宽30厘米。每片长铁丝11根，铁丝间距2.8厘米，加上铁丝的宽度，即总宽度为30厘米；宽铁丝5根，其中1根为长42厘米。铁丝间距9.8厘米，加上铁丝的宽度，即总长度为40厘米。

（5）组装，选用细铁丝或扎片组装成能放4只兔的种兔运输笼（图3.1）。

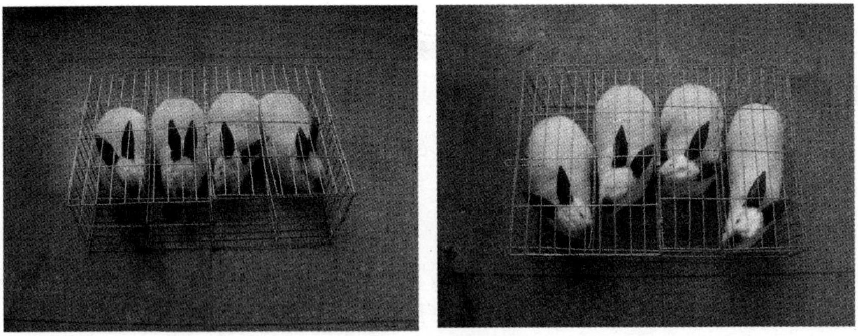

图3.1　种兔运输笼

第二节　规模化兔场饲料营养与疫病

饲料原料品质的优劣，配合比例是否合理，将直接影响家兔生产力的发挥和对疫病抵抗能力的强弱。饲料原料的质量和营养水平占养兔成败的30%左右。

一、家兔常用的饲料

供给兔的饲料种类很多，按饲料的性质、形态可分为八大类。

（一）青绿饲料

青绿饲料也就是兔用饲草，其特点是幼嫩多汁，适口性好，易消化吸收，是兔最喜欢吃的一类饲料。这类饲料来源广泛而经济，包括栽培牧草、野草、水生植物、树叶、蔬菜和农作物秸秆6类。

1. 栽培牧草　兔最喜欢吃的牧草是紫花苜蓿（图3.2）、黑麦草（图3.3）、菊苣（图3.4）、蒲公英（图3.5）、苦荬菜等。养兔者可根据各自的情况选择种植牧草，苜蓿阴干（烘干）加工成草粉，用于配合仔、幼兔饲料，可大大提高仔幼兔成活率和养兔效益。苜蓿鲜喂容易引起仔幼兔肚胀和拉稀，同时，浪费也大，所以，把苜蓿做成草粉，按一定比例加工成颗粒饲料喂兔最好。黑麦草、菊苣、蒲公英、苦荬菜用于繁殖兔和青年兔鲜喂，可提高母兔的繁殖性能和泌乳力，促进青年兔生长，且有很好的防病作用。

2. 野草　是我国目前农村养兔的主要饲料，可以利用的种类很多，大约有110种。其中蒲公英、抱茎苦荬菜、苦苣菜、苦菜、山苦荬、剪刀股、桃叶鸦葱、麦家公、车前草、夏至草、葎草、泽漆、米瓦罐、田旋花、打碗花、日本天剑、荠荠菜、苋菜、地肤等不仅是兔的好饲草，而且还具有防病治病作用。如产前或产后的母兔适当多喂些蒲公英（图3.6）、苦苣菜（图3.7）、抱茎苦荬菜（图3.8）、车前草（图3.9）、山苦荬（图3.10）等，具有清热解毒、抗菌消炎作用，能防治母兔乳房炎、阴道炎及仔兔下痢病。对产后母兔适当多喂些抱茎苦荬菜、桃叶鸦葱（图3.11）等，有增乳和通乳的作用。梅雨季节多喂些葎草（图 3.12）、牛尾蒿（图 3.13）等，有健胃、止泻、抗菌消炎的作用，可防治家兔胃肠炎和拉稀等疾病。秋后的牛尾蒿、臭蒿（图 3.14）、黄蒿（图 3.15）、猪毛菜（图 3.16）、葎草、鬼针草（图 3.17）、狗尾草（图 3.18）、白草（图 3.19）等野草晒干加工成草粉，按比例加工成颗粒饲料喂兔，不仅质量好，而且可预防兔的多种疾病。野草草粉用来生产仔幼兔饲料，可防止仔幼兔肚胀拉稀，大大提高仔幼兔成活率和养兔效益。

3. 水生植物 南方各省十分丰富，如水浮莲、水葫芦、水花生和绿萍等。这类饲料在喂前一定要洗净晾干，否则会引起胃肠病。

图 3.2 紫花苜蓿

图 3.3 黑麦草

图 3.4 菊苣

图 3.5 种植蒲公英

图 3.6　野生蒲公英

图 3.7　苦苣菜

图 3.8　抱茎苦荬菜

图 3.9　车前草

图 3.10　山苦荬

图 3.11　桃叶鸦葱

图 3. 12　葎草

图 3. 13　牛尾蒿

图 3. 14　臭蒿

图 3. 15　黄蒿（青蒿）

图 3. 16　猪毛菜

图 3. 17　鬼针草

图 3. 18　狗尾草

图 3. 19　白草

4. 树叶　兔喜欢吃的树叶有洋槐树叶（图 3. 20）、构树叶（图 3. 21）、桐树叶（图 3. 22）、松针（图 3. 23）、柳树叶（图 3. 24）、杨树叶（图 3. 25）、榆树叶和桑树叶等。秋后，将这些落叶收集起来加工成草粉，按比例制成颗粒饲料喂兔效果极好。

5. 蔬菜类　一般用来喂兔的蔬菜有菠菜（图 3. 26）、香菜（图 3. 27）、花椰菜（图 3. 28）、莴笋叶（图 3. 29）、芹菜叶及各种蔬菜的残叶等，但要注意蔬菜的药物残留和水分含量问题，最好是用清水淘洗几遍并晾晒后再喂兔，避免药物中毒和拉稀现象。母兔产仔前后适当多喂些香菜，有催乳作用。

图 3. 20　洋槐树叶

图 3. 21　构树叶

图 3.22　桐树叶

图 3.23　松针

图 3.24　柳树叶

图 3.25　杨树叶

图 3.26　菠菜

图 3.27　香菜

图 3.28　花椰菜

图 3.29　莴笋叶

6. 农作物茎叶　用来喂兔的农作物秸秆和茎叶有花生秧（图 3.30）、红薯秧（图 3.31）、麦苗（图 3.32）、玉米秸（图 3.33）、豆秸（图 3.34）、芝麻秸（图 3.35）、谷秸、油菜秸和稻草等。兔喜欢采食豆叶、红薯秧和花生秧，但新鲜的花生秧和红薯秧不宜多喂，防止肚胀和拉稀。秸秆类植物加工成草粉，按比例制成颗粒饲料喂兔效果较好。

图 3.30　花生秧

图 3.31　红薯秧

（二）多汁饲料

多汁饲料的特点是含水分、糖、淀粉多而蛋白质和纤维素少，富含钾而缺钙、磷。适宜喂兔的多汁饲料有胡萝卜（图 3.36）、白萝卜（图 3.37）、红薯（图 3.38）、番茄（图 3.39）、西瓜皮、黄瓜、茄子等。这类饲料幼嫩多汁，有甜味，适口性好。喂种兔有提高公兔精液品质，促进母兔发情受胎，喂哺乳母兔有促进乳汁分泌的作用。但不宜经常连续性喂兔，应与其他饲料搭配饲喂，以免发生肚胀拉稀现象。

图 3. 32　麦苗

图 3. 33　玉米秸

图 3. 34　黄豆秸

图 3. 35　芝麻秸

图 3. 36　胡萝卜

图 3. 37　白萝卜

图 3.38 红薯

图 3.39 番茄

（三）粗饲料

各种野草、树叶、农作物秸秆及农作物的副产品（花生壳、豆皮、麦芽根、谷糠、稻壳、麦糠）等晒干加工成草粉，均属于粗饲料。其特点是营养价值低，水分含量少，蛋白质和维生素含量低，粗纤维含量高。为了减少粗饲料营养成分的流失，在收获、晾干、运输和贮存过程中，尽可能保持青绿颜色和芳香气味。虽说粗饲料的营养成分少，却是家兔离不开的主要饲料。根据兔的生活习性和生物学特性，必须供给一定量的粗饲料，以满足兔对粗纤维的需要，从而有助于消化功能的正常发挥。这在养兔技术中是不可缺少的重要一环。目前饲料出问题最多的是粗饲料，只要粗饲料能够保证优质清洁，配合出来的饲料喂兔，兔就很少发病。最好的粗饲料是苜蓿、花生秧、洋槐树叶、青干草、麦芽根等，其次是豆秆、稻草、谷秆、玉米秆和麦秸等，最差的是花生壳。

（四）精饲料

各种作物的籽实（玉米、小麦、大麦、高粱和豆类）及其加工后的副产品（玉米皮、小麦麸、豆粕）属于精饲料。其主要特点是蛋白质、脂肪、淀粉、矿物质含量较多，但维生素含量较少。按营养成分的含量不同，可分为能量饲料（如玉米、高粱、大麦、小麦、燕麦、麦麸、红薯片、米糠、糖渣等）和蛋白质饲料（如豆粕、花生粕、菜籽粕、向日葵粕、胡麻粕、芝麻粕、蛋白粉、豆渣等）。由于精饲料营养成分含量较高，可用来调整日粮中所需的热能和蛋白质的含量，以满足家兔的生长发育、繁殖和泌乳的营养需要。

（五）动物性饲料

凡动物的肉、乳、血、骨加工制成的饲料，属于动物性饲料，如鱼粉、血粉、骨粉、蚕蛹粉、肉粉等。这类饲料都含有较高品质的蛋白质、钙、磷，且含有植物性饲料所缺乏的维生素 B_{12} 和维生素 D，对家兔的生长发育、配种繁殖及毛皮质量都有较好的效果，是仔兔、哺乳母兔和种公兔的良好蛋白质补充饲料。值得注意的是，兔不喜欢吃动物性饲料，可按适当比例加入到混合饲料内喂给，但如果无法保证质量是坚决不能用的，否则，就会给兔场带来重大损失。

（六）矿物质饲料

一般的天然饲料中所含的矿物质基本上能满足兔的需要，特别是当日粮中以豆科牧草为主时，更不易缺乏矿物质。但日粮中以禾本科牧草为主，则需要补充适量的矿物质。常用的矿物质饲料有骨粉、磷酸氢钙、蛋壳粉、食盐、麦饭石、膨润土等。

（七）补充饲料

为了使日粮营养全面，保证家兔生长发育、配种繁殖、防病治病以及提高产品质量，常在饲料中添加一些非天然性的营养素、抗生素和植物性杀菌饲料，均属补充饲料。如经常喂给兔适量大蒜、洋葱，能增强抗病力；阴雨天喂给适量辣椒粉，有助于消化和防病；梅雨季节饲料中加入适量抗球虫药和磺胺类药物等，可预防球虫病和胃肠炎；炎热季节在饮水中加入白糖、银菊冲剂等，以清热解毒，增进食欲，预防中暑。饲料中加入适量的兽用生长素、喹乙醇，有促进生长发育、抗病防病的作用。

（八）颗粒饲料

按照家兔各阶段生长发育和不同生理状态时的营养需要，将预先计算和粉碎好的各种饲料原料混匀，通过颗粒饲料机压成规格不同的颗粒饲料。这种饲料适口性好，营养全面，清洁卫生，饲喂方便。近年来已被国内外养兔场广泛采用。实践证明，颗粒饲料明显优于粉状饲料。仔幼兔饲料的颗粒要小些，青年兔以上的颗粒饲料要大些，颗粒过大，仔幼兔食之浪费。

二、家兔的营养需要

（一）对水的需要

水是生命之源，对兔的一切生命活动发挥着重要作用，1～2天不喂料可以，但不饮水是不可以的。因此，经常保持供给家兔充足的清洁饮水，以满足兔对水的需要，绝不能长时间断水或饮用污浊水。水的质量好坏，对兔的健康影响很大。承办兔场时，一定要对兔的饮用水进行检测和试验，防止将来兔发生水源性腹泻。夏、秋季节水塔和水桶内的水放的时间过长，极易造成兔群拉稀，给兔场带来重大损失。

（二）对蛋白质的需要

蛋白质是家兔生长发育、繁殖泌乳和生产产品不可缺少的重要物质。被兔食入的饲料蛋白质，在胃中被胃蛋白酶降解为蛋白脲和蛋白胨。它们随食糜进入小肠，被肠蛋白酶分解为多肽，再被肠酞酶降解为氨基酸，经小肠壁吸收后进入血液，随血液循环运送到兔体各组织细胞中，用于合成蛋白质和其他含氮化合物。在小肠未被吸收的蛋白质和氨基酸进入盲肠，被盲肠中微生物降解成氨，再被合成为菌体蛋白质，随粪便排出，被兔食入（兔有食粪行为），再次消化、吸收、利用。家兔能有效地消化利用饲料中的蛋白质，消化率达79%。实践证明，兔日粮中蛋白质含量应维持在16%～19%，在养兔过程中，不仅要保证蛋白质的量，而且还要保证其质。特别是蛋氨酸、赖氨酸、精氨酸和胱氨酸等的含量，一般来说，每100千克饲料中添200克蛋氨酸、100克赖氨酸及少许精氨酸和胱氨酸，即可满足兔的需求。这里特别强调的是，不要一味追求蛋白质的量，过多一是浪费，增加饲料成本，二是容易发生魏氏梭菌病和其他胃肠道病。

（三）对能量的需要

能量主要供给家兔生长、繁殖及生产的热能需要。日粮中消化能含量为10.45～12.2兆焦/千克。能量的需要随季节和生理状态有一定的变化。冬季需要的能量多些，夏季相对少些，仔幼兔需要的能量比成年兔略高。能量饲料也不能过高，过高容易引起消化道疾病。

（四）对矿物质的需要

日粮中添加优质骨粉（脱脂脱胶骨粉）或磷酸二氢钙2%～2.5%，适量微量元素添加剂（铜、锰、锌、铁、碘等），含碘食盐0.3%～0.5%，或直接购买兔饲料厂生产的预混料，按说明添加即可，以保证对矿物质的需要。

（五）对维生素的需要

维生素是兔体新陈代谢不可缺少的物质，如果日粮中缺乏维生素会引起维生素缺乏症，对兔的生长、繁殖造成不良影响，严重的还能造成死亡。家兔最需要的是维生素A、维生素D、维生素E，在某些情况下也需要维生素B_{12}，至于其他维生素，兔体内可自行合成，通常能满足需要。注意在饲料中添加维生素A、维生素D、维生素E粉，以防止兔体缺乏。维生素A缺乏时，仔幼兔生长缓慢，体重下降，抗病力差。成年母兔不发情，难受孕，易流产，死胎和畸形胎多，易患胃肠炎、气管炎和肺炎等；毛兔生长停滞，产毛量下降，严重时头偏向一侧，后肢麻痹，运动失调，易患结膜炎和夜盲症等。维生素D缺乏时，幼兔生长缓慢，易骨折或发生佝偻病；成年兔发生软骨病，哺乳母兔缩短泌乳期。维生素E缺乏时公兔睾丸萎缩，精液品质下降，精子活力低、数量少；母兔不孕或怀孕易流产，胚胎萎缩、吸收。毛兔易患白肌病，后躯瘫痪，肌肉发白，全身消瘦。

三、肉用兔与皮用兔饲料配方实例介绍

（一）仔兔开食料配方（%），60日龄前饲喂

玉米25.3，高粱2，麸皮15，豆粕17，菜籽粕3，草粉28，杨花粉2，葎草粉或蒜叶粉2，骨粉2，豆奶粉2，含碘食盐0.3，蛋氨酸0.2，赖氨酸0.2，预混料1。

该配方的营养成分为：消化能10.43兆焦/千克，粗蛋白16.2%，粗纤维12.5%，粗脂肪3.4%。

（二）幼兔饲料配方（%），60～180日龄兔饲喂

玉米27，高粱3，麸皮15，豆粕17，菜籽粕4，草粉29，杨花粉、葎草粉或蒜叶粉2，骨粉1.7，含碘食盐0.3，预混料1。

该配方的营养成分为：消化能 10.53 兆焦/千克，粗蛋白 15.7%，粗纤维 12.2%，粗脂肪 3.3%。

（三）繁殖兔饲料配方（%）

玉米 26.7，麸皮 14，豆粕 15，菜籽粕 5，草粉 36，骨粉 2，食盐 0.3，预混料 1。

该配方的营养成分为：消化能 10.04 兆焦/千克，粗蛋白 15.1%，粗纤维 13.5%，粗脂肪 3.4%。

配方中的骨粉为脱脂脱胶骨粉；草粉为杂草粉，各种野草晒干加工成草粉；杨花为每年 3～4 月杨树上的杨絮（有人叫毛毛虫）；葎草为一种野草，又叫拉拉秧，很涩，遍地皆是。选用高粱、杨花和葎草是为了预防仔幼兔拉稀的。

在饲料配合过程中，除设计出符合各类型兔的全价饲料配方外，更重要的是，选用的所有原料必须优质、清洁、干净，坚决不用发霉变质、带沙带土、潮湿结块的原料。各项原料一定要称量准确，搅拌均匀，加工成颗粒饲料。否则，有好的配方，不一定能生产出好的饲料。同样，有好的原料，没有好的配方，也生产不出好的饲料。也就是说，饲料原料的选择和成品料的生产不能有一点马虎，否则，将会给养兔生产带来较大损失。

第三节　规模化兔场饲养管理与疫病

饲养管理是科学养兔的一项重要内容。家兔生长发育好坏、生产性能高低、产品质量优劣，在具备优良品种、适宜环境、合理笼舍、优质饲料的基础上，很大程度上取决于饲养管理水平，饲养管理占养兔成败的 20% 左右。只有做到精心饲养，科学管理，才能取得较好的生产效率和经济效益。如果饲养管理不到位，往往会造成家兔死亡，给养兔生产带来一定的损失。

一、饲养管理基本技术

（一）饲料多样优质，配方科学实用

家兔生长发育快，繁殖力高，体内代谢旺盛，就必须有足够的营养供给。因此，日粮中必须供给家兔多种多样的饲料，使兔从多种饲料中获取较全面的营养，这样就有利于家兔生长发育，也有利于营养的互补作用。切记不能长期供给单一饲料。饲料单一会造成家兔某些营养缺乏和食欲减退，影响生长发育。所以，在给家兔生产配合饲料时，一定要选择多种优质饲料原料，配合符合各类型家兔饲养标准的全价饲料。根据当地饲料资源，选择的原料种类越多，配合出来的饲料营养就越全面。发霉变质、带沙带土、有毒有害和污染的饲料禁用。根据皮用兔、肉用兔和毛用兔的生理特点和生产性能生产出仔兔开食料、幼兔料和繁殖兔料三种即可，以颗粒饲料为最佳。

（二）料草搭配，定时定量

1. 繁殖兔，实行两料一草饲喂法 即早上6～8时、晚上8～9时各喂料1次，晚上在喂料的同时供给青草，母兔300克，公兔150克。

2. 仔兔试吃饲料阶段（16～22日龄），实行一奶一料饲喂法 即早上7时左右哺乳，中午12～13时撒少许开食料，使其自由采食。

3. 仔兔补料阶段（22～40日龄），实行一奶两料法 即早上7时左右哺乳，中午12～13时、晚上8～9时撒少许开食料，使其自由采食，并供给清洁饮水。40日龄以后逐渐更换成幼兔饲料。仔兔禁喂青草。

4. 幼兔过渡适应阶段（40～60日龄），实行两次喂料法 即早上6～8时、晚上8～9时各喂1次幼兔料，以八成饱为度。

5. 幼兔稳定阶段（60～90日龄），实行以料补草法 即晚上8～9时喂1次幼兔料，有条件的中小型养兔场（户）可适当补喂一些（150克左右）青草，集约化兔场注意再配合饲料内添加多维素，预防维生素缺乏。此阶段兔调至商品兔育肥笼内，一笼一兔。

6. 青年兔阶段（90～180日龄），实行一料补草法 肉用兔于90

日龄已有70%的出栏，剩下的30%肉用兔、青年皮用兔和毛兔，选用幼兔料或幼兔料与繁殖兔料混合在一起，每天1次（有条件的适当补充青草），继续饲喂，直至出栏。

（三）更换饲料要逐渐增减

目前，绝大部分兔场都是饲喂配合全价饲料，一定要做到饲料原料在相当一段时间内稳定。在饲料原料稳定的基础上，不要等上一批饲料吃完，再生产下一批饲料。一定要把下一批饲料与上一批饲料混合一部分，饲喂3天以上，再完全换下一批饲料。在饲料原料不稳定的情况下，更应如此；否则，兔容易发生肚胀、拉稀、胃肠炎、大肠杆菌病、魏氏梭菌病等胃肠道疾病。

（四）供给清洁饮水

水是兔生长所必需的物质，要保证饮水器或水盆内有清洁饮水，不可长时间断水，特别是在炎热的夏季以及分娩前后的母兔，一定要供足饮水；否则，会引起脱水或母兔残食仔兔等现象。严禁饮用污水、冰冻水、雨水和夏秋季在水塔或水桶内放置时间过长的水；否则，会造成严重的水源性腹泻。

（五）注意兔舍卫生，保持清洁干燥

兔喜欢干燥卫生的环境，若饲养在潮湿不卫生的环境下，就容易感染各种疾病。因此，对兔舍、兔笼注意通风换气，经常打扫，清除粪便。刷洗饲具饮具、勤换仔兔垫草、定期消毒，以保持兔舍清洁干燥，使病原微生物无法滋生繁殖。这是增强兔的体质，预防疾病必不可少的措施，也是一项经常化的管理程序。养兔者只要坚持做到，兔就很少发病或不发病。

（六）要求安静，防止骚扰

兔胆小易惊，听觉灵敏，两耳竖起倾听周围响动，一有骚动便惊慌失措，乱窜不安，头撞笼壁，尤其在分娩、哺乳和配种时影响更大。所以，在饲养管理上应轻巧、细致、细心、耐心，防止陌生人和狗、猫、鼠等有害动物侵袭，保持兔舍及其周围有相对安静的环境。喜庆佳节燃放鞭炮时一定要做好保护措施，了解到兔舍周围要燃放鞭炮时，饲养人员一定要在兔舍来回踱步（晚上把灯全部打开，使兔

舍明亮），给兔壮胆，并供给兔少量饲料或青草，饮用抗应激水。

（七）适当运动，增强体质

目前各类型兔场不可能给兔专门建一个运动场，这也是不现实的。60 日龄前的仔幼兔应设计仔幼兔育成笼，以每窝 6 只计，应放在 0.5～0.7 平方米的笼内饲养，使仔幼兔在笼内能够很好地运动。60 日龄以后的兔转入商品兔育肥笼，做到一笼一兔为最好，每笼的面积应是 0.2～0.3 平方米，以便育肥。基础兔（繁殖母兔和配种公兔）应饲养在繁殖笼内，其面积以 0.4～0.5 平方米为最佳，笼底箅竹片应结实而平整，间隙以 1.5～2 厘米为宜，特别是种公兔的笼更应如此。这样，公母兔在各自的笼内就可适当运动，从而增强体质，同时也有利于配种繁殖。否则，影响仔幼兔生长发育、种公兔配种、种母兔受胎等。

综上所述，规模化兔场在饲养管理基本技术方面，只要做到环境稳定、饲料质量稳定、饲养人员稳定、饲喂次数稳定，再加上保持兔舍清洁干燥、绝对安静和保证供给清洁饮水，兔就不发病或很少发病。

二、饲养管理专项技术

（一）种公兔饲养管理技术

饲养种公兔是用来配种，繁衍后代的。所以，要求种公兔发育良好，体格健壮，性欲旺盛，配种效果好，才能生产出更多更好的仔兔。

1. 加强营养，提高精液质量　公兔的受精能力取决于精液的数量和质量，精液的数量与质量与种公兔的营养有密切的关系，特别是蛋白质、矿物质、维生素等营养物质。所以，要供给种公兔全价营养物质和适当补充青草。精子在睾丸中的发育需要一个较长的时间，因此，应长期供给公兔全价营养。避免配种时喂得好，不配种时喂得差的现象。实践证明，在生产饲料过程中，给公兔料中添加 20 个鸡蛋或每天补喂公兔 20 粒浸泡 24 小时的黄豆，能很好地提高精液质量和受胎率。如果种公兔饲养不好的话，会大大影响配种效果，给养兔者带来一定的损失，应引起高度重视。

2. 笼底箅平整，面积适中　种公兔笼的面积以 0.4～0.5 平方米为宜，底箅平整坚实，竹片间距 1.5 ~2 厘米，这样就有利于种公兔在笼内运动和配种用力。否则，影响种公兔配种效果，甚至还会伤及公兔。

3. 公兔与母兔隔离 公兔笼与母兔笼要相隔一定距离，不要让它们经常见面。配种时把母兔捉到公兔笼内进行，决不能把公兔捉到母兔笼内，以免影响配种效果。因为公兔对新的环境敏感，若把公兔抓到母兔笼内配种，公兔不但不爬跨，反而还会咬伤母兔。严禁借用别人的种公兔，防止引来疾病。

4. 种公兔的初配年龄 肉用兔 5.5 ~6 月龄、皮用兔 6 ~7 月龄、毛用兔 7 ~8 月龄开始配种，严禁过早配种。当公兔达到初配年龄时，配过第一次后，隔 10 ~15 天再配第二次，再隔 10 ~15 天，配第三次，以后逐渐进入正常配种。通过初配的公兔在笼中活泼，食欲增加，体重还会继续增加，体质更加健壮，为正常配种奠定良好基础。切记初配时不能频繁配种，以免影响本身发育和配种效果。种公兔正常配种后，每天配种 2 次，配种 2 天休息 1 天，严禁频繁配种。

5. 配种记录 凡参加配种的公兔，必须有详细记录，等待母兔产仔后，了解每只公兔的生产性能，为今后的选种选配奠定基础。凡产出的仔兔不理想，达不到要求的，坚决淘汰。

6. 掌握时机，适时配种 自然条件下，春、秋两季气候温和，环境适宜，饲料、饲草丰富，是配种的最佳时期，要保证公兔营养和生活环境优越，抓紧时机多配多繁。但在炎热的夏季、寒冷的冬天以及公兔换毛期间一定要减少配种次数或停止配种；否则，会伤及种公兔。若要提高公兔配种效率，必须保证公兔的生活条件和营养水平。兔舍温度保持在 15 ~25℃，相对湿度保持在 60% 左右，饲料蛋白质保证在 20% 以上，补喂青草和胡萝卜，就可以大大提高种公兔的配种效率。尤其是饲养皮用兔者，只要达到上述要求，采取反季节繁殖，每年的 5、6、7、8、9、10、11、12 月配种繁殖，所产商品兔基本上处于高价位时期，可大大增加养兔效益。

7. 定期检查，防止性病 定期对公兔进行阴部检查，防止兔梅毒、睾丸炎等生殖器官疾病，以确保健康配种。

（二）种母兔的饲养管理

种母兔是兔群的基础，它除了本身生长发育外，还肩负着怀孕、产仔、泌乳等任务，因此，母兔的饲养管理是一项细致而复杂的工作。它的空怀期、怀孕期和哺乳期生理状态有着很大的变化，应根据母兔各阶段的生理特点，进行科学的饲养管理。

1. 空怀期 仔兔断奶到再次配种怀孕前的一段时间为空怀期。这个时期应保持供给母兔营养丰富而全面的饲料，以补偿母兔在产仔和哺乳期间所消耗的大量养分，使其迅速得到恢复，促使正常发育，为下一次配种怀孕奠定基础。实践证明，空怀期母兔饲养在15～25℃，相对湿度60%左右的环境内，每天饲喂母兔全价饲料2次（250～350克），以吃饱为度，再补喂青草300克，以促进母兔发情、配种、怀孕。一般来说，只要母兔发育正常，环境适宜，营养跟上，很容易发情配种。这里强调一点，规模化兔场定量喂兔现象普遍存在，每天只喂给母兔150～200克饲料，有的兔场更少。母兔吃不饱，是不会发情配种的。

2. 怀孕期 母兔自交配到分娩的一段时期，称为怀孕期，有30～32天。怀孕期间，母兔除维持本身生命活动外，还有胚胎、乳腺发育和子宫增长等生理变化，这些都需要消耗大量的营养物质，因此，一定要做好下列各项工作。

（1）母兔配种后10天内，饲养同空怀期，饲喂量适当增加即可。10天左右一定要进行摸胎检查，确认是否怀孕。当母兔怀孕15天以后，一定要加强营养，供给优质全价饲料和补喂青绿多汁饲料。用量是空怀期的1.5倍左右，使怀孕母兔吃饱吃好，以利于胎儿发育和乳腺发育。到怀孕28天至分娩的这几天，少喂饲料多喂青草，从而有利于分娩和促进泌乳。实践证明，若怀孕期间，尤其是怀孕后，能供给母兔优质全价量足的饲料和补充适量青草或胡萝卜等多汁饲料，不仅母体健康，而且所产仔兔发育良好，生活力强，成活率高，母兔的泌乳力也高，否则相反。怀孕期间发霉变质、有毒有害、带沙带土的饲料不能喂兔，以防发生流产、死胎现象。

（2）母兔流产多发生于怀孕15～25天，为了防止流产必须做到以下几方面工作：一是不能无故捕捉母兔；二是怀孕15天以后的母兔调整到母兔产仔与仔兔育成舍内，以便管理；三是保持怀孕母兔的兔舍及其周围安静，防止噪声惊吓和有害动物袭击；四是单笼饲养，保持清洁干燥；五是严禁饲喂发霉变质、有毒有害、沙土过多和冰冻的饲料，严禁饮用剩水、冰冻水和污水。

（3）母兔在产前和产后2~3天内，每天饮用葡萄糖粉2 500克、含碘食盐450克、电解多维30克、抗菌药（恩诺沙星、沙拉沙星、环丙沙星等）20克与50千克水的混合液200克/兔，或每天内服复方磺胺甲噁唑（复方新诺明）1片/兔，有抗应激，防乳房炎、阴道炎、产后瘫痪、仔兔黄尿病和催乳作用。

（4）母兔分娩时一定要有专人负责，保持兔舍及其周围绝对安静，待母兔产仔结束出箱喝水时，负责人拿出产箱，清点仔兔数，清除污物，用拔掉的兔毛（母兔不会拔毛要人工拔毛）盖好仔兔，注意保暖，于第二天早上哺乳观察。只要第二天早上所有仔兔都能吃饱奶，仔兔成活率就有一定保证。

3. 哺乳期　从分娩到仔兔断奶的这段时期为哺乳期。饲养管理重点是供给哺乳母兔优质、全价、量足的饲料和具有促进乳汁分泌的青草、胡萝卜等，以保证有质优量足的乳汁，才能养好仔兔。管理上应做到兔舍清洁干燥，预防乳房炎，观察母、仔兔状况，采取相应措施。

（三）仔、幼兔和青年兔的饲养管理

从出生到断奶这段时期的兔子称为仔兔；从断奶到90日龄的兔子称为幼兔；从90日龄到180日龄的兔子称为青年兔；180日龄以上的兔子称为成年兔。仔、幼兔的饲养管理是规模化兔场养兔成败和效益的关键，必须做好、做细。

1. 早吃奶，吃饱奶　仔兔生后的第二天早上必须吃到奶，并能基本吃饱，自此以后，每天上午7~8时喂1次奶即可。仔兔能吃饱奶，则生长发育良好，体质健壮，生活力强，成活率高，否则相反。仔兔吃饱奶时，安睡不动，腹部圆胀，肤色红润，被毛光亮。饥饿时，仔兔在窝内不安静，到处乱爬，腹部不胀大，肤色发暗，用手触摸，仔兔头向上蹿跳，并发出“吱吱”嘶叫声。在养兔生产中仔兔

吃不到奶或吃不饱奶的现象经常发生，一定要及时查明原因，采取相应措施，以保证仔兔吃饱奶。

（1）对护仔性不强、不给仔兔哺乳的母兔应采取强制哺乳的方法进行哺乳，其方法是：将母兔固定在巢箱内，一手按摩母兔太阳穴，使母兔保持安静，把仔兔分别安放于母兔的每个乳头旁，嘴顶乳头，让仔兔自由吸吮，每日强制哺乳1次，连续3～5日，母兔便会自动喂奶了。

（2）对母兔产仔过多、乳汁不足、仔兔常处于饥饿状态的，应调整仔兔到产仔过少、泌乳过剩的母兔窝内进行寄养。其方法是：将分娩时间先后不超过2天的仔兔从巢箱内拿出放入产仔少的巢内，于第二天哺乳时间再让保姆兔哺乳。管理人员要注意看护，以防保姆兔咬伤或咬死被寄养的仔兔。

（3）对产后无乳、母兔死亡或让良种兔进行频繁配种的，应进行全窝寄养或人工哺乳。长毛兔生产中实行全窝寄养，其方法是：优良长毛兔产仔，全窝仔兔要让肉兔做保姆兔。无寄养条件的，可进行人工哺乳（但规模化兔场不适合采取人工哺乳），其方法是：用一支5～10毫升注射器或一个滴管，或塑料眼药水瓶，在尖端安装1～1.5厘米长的自行车气门芯作为人工哺乳工具。用前应煮沸消毒，再吸入被煮沸的加倍稀释的牛奶、羊奶或奶粉，待奶冷却到37～38℃时喂给仔兔，每天1～2次。喂时一定要耐心细致，不可过急，以免奶水误入仔兔气管呛死。喂量以吃饱为度，不要喂得太多，以防消化不良。

2. 仔细管理，注意保暖 出生后5日龄前的仔兔，全身无毛，皮肤红润，5日龄后长出茸茸细毛，到15日龄被毛布满全身，跳出产箱嬉戏活动。这一时期的仔兔除吃奶外，全部时间都在睡觉，对外界环境适应力极差，抵抗力极小，生长速度极快。因此，在管理上应做到保暖防寒、防鼠害、防蚊蝇。保持产仔箱内垫草柔软、清洁干燥，垫草以稻草及禾本科野草最佳（图3.40），温度在30℃左右。每只母兔哺乳6只最好，可以哺乳8只，多余的仔兔调整寄养或淘汰。15日龄后的仔兔已开始陆续跳出产箱，寻觅食物。这一时期注意仔兔育成舍保暖，温度在25℃左右。产仔箱仍然放在仔兔笼内，直至40多天，再取出产箱（图3.41）。箱内垫草一定要清洁干燥，柔软蓬松，任仔兔自由出箱活动觅食或进箱休息睡眠，这样就能保证仔兔肚子不会着凉，可很好地预防仔兔腹泻，提高仔兔成活率。

图3.40　兔用优质垫草

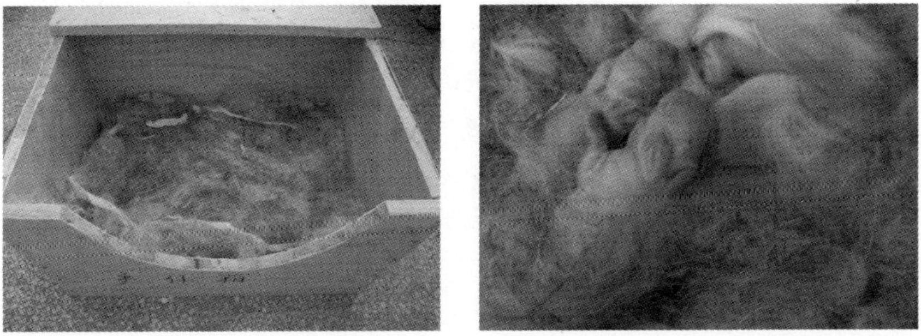

图3.41　产仔箱及初生仔兔

3. 及时补料，逐渐适应　仔兔于15日龄后就开始会吃饲料，作者把15～22日龄拟定为试吃饲料阶段，22～40日龄仔兔为补料阶段，40～60日龄幼兔为过渡适应阶段，60～90日龄幼兔为稳定阶段。把60日龄前的仔、幼兔饲养于仔兔育成笼内，一笼一窝（6～8只）。仔兔育成笼的基本要求是笼底箅竹片间距1厘米为宜，面积0.5～0.6平方米最好，底箅表面垫一块直径1厘米的塑料网（图3.42），防止仔兔腿插入竹片缝隙受伤，笼周壁的铁丝网隙以1.5～2厘米为

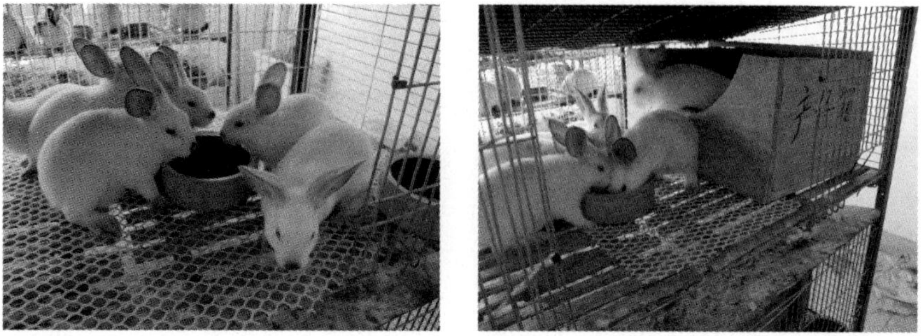

图 3.42　仔幼兔笼底箅垫网和 40 日龄幼兔

宜，再宽仔兔容易跑出笼外，难以管理或摔伤摔死。仔兔试吃饲料阶段的第 1 ~3 天，在笼内散放 3 ~5 根像麦叶大小的野草，如燕麦叶、剪刀股叶、抱茎苦荬菜叶、苦苣菜叶、苦菜叶、山苦荬叶、葎草叶，种植牧草的菊苣叶、黑麦草叶，农作物的小麦叶、大麦叶、豆叶，树叶中的构树叶、榆树叶、洋槐树叶等。切记不能多，主要目的是让仔兔学习吃食。同时在笼内放上一个浅些的料盆和一个水盆，供给少许仔兔开食饲料和清洁饮水，任其自由采食和喝水。当发现供给的青草和饲料吃完，说明仔兔已经会吃料，就可以实行一奶两料饲喂法，即早上哺乳，12 时左右和 20 时左右各供一次仔兔开食料，其量的多少，视兔而定，但不能多喂，防止消化不良，直至断奶。

断奶至 60 日龄为过渡适应阶段，此阶段是养兔的关键阶段，大多数新的养兔者在此阶段发生问题最多，断奶 10 天后，幼兔开始不断死亡，幸存者也是生长发育不良。其主要原因有四：一是环境条件差，温度不适宜，笼具不符合要求，过早把产仔箱取出，使幼兔出现冻死、夹死、吊死等现象；二是饲料质量差，营养不全面，不知道给幼兔饲喂一些原料优、营养全的饲料，使幼兔发生拉稀、肚胀、消化不良、胃肠炎等疾病，造成大批死亡现象；三是不会饲养管理，掌握不住喂量，多数都是怕兔吃不饱，喂量过多（这时期的兔不知饥饱，供多少吃多少），让兔多吃多长快卖的心理作用，结果造成幼兔死亡现象；四是不知道如何防病，乱打针、乱吃药现象严重，不但没有防住病，反而造成了很多病，如药物中毒、针眼化脓、外伤等，使兔出现球虫病、中毒病、外伤及死亡现象。60 日龄以后的幼兔视大小调整到商品兔育肥笼或水泥预制组合式笼舍内饲养，一笼一兔，直至出栏。凡留作种用的青年兔调整到后备兔舍继续饲养，直至成年，或自留配种繁殖，或出售种兔。

三、日常管理技术

（一）抓兔技术

捕捉兔是养兔生产中常用的手段，从仔兔到成年兔往往要捕捉很多次，如果方法不正确，常常会出现将兔抓伤或被兔抓伤等现象。正确的抓兔方法是：用右手抓住兔两耳及颈部皮肉（抓得越多越用力越好），提起后左手立即托着臀部，且食指与中指夹住尾巴（图 3. 43）。其他任何抓兔的方法（单抓耳、抓后腿、抓腰部、抓兔体）都是不正确的，都会给兔造成一定伤害。

（二）孕检技术

为了不失时机地让母兔繁殖，母兔经交配或输精后，一定要及时检查怀孕情况，以免影响生产效率。兔的孕检方法有摸胎法、称重法和复配法，以摸胎法最准。

1. 摸胎法　母兔交配或输精后 10 天左右，左手抓住兔耳颈皮肉，使其固定于孕检台（桌子）上，头朝向检查者胸部，右手以“八”字形在腹中后部靠背侧的肾区和骨盆腔前口附近探摸（图 3. 44）。若摸到如花生米大小能滑动的，且有一定弹性的肉球，即确定怀孕。注意与粪球区别，粪球较硬，无弹性，三个指头（拇指、食指和中指）能将粪球捏住，用力可捏扁，而胎儿捏不住，有弹性和滑动感。

图 3. 43　抓兔技术

2. 称重法　对初配母兔和断奶后再次配种的母兔于配种后 10 天称重，体重增加 180 ~ 250 克，可能怀孕，结合摸胎进一步确定。

血配母兔增重不明显，主要靠摸胎来确定。

3. 复配法 母兔配种后 5 ~ 7 天，放入公兔笼内试情，如拒绝交配，并发出“咕咕”叫声，可能受胎，于 10 天左右摸胎确定。部分皮用兔和某些肉用兔只要与公兔放在一起，便发出“咕咕”叫声，且拒绝交配，这一现象应引起注意。

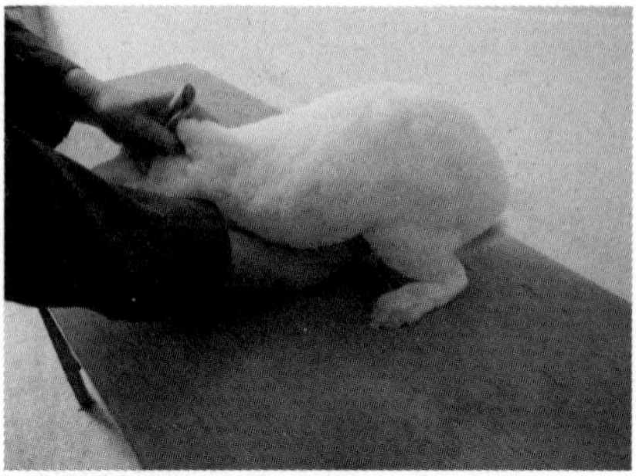

图 3.44 摸胎技术

（三）年龄鉴别

在引种时，一定要弄清兔的年龄，防止上当受骗。年龄鉴别的方法有以下 5 种：

1. 看兔爪基部颜色，判断年龄大小 白色兔爪基部的颜色呈粉红色，尖端呈白色。1 岁时，红色与白色的长度相等，1 岁以下红色多于白色，1 岁以上白色多于红色，老龄兔红色极少或消失，同时爪有弯曲现象。

2. 看爪的长度与弯曲度，判断年龄大小 青年兔脚爪短而平整直，被脚毛遮盖，随年龄的增长，趾爪逐渐露出脚毛之外；老年兔趾爪半露于脚毛之外，而且爪尖弯曲。趾爪露出脚毛越多，爪尖越弯曲，说明兔子越老。

3. 看门齿变化，判断年龄大小 青年兔门齿洁白、短小而排列整齐；老年兔门齿暗黄、厚长而排列不整齐，时有破损。

4. 看皮板弹性，判断年龄大小 青年兔皮板薄而紧，富有弹性；老年兔皮板厚而松弛，弹性小。

5. 看行动敏捷迟缓，判断年龄大小 青年兔行动敏捷，眼神明亮；老年兔行动迟缓，眼神颓废。

（四）公母鉴别技术

2 月龄之前的幼兔要进行公母鉴别，以便选种和出售。方法是：用右手抓住耳颈皮肉，使仔幼兔腹部朝上，左手掌托住臀部，食指与中指夹住尾巴，拇指轻轻地向上推开阴部生殖器，即显出两个孔，上方的为生殖孔，下方的为肛门。生殖孔呈圆形，略小，稍用力有突出，与肛门间距较远者为公兔（图 3. 45）；生殖孔呈扁形，略大，与肛门间距较近者为母兔（图 3. 46）。

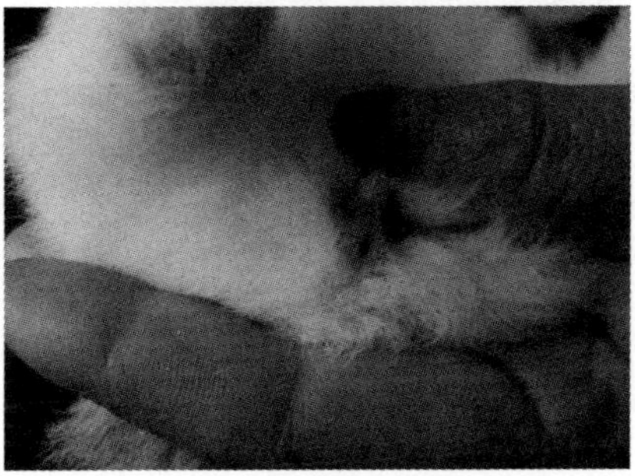

图 3. 45　生殖孔圆形（公兔）

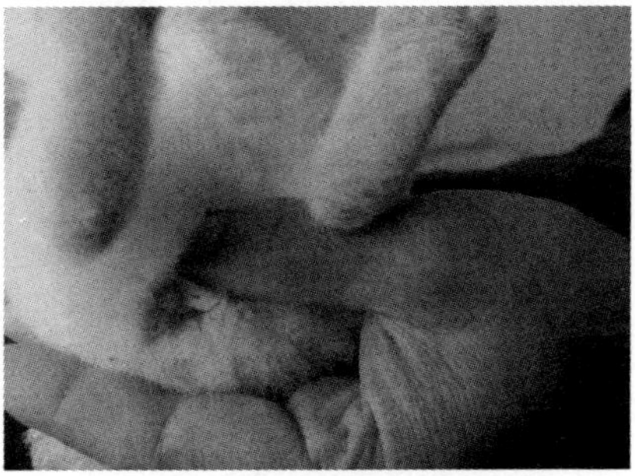

图 3. 46　生殖孔扁形（母兔）

（五）仔兔急救技术

仔兔急救技术是因初生仔兔窒息或冻僵等而采取的急救技术。

1. 窒息　母兔在怀孕期间营养不良，初生仔兔瘦弱，产后出现窒息，在仔兔发育无缺陷，还有体温时进行急救。其方法有两种：

（1）人工呼吸法。将仔兔放在手掌上，头朝指端，腹部朝上，频频伸屈手指，连续多次至仔兔开始自动呼吸，然后把仔兔放在保温的巢箱内。

（2）冷刺激法。用冰块（冬季用冷水泥地板）短时间刺激仔兔，使仔兔发生全身颤动，再按上述方法进行人工呼吸，待恢复正常，把仔兔放在保温的巢箱内。

2. 冻僵　在冬季、早春、秋后时期，由于多种原因（如产箱垫草兔毛少、母兔出产箱把仔兔带到箱外、母兔把仔兔产在产箱外，母兔乳汁不足使仔兔吊乳到产箱外）使仔兔在产箱外而引起冻僵，短时间内冻僵应立即急救，其方法是：

（1）把冻僵仔兔放在胸怀内取暖，直至活动、呼吸。

（2）把冻僵仔兔的身体放在 40℃ 温水中，鼻口外露，10 分钟左右就可活动、呼吸，振干仔兔周身湿水，放入保温的巢箱内。

（六）引种、运输和转兔技术

引种、运输、转兔是养兔生产中不可避免的一项工作，如果做不好，就会给兔场造成一定的损失，应引起高度重视。

1. 引种及运输技术 如前所述。

2. 转兔技术 60日龄的幼兔由群养转到商品兔育肥笼内单养时，应注意以下几点：

（1）肉用兔和皮用兔选用钢筋焊制的20或24笼位育肥笼时，尽可能把原来是一笼的兔紧挨着放，使它们还能继续见面，这样可减少应激反应。

（2）计划转兔前1～2天饮用抗应激水2次。

（3）供给优质全价饲料，以吃六成饱最好，3天后逐渐恢复正常，以吃八成饱最佳，千万不要多喂。

（4）保持转过来兔的兔舍环境清洁干燥，温度适宜，空气流畅，预防消化道和呼吸道疾病。

第四节　规模化兔场繁育管理与疫病

在养兔生产中，只有选择生长发育好、生产性能高的优良种兔，才能生产出更多更好的仔兔，就能在同样的环境、饲料和劳动时间内，降低饲养成本，提高劳动效率，增加经济效益。怎样才能选择各项性能表现出来，并把优良品质代代相传，这就是家兔育种中所要研究的内容。

一、家兔的选种与选配

（一）选种

选择出体格健壮结实、体貌美观、体重大小适宜、生长发育较快、生产性能较高、遗传性能稳定、抗病力较强的兔子留作种用的过程，称为选种。家兔的繁殖力很强，一只母兔一年可产几十只仔兔，一只公兔一年所生后代少则几百只，多则上千只。因此，如果能够选出优秀的公、母兔作为种用，一代一代地繁殖下去，整个兔群品质就会不断提高，并且逐步向人们特定的目标发展。与此相反，如果不慎挑选出有一定缺陷的兔子作为种用，它的低劣品质也会迅速地扩散到兔群中。所以，家兔选种一定要严格，凡不符合种用标准的仔兔一律划归到生产群内。在家兔的选种过程中，不仅要重视个体的体质、外貌和生产力，而且要重视后代的表现情况，考察其传种继代的实际效果。

（二）选种方法

选种方法包括个体选择、系谱鉴定、后代鉴定、多性状综合鉴定。

1. 个体选择　是指要选兔子的本身表现情况，具体做法是：

（1）选择第3～5胎出生的兔子，第1、2胎和第6胎以后的兔子不宜选种。

（2）选择外貌特征明显，体质健壮，体重适中，繁殖率、遗传性、生产力稳定，抗病力强的兔子作为种兔。

（3）选择的种兔应健康无病，发育良好。

（4）选择两睾丸发育匀称，性欲旺盛，对母兔配种反应灵敏，会抱母兔的公兔。

（5）选择孕后不易流产，会拉毛做窝，产仔顺利，护仔性强，不吃仔兔，不在窝内拉屎，会用毛盖好仔兔，定时给仔兔哺乳，产仔多，乳头不少于4对，泌乳力高的母兔作为种母兔。

2. 系谱鉴定　就是根据祖先的品质而估测当代个体在这些品质上的遗传表现。系谱鉴定对正处于生长发育阶段的幼兔来说，因其外形尚未固定，且无生产记录，更具有广泛应用的实际意义。特别是仔兔断奶后进行早期留种时，可采用系谱鉴定。在系谱选择的过程中，主要考虑的是亲代的影响，祖代、曾祖代一般影响较小。

3. 后代鉴定　就是根据子代的品质好坏来判断亲代在某些方面遗传表现的一种方法。实践中，根据本身和系谱采用后代鉴定是最可靠和最有效的方法。后代鉴定对家兔选种来讲是最合适的。因兔生长繁殖快，不到一年就可通过生产的后代对种用兔做出鉴定。

4. 多性状同时鉴定　即综合鉴定。在实际育种工作中，往往将以上三种鉴定融为一体，全面评定种兔。对种兔的综合鉴定，一般根据各个阶段中后备兔的特点而有不同的要求。

（1）仔兔断奶时，进行第一次鉴定。这一阶段内应根据仔兔的系谱情况、断奶体重及同窝仔兔生长发育情况进行选择。

（2）第二次鉴定的时间因家兔品种的不同而异，肉兔和皮兔的后备兔在90日龄时着重鉴定从断奶到90日龄的日增重和90日龄的体重。

（3）第三次鉴定是配种繁殖前夕，一般大型兔在7～8月龄，中型兔在6～7月龄，毛用兔在7～8月龄。这时，兔本身的生长发育已经比较完善，因此，宜以外形鉴定为主。

（4）种兔在1岁以后可根据繁殖性能做第四次鉴定。由于母兔在第一胎时繁殖性能还没有稳定，所以，至少应根据第二胎的性能进行鉴定。

（5）第五次鉴定是在种兔的后代已有生产记录的情况下，实行后裔鉴定。

上述五个鉴定阶段中，凡不符合种用要求者，均在各次鉴定中淘汰，其中个体性能较好的可以列入生产群。对于选留的种兔则选入育种群，而生产性能优良、后裔鉴定成绩突出的种兔，选入核心群。

（三）选配

从选出来的种兔中，挑选公兔与母兔交配，使双方优良的性能传给后代，这就叫作选配。选配的实质，就是有意识地组合后代的遗传基础。其目的在于获得变异和巩固遗传特性，以便逐步提高兔群品质。

1. 品质选配　品质选配包括同质选配和异质选配。

（1）同质选配就是选择性状相同或性能表现一致的优秀公、母兔交配，以期获得相似的优秀后代。同质选配的使用范围，只能用于优秀家兔，而不能用于一般中等品质的家兔，只适用于兔群中已有了合乎理想型种兔使用。

（2）异质选配就是选择不同优良性状或同一性状而优劣程度不同的公、母兔进行交配，以达到获得兼有双亲不同优点的后代和以优改劣的目的。异质选配是在希望打破兔群的停滞状态，矫正兔群的不良品质，或综合双亲优点时使用。

2. 年龄选配　是根据交配双方的年龄进行选配的一种方法。实践证明，壮年公、母兔交配所生的后代生活能力强，生产力高。在养兔过程中避免老配老、青配青、青配老、老配青现象。应该是壮年配壮年、壮年配老年和壮年配青年。

3. 亲缘选配　就是交配双方有亲缘关系（交配双方到共同祖先的世代数在 6 代内，如亲女交配、子母交配、兄妹交配、堂兄妹交配等），称为亲缘交配，反之就称为非亲缘交配。亲缘交配是育种时进行基因型纯合使用的一种方法，广大养兔生产者应避免使用。因为近亲交配容易使一些有害基因暴露出来，使兔群生产水平下降，生活力减弱，抗病力变差等。

4. 等级选配　将来源、生产力、外貌体质等指标大致相同的母兔作为母本，然后选择相当等级的公兔作为父本，两者进行交配，就称为等级交配。在养兔生产中，只要公兔选择得当，就会取得良好的生产效果。

二、家兔的繁育方法

家兔的繁育方法包括纯种繁育和杂交繁育。在生产中无论采用哪种方法，都必须有目的、有计划地进行，只有这样才能收到良好的效果。

（一）纯种繁育

纯种繁育是指同一品种或同一品系内的公兔与母兔之间的选配，又称为本品种选育。纯种繁育的主要任务是保持和发展一个品种的优良特性，增加品种内优良个体的数量，克服品种的某些缺点，达到保持品种纯度和提高品种生产水平的目的。因此，纯种繁育在养兔生产中被广泛地用来增加良种数量，保存地方良种，育成新品种和对新引进品种的风土驯化，并为杂交提供亲本。在进行纯种繁育时，应避免近亲交配，宜采用远缘或无血缘关系的公母兔交配。种兔群数量少的，最好每年从外地引进或本地相互调剂种公兔。

（二）杂交繁育

杂交繁育是指两个或两个以上品种或品系的公、母兔之间的交配。杂交一方面可以育成新品种，另一方面可以提高商品兔的生产性能。对育种单位和试验场来说，主要是为了培育新品种或新品系，而对广大养兔场（户）来说，主要是为了获得杂交优势的后代，出售更多的商品兔，增加经济效益。常用的杂交方法有：

1. 育成杂交 有两个或两个以上品种进行交配，目的是选育一个新品种。世界上许多著名品种几乎都是用杂交方法育成的，如青紫蓝兔、加利福尼亚兔等，其杂交方法为：

喜马拉雅兔×野灰色嘎伦兔　　蓝色贝韦伦兔×野灰色嘎伦兔
↓　　↓
喜灰杂种兔　×　蓝灰杂种兔
↓
青紫蓝型兔
↓
青紫蓝兔
喜马拉雅兔×标准型青紫蓝兔
↓
喜青杂种兔×新西兰白兔

2. 改良杂交 也叫吸收杂交。一个品种借助另一个品种来改良，目的是在保持原有品种特性的基础上再吸收另一个品种的优点。例如用大中型兔来改良小体型兔，杂交后代就能获得增重快、体型增大的优点。

3. 经济杂交 就是利用两个不同品种杂交生产商品兔的杂交方法。发挥基因互补、基因互作等作用，使杂交后代不仅能产生两个品种所能完成的生理生化指标，甚至还能产生两个品种不能产生的优秀基因，从而表现出杂交优势。因此，在商品生产中应利用两个不同品种进行杂交，发挥杂交优势，获取更大效益。应注意的是皮兔、肉兔、毛兔之间不能乱杂交，杂交后代不宜留作种用。

4. 轮回杂交 使用两个品种的杂交后代的母兔选留下来作为繁殖种兔，再与另一个品种的公兔进行交配，以生产具有杂种优势的高产杂种兔。这种方法可广泛用于中小型养兔场（户）。

三、家兔的繁殖生理

（一）精子的发生

精子在公兔睾丸中形成的过程，称为精子发生。精子发生分四个时期，即繁殖期、生长期、成熟期和成形期。在睾丸曲细精管壁上有一种形成精子的精原细胞（数量极多），一个精原细胞经四次有丝分裂，形成16个初级精母细胞，初级精母细胞进入生长期和成熟期，进行两次成熟分裂，最后形成64个精子细胞，经成形期变成64个精子。精子形如蝌蚪状，由头、颈、尾三部分构成，全长为33.5～62.5微米。头部是精子的核心，大部分被细胞核所占据，前面有顶体，后面有核后帽保护。顶体中含有多种酶，对精子入卵起重要作用。颈部短，最易受破坏，当精子入卵后，颈部立即断裂，尾部留在卵外。尾部是精子的运动器官，负责把精子运送到受精部位。从睾丸取出的精子不会运动，也没有受精能力。睾丸的精子通过附睾获取营养，才具有运动和受精能力。再经输精管到尿生殖道骨盆部，与副性腺（精囊及精囊腺、前列腺、旁前列腺、尿道球腺）的分泌物混在一起，形成精液，经尿生殖道阴茎部排出体外。健康公兔每次射精排出的精液量为0.4～1.5毫升，每毫升精液中含有1 000万～20 000万个精子。

（二）卵子的发生

卵子在母兔卵巢中形成的过程，称为卵子发生。卵子发生需经过繁殖期、生长期和成熟期三个时期。在胚胎时期性别分化后，卵巢生殖上皮就形成了卵原细胞，卵原细胞经多次细胞分裂，形成初级卵母细胞（出生前卵巢表面就有许多初级卵母细胞），初级卵母细胞经过很长的生长期，到性成熟后依次发育成卵子（次级卵母细胞）或中途夭折。次级卵母细胞体积不断增大，卵泡液增多，内压升高，卵泡膜变薄，最后次级卵母细胞从卵巢表面排出，这一现象称为排卵。排出的卵子与精子相遇，并受精形成合子，才完成第二次成熟分裂。与精子发生不同的是，一个卵原细胞经多次细胞分裂和两次成熟分裂，最后形成一个卵子；一个精原细胞经四次有丝分裂和两次成熟分裂，最后形成64个精子。

（三）性成熟与体成熟

幼兔生长发育到一定日龄，在公兔的睾丸和母兔的卵巢分别产生具有受精能力的精子和卵子，并开始表现性行为，通常把最早出现成熟精子和卵子的时期，称为性成熟。性成熟出现的早晚，受各种因素的影响，如品种、性别、季节、营养状况等。一般来说，体型小的品种比体型大的品种性成熟出现得早，母兔比公兔出现得早，同龄的种兔冬季比春季出现得早。肉兔和皮兔120日龄左右，毛兔150日龄左右出现性成熟。性成熟的兔子不能配种，否则，将会影响本身的生产性能和所生仔兔的生长发育。体成熟是指兔体发育到一定时期，具备配种繁殖能力，比性成熟晚60天以上。也就是说肉兔和皮兔180日龄以上，毛兔210日龄以上才能配种繁殖。体成熟以后配种繁殖，不仅公、母兔体格健壮，体重还能增加，母兔比公兔增加得明显，而且所生仔兔生长发育良好。

（四）发情与发情表现

性成熟以后的母兔，每隔一段时间，卵巢内的卵泡发育和成熟过程中所引起的一种性行为的反应，称为发情。卵泡在发育过程中，卵泡腔中充满卵泡液，卵泡液内含有一种动情素，它通过卵巢组织细胞渗透扩散到血液，随血液循环运送到大脑的性活动中枢，促使母兔产生性欲和性兴奋等一系列发情表现。发情的母兔常常表现兴奋不安、食欲下降、跺脚蹭墙、啃腿咬毛、爬跨行为明显，急切求偶配种。发情明显的母兔，翻开阴门，可见阴唇肿、红、湿（老百姓说“水汪汪”），把母兔放到公兔笼内，公兔爬跨时，发情母兔立即抬高臀部，迎合交配，表现出非常愿意交配。交配后的母兔，很快就安生得多，食欲大增，立即吃食。

（五）发情周期

从上一次发情开始，到下一次发情开始，为一个发情周期。正常繁殖母兔在一个月内可以发情2～3次，发情周期为10～15天，每次发情可持续3～5天，在此期间配种受胎率高。母兔的发情周期不像其他家畜那样明显，有其特殊性。

1. 发情周期的不固定性 母兔的发情容易受天气、温度、营养、光照、按摩、哺乳、喂药和疾病等各种因素的影响或提前或退后。

2. 发情的不完全性 发情不完全出现的概率冬、夏季高于春、秋季，营养不良高于营养良好，老年兔和青年兔高于壮年兔，泌乳期高于空怀期，大体型兔高于中小型兔。

3. 发情无季节性 自然状况下，春、秋季发情明显高于冬、春季。但只要提供给母兔适宜的环境条件，能保持母兔舍温度 15～25℃，相对湿度 60%，满足营养，一年四季均可发情、配种、繁殖。饲养皮兔若能采取这样的措施，实行 6、7、8、9、10、11 月繁殖，其商品兔价值比春季繁殖的商品兔价值高。

4. 产后就发情 母兔分娩后立即发情，于分娩后 10 小时内配种，受胎率极高，这种现象叫血配。在保证母兔体况良好的情况下，每只繁殖母兔每年可以间隔血配 2 次，但不要连续血配，以免损伤母兔。

5. 断奶 3 天后普遍发情 母兔在泌乳期间发情不明显，当仔兔断奶后，经 3～5 天普遍出现发情，这时配种受胎率也高。

饲养人员及管理人员掌握母兔发情周期及发情规律，有计划地进行配种繁殖，是提高兔场生产效率和经济效益的重要工作。

（六）妊娠与妊娠期

受精卵在母兔子宫内逐渐发育成胎儿所呈现出的一系列复杂的生理变化过程，称为妊娠。完成这一发育过程所需要的时间，称为妊娠期。肉兔和毛兔的妊娠期为 30 天左右，皮兔的妊娠期为 32 天。

（七）分娩与泌乳

胎儿在母兔子宫内发育成熟后，胎儿和胎盘经母兔生殖道（阴道、尿生殖前庭和阴门）排出体外的生理变化过程，叫分娩。母兔在分娩时的表现比较明显，多数母兔在临产前数天，乳房肿胀，并可挤出乳汁，肷部凹陷，外阴部肿胀充血，黏膜潮红湿润。食欲减退，甚至废绝。在临产前数小时，也有在产前 1～2 天开始衔草做窝，并将胸、腹部毛用嘴拉下来，衔入产仔箱内铺好。初产母兔不会衔草、拉毛做窝者，管理人员可代为铺草、拉毛做窝，以启发母兔拉毛做窝的本能。临产时母兔表现出子宫收缩和阵痛，精神不安，四爪刨地，顿足，弓背努责，排出胎水，仔兔便顺次连同胞衣（胎儿胎盘）等一并产出。母兔边产边将仔兔脐带咬断，并将胞衣吃掉，同时舔干仔兔身上的血迹和黏液，分娩即告结束，跳出产仔箱觅水。这里要特别强调的是，此时应及时满足母兔对水的需要，饮饱饮足，以免母兔因口渴一时找不到水喝，而跑回产仔箱内吃掉仔兔，形成食仔癖。母兔的分娩时间比较短促，一般只需 20～30 分钟就完成一窝仔兔的分娩，但也有个别母兔产下一批仔兔后，间隔数小时甚至 1 天左右的时间，再产出第二批仔兔。

母兔分娩后，雌激素、孕激素、黄体素分泌骤然减少，解除了对催乳素的抑制作用，垂体前叶分泌的催乳素大量增加，并作用于乳腺组织的分泌细胞。这些细胞从血液中摄取营养物质生成乳，乳汁汇集到腺泡腔内，这一生理过程称为泌乳。乳汁中养分的浓度很高，其中蛋白质 10.4%、脂肪 12.2%、乳糖 1.8%、灰分 2.0%。多数母兔第一次哺乳在产后 1 小时内，母性强的母兔一边产仔一边哺乳，管理人员在清理产箱时就可发现，前面产的几只仔兔吃饱了奶，后面产的几只仔兔没吃上奶。无论吃到奶还是没吃到奶只要取出污毛盖好仔兔，于第二天早上哺乳，所有仔兔吃饱奶就可成活。自此以后，每天哺乳仔兔一次即可。母兔的泌乳量在分娩后逐渐增加，至 21 天左右达到高峰，之后开始下降。母兔的泌乳期可长达 60 天之久，但 30 天之后泌乳量大幅下降，远远不能满足仔兔的需要。因此，仔兔的哺乳期不可过长，否则对母兔和仔兔均无益处，一般 35 天左右断乳最佳。

四、家兔的配种技术

（一）家兔的初配年龄和使用年限

家兔什么时候开始初配，主要取决于它的年龄和体重，家兔进入性成熟后期，虽能繁殖后代，但此时决不能配种繁殖，而要等到体成熟后方可配种繁殖。因为过早配种繁殖不仅母兔的体型、体质及生长发育受到极大影响，而且所产仔兔体弱多病，成活率较低，所以，一定要防止过早配种。但也不要过晚配种繁殖，过晚配种会耽误生产，减少收益，同时受胎率也较低。那么何时开始初配？一般来说，肉兔和皮兔180日龄以上，体重3千克左右；毛兔210日龄以上，体重3千克以上。各品种公兔最好再推迟1个月进行正式配种。实践证明，公兔于初配年龄时，先配种1次，使它知道配种的滋味，等15天后再配种1次，更加了解配种的滋味，这种方法可增加公兔体重和增强公兔性欲。根据现代养兔经验，繁殖兔的使用年限以2年为最佳，肉兔和皮兔实行6~8胎淘汰制，毛兔根据情况而定。

（二）配种时间

母兔体成熟以后，在出现发情时，翻开外阴，观其阴门黏膜色泽变化而适时配种。发情初期阴门黏膜粉红色，中期大红色，后期紫黑色。俗话说“粉红早、紫黑迟、大红正当时”。也就是说，开始发情的第2天以后进入发情中期，于晚上12时左右配种受胎率较高。

（三）配种方法

用于家兔的配种方法有四种，即自然交配、人工辅助交配、人工强迫交配和人工授精。

1. 自然交配 就是把一只公兔和几只母兔放在一起混养，在母兔发情期间，任凭公兔自由交配。这是过去农户养兔所采取的配种方法，目前的大、中、小型养兔场不用这种方法配种。因为公兔整日追逐母兔，体力消耗过大，交配次数过多，容易衰老，不能发挥公兔应有的作用。无法进行选种选配，易造成近亲繁殖，引起品质退化，而且还容易传播生殖道疾病。

2. 人工辅助交配 就是配种人员把母兔抓到公兔笼内，让公兔进行配种，是目前广大兔场普遍采用的配种方法。其优点有四：

（1）有利于有计划地进行配种，避免混交乱配。

（2）有利于控制选种选配，避免近亲繁殖。

（3）有利于保持种公兔的性活动功能和合理安排配种次数，从而提高繁殖能力，延长使用年限。

（4）有利于保持兔体健康，避免疾病传播。

3. 人工强迫交配 母兔在非发情期内，或母兔虽有发情表现，但拒绝交配，则采用人工强迫配种。具体方法有两种：

（1）手助法：把母兔抓到公兔笼内，左手抓紧母兔耳颈皮肉使其固定，右手呈八字形挡住后腹部，使母兔臀部抬高适当位置，让公兔爬跨母兔进行交配，待公兔射精后，把母兔放回原笼。

（2）绳助法：用一根线绳，一端拴紧母兔尾巴，另一端缠在右手食指上，使线绳通过母兔背部连带颈皮握紧固定，左手呈八字形挡住母兔后腹部，使母兔臀部抬高适当位置，让公兔爬跨母兔进行交配，待公兔射精后，把母兔放回原笼。实践证明，只要确保公兔精液质量好，母兔体格健壮，无生殖道疾病，对不发情或发情不明显的母兔采取这一配种方法，连续配种 3 ~4 次，均能使母兔怀孕。

4. 人工授精 人工授精是家兔繁殖改良最经济、最科学的方法。目前许多规模化兔场已实行人工授精。

（1）人工授精的优点是：

①减少种公兔饲养量和饲养成本，1 只公兔可负担 100 只母兔的配种任务，是其他配种方法效率的 10 倍。

②充分发挥优良种公兔的作用，加快良种推广。

③防止兔群退化，提高兔群质量。

④便于实现同期配种、同期繁殖、同期管理、同期出栏的目标。

⑤设备简单，投资不大，操作方便。

（2）人工授精的缺点是：

①受胎率低于人工辅助交配法。

②母兔使用年限短。

③输精设备消毒不严容易发生母兔生殖道疾病。

人工授精技术与设备包括采精（准备假阴道）、精液稀释（稀释液配制）、精液质量检查（准备显微镜）、输精（准备输精器）和消毒设备及消毒液。兔的人工授精资料较多，这里不做详细介绍。

（四）催情方法

在家兔生产过程中，母兔拒绝交配或屡配不孕的现象经常发生，为了提高劳动效率和经济效益，规模化兔场实行同期发情、同期配种、同期繁殖、同期管理、同期出栏，必须进行催情配种。催情的方法有：

1. 激素催情　按说明肌内或静脉注射孕马血清促性腺激素、绒毛膜促性腺激素、三合激素、己烯雌酚、脑垂体前叶促性腺激素、黄体生成素等。

2. 物理刺激催情　有两种方法：

（1）拍阴催情：在交配前，左手提起母兔尾巴，右手以轻快的频率拍击阴部，至母兔愿意举臀交配时，就可以把母兔放到公兔笼内交配。

（2）按摩催情：右手抓起母兔，左手手指轻柔地按摩阴部1～2分钟，阴部出现发情征兆时，把母兔放入公兔笼内交配。

3. 性引诱催情　有两种方法：

（1）挑逗催情：将不发情或拒绝交配的母兔放入公兔笼内，让公兔追逐纠缠母兔10分钟左右，把母兔取出放回原笼，过8小时后，把母兔放入公兔笼内进行配种。一般是上午催情，下午或傍晚配种。

（2）信息催情：将不发情或拒绝交配的母兔放入预配的公兔笼内，预配公兔放入母兔笼内，过一昼夜，把母兔抓到原笼，与留在母兔笼内的公兔交配，这时的母兔愿意接受交配。

（五）提高白天产仔率

正常情况下，家兔多在夜间零时至凌晨4时左右产仔，这个时间正是饲养员熟睡的时候。为了让家兔白天产仔，便于管理，可采取晚上12时（24时）左右配种，据测定，这时配种有90%都在7～17时产仔。白天产仔，便于观察和管理，遇到异常情况（如夹兔、掉兔、冻伤兔等）可及时采取措施，从而可大大提高仔兔成活率。

（六）提高母兔受胎率

提高母兔受胎率，是加快家兔发展的基础，增加经济效益的关键。为提高母兔受胎率，可采取以下措施：

（1）选择健康无病、中等膘情的母兔作种用，防止母兔感染生殖道疾病，为配种繁殖奠定良好基础。

（2）繁殖母兔舍要有适宜的温度和湿度，且清洁干燥，保证母兔营养需要，母兔笼面积宽敞（0.35～0.45平方米），底箅平整，以增强母兔运动和光照，有利于配种受胎。

（3）对乏情或无情的母兔，采取催情配种，或用多只公兔实行多次重复交配法，以提高受胎率。

（4）每只母兔一年内实行1~2次血配，提高受胎率。

（5）保证公兔精液品质，实行晚上12时左右配种，不仅能提高受胎率，而且大都在白天产仔，生母兔的概率也高。

（6）无论哪种配种法，配种结束后，用手轻拍臀部，引起配种母兔子宫急剧收缩，以减少精液外流，提高受胎率。

第五节　规模化兔场用药技术与疫病

兔是啮齿类草食小动物，抗病力弱，对环境条件、饲料质量、饲养管理水平要求严格，一不注意，就会发病。发病后较难治愈，多数病兔来不及治疗就出现死亡现象。故养兔应遵循以防为主，治疗为辅的原则，不要等兔发病后再去求医治疗，一是不合算，二是基本上没有成效。

一、免疫程序

免疫接种可激发健康兔体产生特异性抗体，是易感兔转为不易感兔的一种有效防病手段。免疫程序如下：

1. 35日龄左右　皮下注射兔病毒性出血症、多杀性巴氏杆菌病二联灭活疫苗2毫升/兔（图3.47）。预防兔病毒性出血症（兔瘟）和多杀性巴氏杆菌病。

2. 60~70日龄　二次皮下注射兔病毒性出血症、多杀性巴氏杆菌病二联灭活疫苗2毫升/兔。加强预防病毒性出血症及多杀性巴氏杆菌病。

3. 基础兔（繁殖种兔）　每5个月接种免疫一次。每次免疫皮下注射兔病毒性出血症、多杀性巴氏杆菌病二联灭活疫苗2毫升/兔；大肠杆菌多价灭活疫苗2毫升/兔（图3.48）；产气荚膜梭菌病灭活疫苗2毫升/兔（图3.49）。每注射一种疫苗需间隔7~10天。

4. 根据情况免疫　对易患波氏杆菌病、葡萄球菌病、伪结核病、沙门杆菌病的兔场根据情况进行免疫接种。长毛兔的繁殖兔和生产群兔（剪毛或拔毛）注意定期免疫葡萄球菌疫苗。

二、防病制度

根据各类型兔的发病规律，把预防兔病工作形成一种制度，不管兔群发病与否，只要严格按照防病制度执行，兔群就很少发病。

1. 25～90 日龄　选用抗球虫药，配伍抗菌药（图 3.50～图 3.53）。连续用药 3～4 个疗程，每个疗程 5～7 天，停药 15 天，再开始下一个疗程。预防兔球虫病及细菌性疾病。

2. 60～70 日龄　内服丙硫苯咪唑 25 毫克/兔（图 3.54），连续用药 3 次，每次间隔 3 天。或皮下注射伊力佳 0.5 毫升/兔（图 3.55），1 次即可，预防寄生虫病。

3. 每年 6、7、8 月　每兔每次内服复方磺胺甲噁唑 1/4 片（图 3.56），病毒灵 1/2 片（图 5.57），维生素 B_1 和维生素 B_2 各 1 片（图 3.58），成年兔加半，每天 1 次，连用 3～5 天。每个月用药 1 个疗程。预防传染性口炎。在此期间气温在 30℃以上，饲料中添加清瘟败毒散（图 3.59）或饮用抗热应激药液。

4. 基础兔　每 3 个月驱虫 1 次，方法同上。每年的 7～8 月皮下注射伊力佳 1 毫升/兔，隔 10 天再注射 1 次，预防疥螨病。同时对护场犬也要定期驱虫，且不能让犬进入兔场，以免粪便污染兔用饲料和饮水，预防兔患豆状囊尾蚴病。兔群一旦发生此病，要淘汰老弱病兔，选留青壮年兔进行治疗。其方法是：除去护场犬，禁用被犬污染的饲料原料和饮水，兔场内彻底消毒多次，最好用火焰消毒，内服丙硫苯咪唑 50 毫克/兔，隔 3 天 1 次，连用 40～50 天，治愈率达 90%。

基础兔每个月饮用抗球虫药配伍抗菌药 5～7 天，预防球虫病和细菌性病。

5. 母兔产仔前后　内服复方新诺明 1 片/兔，每天 1 次，连用 3～5 天；或饮用葡萄糖 2 500 克、含碘食盐 450 克、电解多维 30 克、抗菌药 20 克与 50 千克水的混合液 300 毫升/兔，每天 1 次，连用 3～5 天。预防乳房炎、子宫炎、阴道炎和仔兔黄尿病。同时能增强母兔体质，促进乳腺泌乳。

三、其他防病措施

（一）消毒技术

消毒是兔病综合防治措施中的重要一环，其目的是消灭散布于外界环境中的病原微生物，以切断传染途径，阻止兔病发生和蔓延。兔场要建立消毒制度，对不同的物体采取不同的消毒方法，方可收到良好效果。

1. 每天清洁兔舍　每天清扫兔舍卫生 1 次，将兔粪清扫至排粪沟内，定期清除粪沟内积粪。注意防蚊、蝇、鼠害等。

2. 用消毒剂带兔消毒　选用百毒杀（图 3.60）、碘消净（图 3.61）、碘到统杀（图 3.62）、狂杀（3.63）、百毒威（图 3.64）等消毒剂，每 15 天对兔舍、兔笼带兔喷雾消毒 1 次，每次消毒要连续进行 2 天。

3. 每 60 天彻底打扫兔场所有设施　对地面和不与兔接触的部位选用 2% ~3% 氢氧化钠水喷雾消毒。对墙壁用 10% ~20% 鲜石灰水喷洒消毒。对金属部分用火焰消毒。对饮具、饲具、产仔箱、笼底箅等用 3% ~5% 来苏儿或 0.1% 新洁尔灭水溶液浸泡消毒。工作服用 1% ~2% 肥皂水煮沸消毒。

4. 入口处消毒　兔场门口设紫外线消毒室，对过往人员进行消毒。兔舍门口设氢氧化钠消毒池，饲养人员进入兔舍前进行消毒。

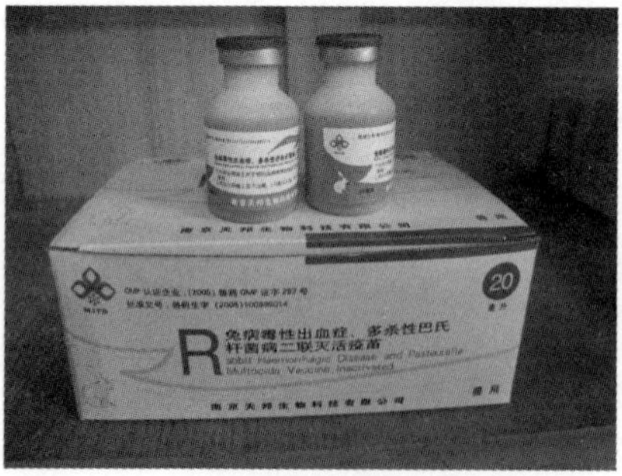

图 3.47　兔病毒性出血症、多杀性巴氏杆菌病二联苗

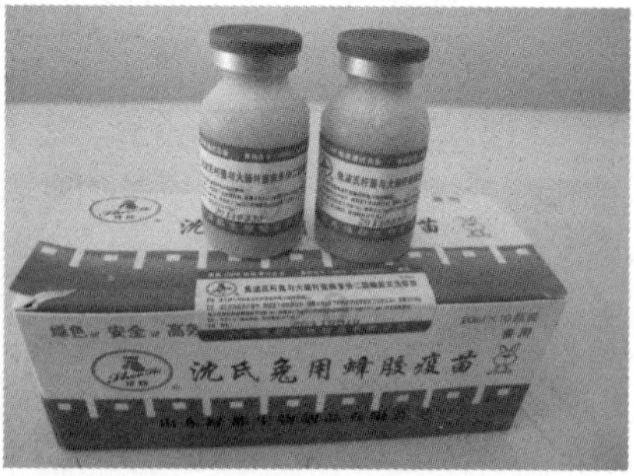

图 3.48　波氏杆菌与大肠杆菌病二联苗

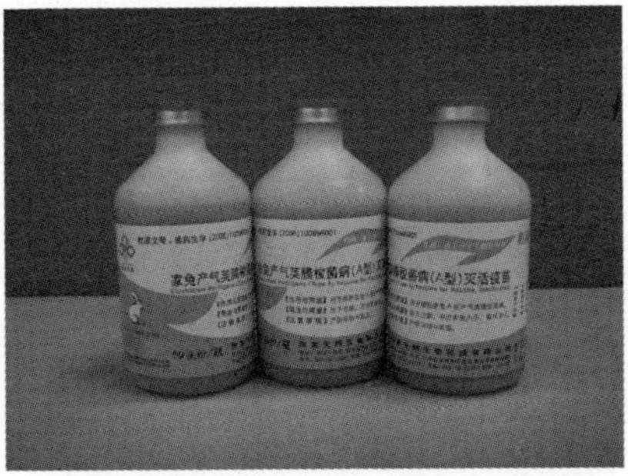

3.49　家兔产气荚膜梭菌病（A）灭活疫苗

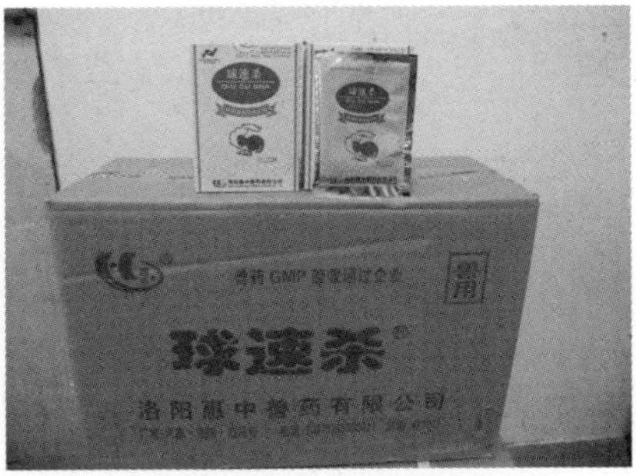

图3.50　抗球虫药球速杀

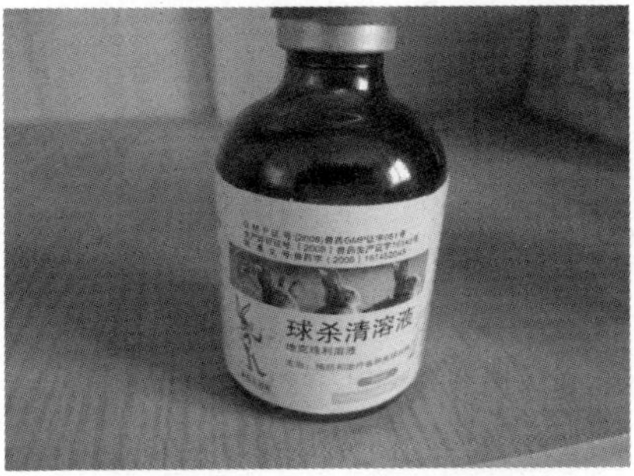

图3.51　抗球虫药球杀清溶液

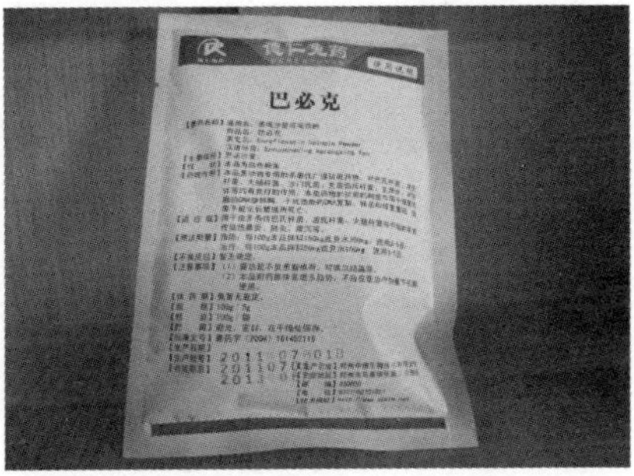

图3.52　抗菌药巴必克

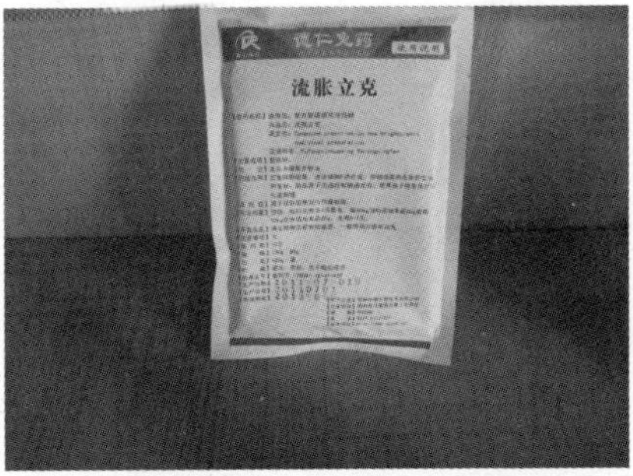

图3.53　抗菌药流胀立克

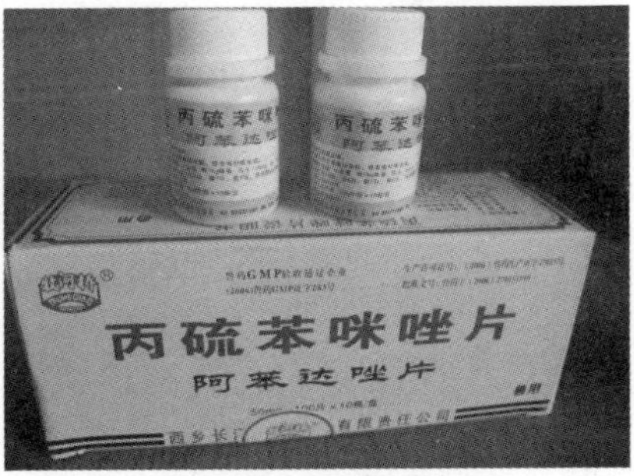

图3.54　驱虫药丙硫苯咪唑片

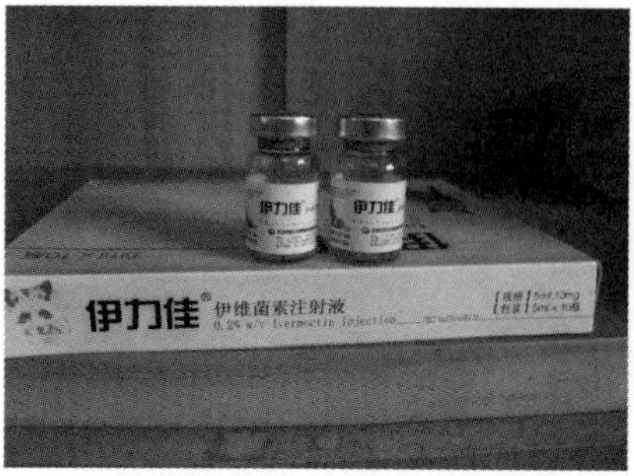

图 3. 55　驱螨虫药伊力佳

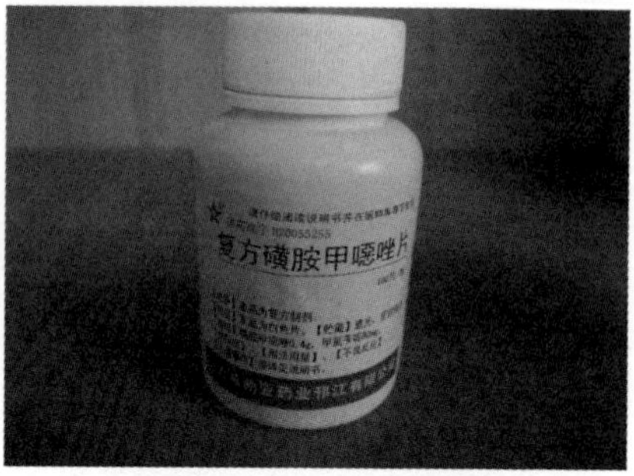

图 3. 56　复方磺胺甲噁唑片

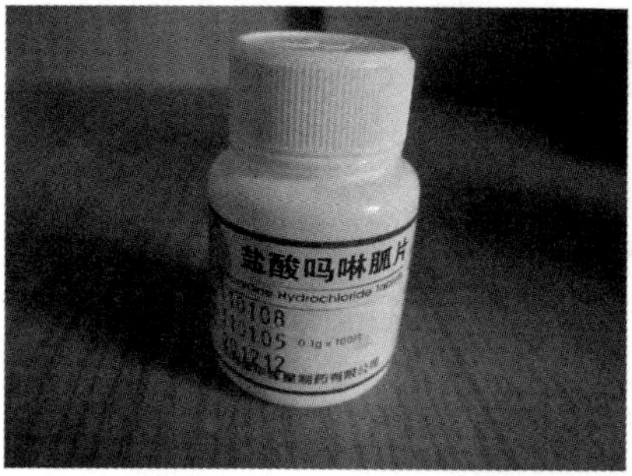

图 3. 57　盐酸吗啉胍（病毒灵）

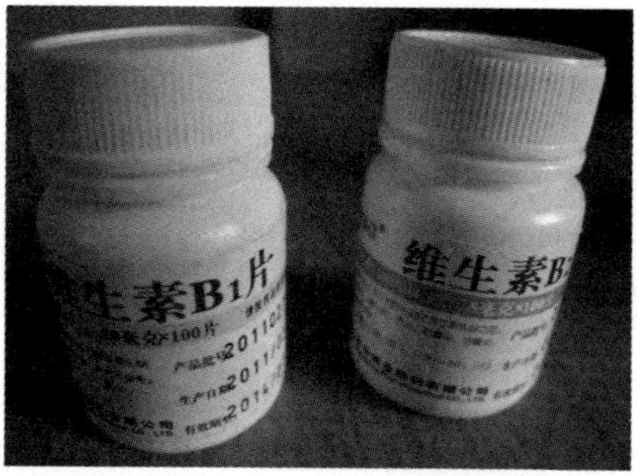

图 3. 58　维生素 B_1 和维生素 B_2

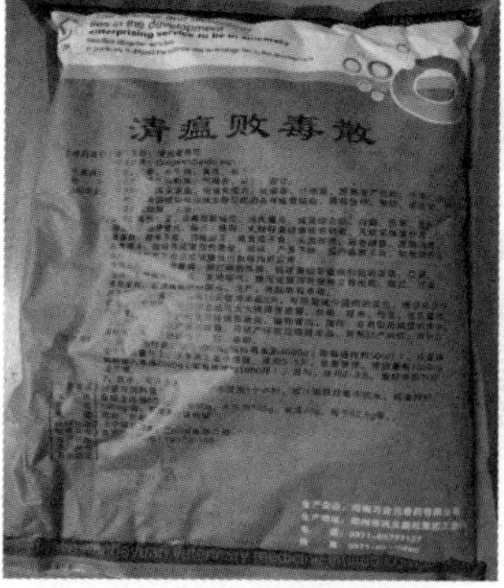

图 3. 59　清瘟败毒散

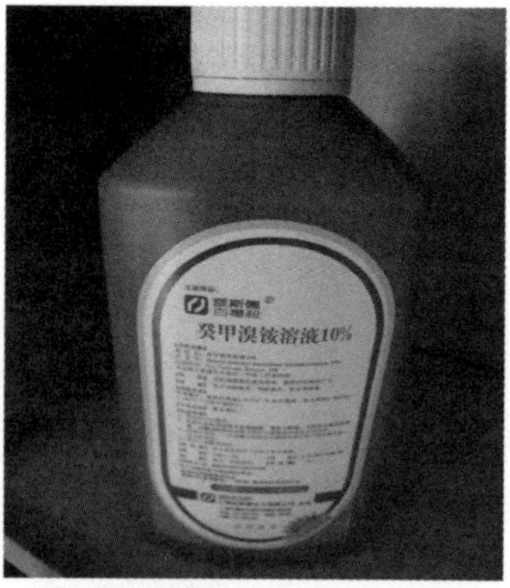

图 3. 60　百毒杀

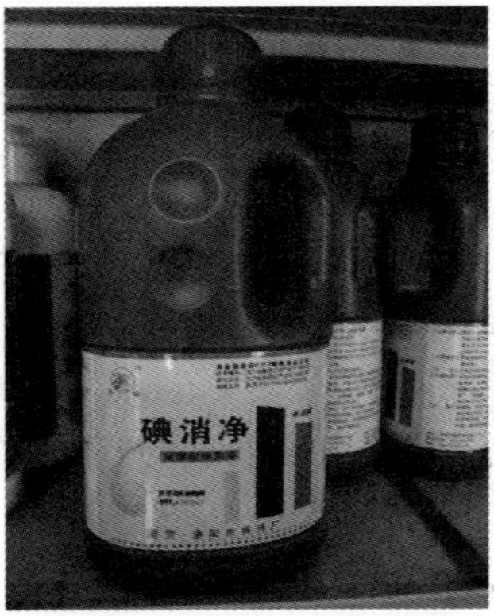

图 3.61　碘消净

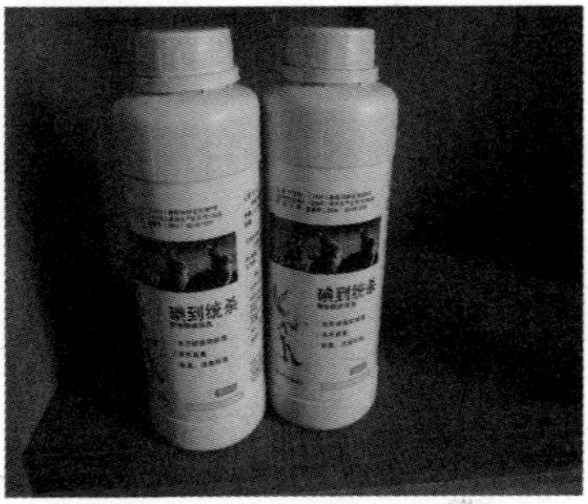

图 3.62　碘到统杀

（二）给药技术

在兔病防治过程中，要经常给兔接种免疫和用药，若方法不当，医疗器械消毒不好，常常带来一些疾病。一般说来，给药方法有内服、注射和灌药等。

1. 内服给药　对有食欲或饮欲的兔子，把片剂、粉剂、水剂按适当比例加入饲料或饮水内让兔子自由采食或饮水，还可以把嫩草、胡萝卜等兔喜吃的饲草、饲料切碎拌药让兔采食。内服给药对养兔生产是最有效的预防方法，这种方法几乎不会给兔造成任何应激反应。

图 3.63　狂杀

图 3.64　百毒威

2. 注射给药 包括肌内注射、皮下注射、静脉注射和腹腔注射给药。这里只介绍肌内注射和皮下注射技术。

（1）肌内注射通常在兔大腿外侧中上部进行（图3.65）。一助手按正确的抓兔方法将兔抓起，腹部朝向持针者，持针者将注射部位用70%～75%酒精棉球消毒，左手固定注射部位，右手持注射器将针头迅速刺入适当深度，左手拇指与食指顺手固定针头，缓慢注入药液。刺入针头时，要避免伤及大血管、神经和骨骼。拔针后再一次给注射部位消毒。

（2）皮下注射通常在兔颈背侧和腹股沟部附近（图3.66），一助手将兔固定于注射台上，持针者将注射部位消毒，左手拇指和食指提起皮肤，右手持注射器把针头刺入皮下2～3厘米，且左手的拇指与食指顺手固定针头，将药液缓慢注入。拔针后对注射部位再次消毒。

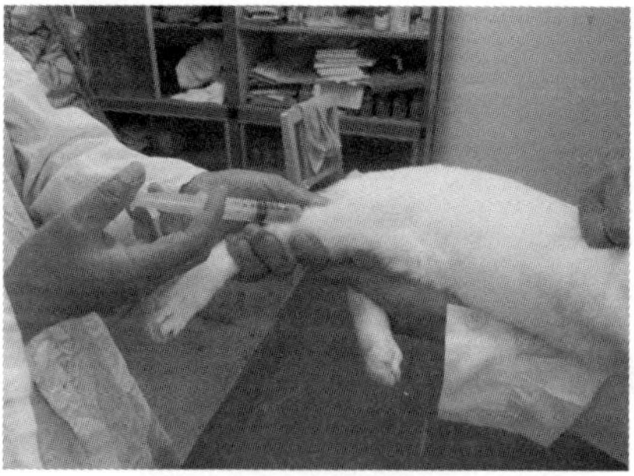

图3.65 肌内注射

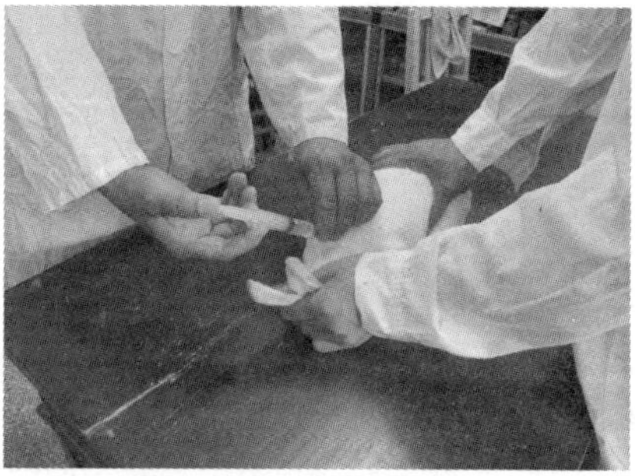

图3.66 皮下注射

注射器、兔专用针头、手术镊子等要煮沸消毒15分钟或用高压灭菌器消毒。免疫接种时，最好一兔一针头，或一个注射器一个针头，每注射一只兔，针头都要用75%酒精棉球消毒一次。注射时一定要排净针管内的空气，疫苗不要到处乱喷，用完的疫苗瓶收集深埋或焚烧。

3. 灌药 这是在兔没有食欲和饮欲的情况下进行的一种给药方式。包括胃导管灌药和经口灌药两种。无论哪种灌药一定要防止伤及口咽黏膜和把药误灌于气管内。实际上病兔到要灌药的程度，救治的意义也就不大了。

（三）疫情扑灭技术

兔场饲养员和技术员要经常检查兔的健康情况，做到查体质看膘情、查姿态看神情、查毛色看光泽、查眼睛看精神、查耳温看耳色、查口鼻看干湿、查肛门看外阴、查腹形看“鼓”瘪、查吃食看食欲、查饮水看增减、查排尿看颜色、查粪便看形状、查体温看高低、查呼吸看快慢、查脉搏看强弱。发现异常，必须按照“早、快、严、小”的原则，及早诊断和扑灭。兔场一旦发生了传染病（病毒性出血症、巴氏杆菌病、球虫病等），病兔或带菌兔应及时隔离观察治疗，专人管理。兔场、兔舍、兔笼要严格消毒，并把疫情立即报告给当地有关部门，通知周围兔场采取紧急预防措施，防止疫情扩大。经有关专家检验、确诊后，根据疾病种类采取相应的防治措施。对兔病毒性出血症采取紧急预防接种、严密消毒、饮用增强体质药。其方法是：对健康兔皮下注射兔病毒性出血症灭活疫苗或兔病毒性出血症、多杀性巴氏杆菌病二联灭活疫苗，仔幼兔 3 毫升/兔，青年兔和成年兔 5 毫升/兔。疑似病例或病兔酌情接种。对周围环境进行严格消毒，每天 1 次，连续 5 天。同时给兔饮用抗应激水和在饲料内添加清温败毒散饲喂，连用 3 ~5 天，可有效控制此病。经多例试验均收到了良好的预防效果，救活率达 70% 以上。暴发球虫病时应按治疗球虫病的方法进行救治，4 天后病情可得到控制。死兔和病兔废弃物等集中起来深埋或焚烧。停止对外出售商品兔，待病情控制 20 天后方可解除封锁。

第四章　家兔的生活习性和生物学特性与疫病防控

家兔是由野生穴兔驯化而来的，所以现代家兔不同程度地仍保留其原始祖先的某些生活习性和生物学特性，只有掌握家兔的生活习性和生物学特性，才能更好地做好兔场疫病防控的各项工作。

第一节　兔生活习性与疫病

一、昼伏夜行

这种习性的形成与野生穴兔在野外生存环境有关。野生穴兔体格小，无任何侵袭其他动物的能力，也没有反击其他动物侵袭的工具和本领。由于食肉动物多在白天觅食猎物，如果野兔白天外出采食，很容易被肉食动物猎食。野兔为了生存，被迫白天穴居于洞中，夜间出洞活动与觅食，久而久之，就形成了昼伏夜行的习性。尽管野生穴兔驯化已有上千年的历史，但昼伏夜行的习性至今仍然保留着。家兔白天十分安静，除喂食和饮水时间外，常常俯卧笼中，眼睛半睁半闭地睡眠或休息。当太阳落山之后，家兔开始兴奋，活动增加，采食和饮水欲望增强。据测定，家兔在晚上所采食和饮水的量占全天的70%左右。根据家兔的这一习性，应当合理地安排饲养管理日程，白天除正常喂食外，尽量不要妨碍兔的休息和睡眠；晚上喂给足够的饲草和饲料，供足饮水，尤其是炎热的夏季和夜长昼短的冬季，更应注意投放夜料或饲草。正如人们所说："马不吃夜草不肥，兔不吃夜草不壮。"在长期的生产中获得的经验是：利用白天兔的嗜睡性可以做简单的手术（去势）或注射疫苗，这样可减少家兔应激反应；夜间精力充沛，配种受胎率比白天高，晚上 24 时左右配种，大都赶到白天产仔，以便接产管理，提高仔兔成活率。

二、胆小怕吓

家兔是一种胆小易惊的小动物，它的听觉非常灵敏，常常竖起两耳来听周围环境的声响。如遇突如其来的响声（鞭炮声，火车、汽车、摩托车、拖拉机的喇叭声，雨天打雷声和陌生人的喧闹声），或猫、狗、老鼠、黄鼠狼等有害动物的侵袭，都会引起家兔惊吓，常常发生惊场现象。一旦兔群受到惊吓，兔在笼中表现精神高度紧张，昂首四顾，坐卧不安，到处奔跑乱撞，同时尖叫跺脚。检查兔群发现有部分兔死亡，怀孕兔流产、难产，哺乳兔停止哺乳或发生吊乳现象，幼兔出现消化不良、腹泻、肚胀和生长迟缓等不良状况，也容易诱发其他疾病。故有"一次惊吓，三天不长"之说。所以，在建造兔舍时一定要考虑其周围环境的安静和安全程度，尽可能保持兔舍及其附近安静。在饲养管理操作过程中，动作要轻稳，避免发生使兔群惊恐的声响。同时还要避免陌生人和猫、狗等有害动物进入兔舍。在雨天打雷和逢年过节办喜事燃放鞭炮期间，饲养员在兔舍来回走动（夜间开灯），给兔壮胆，以减少应激反应，避免造成重大损失。

三、喜干厌湿

家兔喜欢干燥，厌恶潮湿。因为干燥有利于家兔健康，潮湿容易诱发多种疾病（如螨病、真菌病、肠炎、球虫病、脚皮炎等）。根据这一习性，建造兔舍时应选择地势高燥的地方，禁止在低洼处建场。平时一定要保持兔舍干燥，使兔舍的相对湿度维持在 60% 左右。湿度过大要及时在地面上、盛粪板上撒生石灰或草木灰吸湿；经常通风，以降低兔舍湿度。

四、爱净怕脏

家兔喜欢干净，厌恶污浊。这是因为干净的环境利于兔的健康，污浊的条件使兔感到不爽，容易发生疾病。环境污浊包括空气污浊、笼具污浊、饲料和饮水污染等。空气污浊是指兔舍内通风不良，有害气体（氨气、硫化氢和二氧化碳等）增加，氧分压降低，使家兔黏膜上皮发炎（结膜炎、传染性鼻炎、气管炎和肺炎），给兔场造成一定危害；笼具污浊主要是指笼底箅被软粪污染和产仔箱内不干净。笼底箅的软粪粘在竹片上，容易导致兔患脚皮炎和肠炎，若不及时清理，易形成恶性循环。产仔箱内垫草不卫生，常会造成母兔乳房炎和仔兔肠炎；饲料和饮水污染是指饲料和饮水被杂质（沙土、虫卵、霉菌、农药残留、水垢等）污染。饲料和饮水的污染是造成家兔消化道疾病的主要因素。想要养好兔，必须保持兔舍既清洁又干燥，这是养兔的基本常识。

五、耐寒怕热

家兔的被毛厚，汗腺少，机体的散热能力差，当外界温度上升到30℃以上，主要靠呼吸、大小便和口腔调节体温，但兔的胸腔小，肺不发达，仅靠呼吸很难维持体温恒定，所以，兔是最怕热的。家兔最适宜在15～25℃下生活，这种温度兔感到最为舒适，生产性能最高。其临界温度为5～30℃，如果外界温度上升到30℃以上或下降到5℃以下，兔就容易发生中暑或冻伤。温度突然升高至30℃以上，怀孕后期母兔易发生流产或死亡，这就是每年春夏之交的某些天引起怀孕后期母兔死亡或流产的原因。兔不怕寒冷，主要是指3月龄以上的青、成年兔。在较为寒冷的条件（1～5℃）下，饲养皮用兔（獭兔）和毛用兔能提高毛皮质量和产毛量。但90日龄以下的幼、仔兔应饲养在适宜的温度下，低于5℃，常会引起冻伤或拉稀等，尤其是仔兔。出生后的仔兔惧怕寒冷，需要在33℃左右的高温下育仔，随着日龄的增加，产仔箱内温度可适当降低，但不要低于20℃。

六、啃咬习性

家兔的颌前骨齿槽内镶嵌着前后两排门齿（各一对），前排门齿叫大门齿，后排门齿叫小门齿。前排的一对大门齿与下颌齿槽内镶嵌的一对门齿相对应。除小门齿外，上、下门齿出生时就有，不再脱落，而且终生生长。据报道，上门齿每年生长10厘米，下门齿每年生长12.5厘米。由于门齿不断生长，家兔就必须借助采食和啃咬硬物以保持上下门齿适当长度，才能正常咬合，这就形成了家兔的啃咬习性。否则，就会出现病理状况。生产中上下门齿长出口外现象时有发生，有的是下门齿长出口外钩住上颌（图4.1），有的是上门齿长出口外钩住下颌，由此而影响采食。饲喂粉料的兔子多发此病，而饲喂颗粒料的兔子少发或不发此病。在饲养管理中给笼内投放一根木棍，让兔自由啃咬，这样既适应了兔的啃咬习性，又延长了笼的使用年限。对集约化工厂型兔场，可采用虎钳断齿法解决这一问题。其方法是：保定兔子，固定头部，然后一手扒开口腔，另一手将虎钳伸入口腔，夹住上颌的2个大门齿，断去1/2左右，术中防止剪破兔唇和皮肤。一般来说，在第一次断齿后5～6个月，再断一次，可永久防止啃咬。

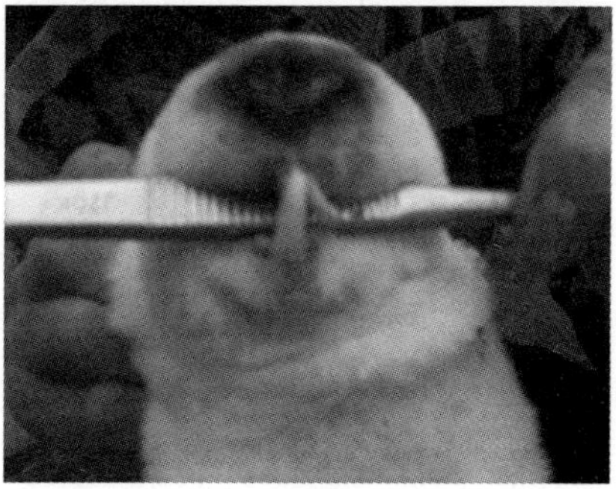

图4.1　下门齿长出口外

七、穴居性强

野生穴兔体型小，敌害多，自身防御能力差，为了生存，就形成了在地下打洞生活和繁衍后代的能力，从而躲避敌害的侵袭。尽管家兔经长期的人工选育和培育，实行了笼养，但家兔一旦接触地面，打洞的习性就立即恢复，尤其是怀孕后期的母兔更甚。地下洞穴具有光线暗淡、温度稳定、安静无干扰等优点。母兔在地下洞穴内产仔，有安全感，且母性好，仔兔成活率高。因此，集约化工厂型兔场的母兔繁殖舍应建造在最安静的地方，舍内光线以较暗些为宜，产仔箱模拟洞穴的环境制作。家庭养兔，采用地下洞与地上笼相结合的方式，以充分利用二者的优势。由于家兔具有打洞的特性，所以，在建造兔舍和选择饲养方式时，一定要考虑到这一习性，防止家兔在兔舍内乱打洞穴，造成难以管理的被动局面。

八、群居性差

60 日龄前的仔幼兔喜欢群居，这是由于小兔更胆小，群居状况下有壮胆作用。但随着年龄的增长，群居性越来越差，特别是性成熟以后的公兔，在群居条件下常发生咬斗现象，甚至咬得遍体鳞伤。因此，2 月龄以上的兔子应考虑分笼饲养，最好是 1 笼 1 兔。繁殖的公、母兔之间，最好饲养在水泥预制笼或砖砌笼内，彼此之间见不着面；而笼养繁殖兔时，隔网的铁丝间距应不超过 2 厘米，以防止咬架。

九、三敏一钝

家兔的嗅觉、味觉和听觉发达灵敏，而视觉较差，故称之为“三敏一钝”。

家兔鼻黏膜的嗅觉感受器发达，故嗅觉灵敏。母兔发情时阴道释放出一种特殊气味，当把母兔放到公兔笼内，很快刺激公兔产生性欲行使交配。如果一只母兔与一只公兔交配后，立即放到另一只公兔笼内，这只公兔不但不配种，反而攻击这只母兔，这是因为这只母兔还带有第一只公兔的气味，因此，必须间隔一定时间再行与另一只公兔配种。母兔识别自己的仔兔也是靠鼻子闻出来的，因此，在寄养仔兔时，一定要把被寄养仔兔放在寄养产仔箱内 10 小时以上，使其气味相似，以防止母兔咬伤或咬死被寄养仔兔。

家兔舌黏膜布满味觉感受器，故味觉灵敏。一般来说，舌尖部布满大量感受甜味的味蕾，舌根部布满感受苦味的味蕾。所以，兔对饲料和饲草味道的辨别能力很强。实践证明，兔喜欢吃带甜味的饲料和带苦味的饲草，不喜欢吃带有腥味（如鱼粉、血粉等）和带有不良气味（霉变、酸臭）的饲料。根据这一特点，在配合饲料中添加适量的蜂蜜或甜味剂，使饲料带有一定甜味，以提高兔的食欲。少用或不用动物性饲料，禁用发霉变质和酸臭味饲料。否则，兔的食欲下降，有时会出现拒食或扒料现象。

家兔耳郭大（图 4.2），呈喇叭状，运动灵活，经常竖起，像一对声波收集器，倾听周围声响，如遇突然响声，就会引起惊慌失措，大兔跺脚，小兔在笼中狂奔，会给兔场造成一定损失。了解兔的这一特性，要求饲养员和所有进入兔舍的人员一定要动作轻巧，尽可能不要发出使兔引起惊吓的声响。据报道，在兔舍内经常播放一些轻音乐，或饲养员、技术员在饲养管理过程中与兔经常“对话”，建立一种亲近的感觉，可增加食欲，提高消化力，增强母性，增加泌乳，提高育成仔兔率。

图 4.2　兔耳郭

家兔的两个眼球外凸，视野较广，单眼视区达 180°。对色泽的辨别力较差，距离判断不明。家兔对供给饲料的好坏或母兔分辨自己的仔兔不是靠眼睛看，而是靠鼻子闻。所以，家兔眼睛辨别物体的能力是迟钝的。

掌握家兔“三敏一钝”习性，利用其优点，避开其缺点，挖掘其遗传潜力，提高饲养效率。

第二节　兔生物学特性与疫病

一、食草性

兔生来就吃草，这种采食饲草的行为，称为食草性。作者在河南省通过多年的兔用饲草资源调查，已获知，兔所采食的饲草包括野草、种植牧草、农作物秸秆、树叶和蔬菜五大类，主要有189种。兔喜欢采食的野草有蒲公英、泽漆、抱茎苦荬菜、剪刀股、苦菜、苦苣菜、续断菊、山苦荬、铁苋菜、葎草、车前草等；种植牧草有苜蓿、菊苣、黑麦草等；农作物秸秆有花生秧、红薯秧、豆叶等；树叶有洋槐树叶、榆树叶、桑树叶等；蔬菜有白菜、大青菜、香菜、芹菜、胡萝卜缨、空心菜、莴苣、生菜、油麦菜等。实践证明，上述这些饲草大都有苦味，草茎有白汁，兔不仅喜欢吃，而且营养丰富，同时有很好的药用价值。兔用饲草中的牛尾蒿、臭蒿、野塘蒿、狗尾草、猪毛菜、杠柳、马塘、白草、杨树叶、桐树叶、果树叶、麦秸、玉米秸、谷秸、豆秸、稻草秸等，鲜喂适口性较差，但把它们晒干或烘干，加工成草粉，按40%～50%的比例，生产成颗粒饲料喂兔，效果较好。由此可以看出，有的饲草适宜鲜喂，有的饲草适宜做草粉。总之，兔的食草量占日粮的50%左右，这与兔的消化功能有很大关系，若日粮中草（粗纤维）的含量过低或过高，很容易发生消化道疾病，这一点也是集约化兔场存在的主要问题之一。所以，一定要解决好饲草问题，否则，就会给兔场带来一定的损失。

二、食粪性

家兔有吃自己粪便的生物学特性，这是兔在长期进化过程中形成的有利于生存的行为。据观察，一昼夜出现两个明显的食粪高峰，第一个食粪高峰出现在白天11时，以吃硬粪（粪球）为主，经咀嚼后吞咽；第二个食粪高峰出现在夜间2时，以吃软粪（软粪黑小，以多个圆球连在一起，圆球表面有黏膜包裹，内容物呈半流体状态）为主，不咀嚼直接吞咽。家兔食粪是正常现象，不必阻止。通过食粪，不仅可以补充和调节肠道菌群，而且很多营养得到补偿（如微生物蛋白、B族维生素、生理活性的微量元素等）；通过食粪，营养物质得到循环利用，预防和缓解一些营养缺乏症；通过食硬粪，可保持肠道内适量粗纤维，对预防腹泻有一定作用。健康家兔，把所排出的软粪几乎全部吃光，故一般情况下看不见软粪，只有当患病时，才停止食粪。饲养员和技术员根据这一特点，应勤看家兔粪便的变化情况，以判断家兔是否健康。有关硬粪与软粪的营养成分见表 4.1 ~ 表 4.3。

表 4.1　硬粪与软粪营养成分含量比较

	能量（兆焦 / 千克）	干物质（%）	粗蛋白（%）	粗脂肪（%）	粗纤维（%）	灰分（%）	无氮浸出物（%）
硬粪	18.2	52.7	15.4	3	30	13.7	37.9
软粪	19	38.6	34	5.3	17.8	15	27.7

表 4.2　硬粪与软粪干物质中主要矿物质含量比较（%）

	钙	磷	硫	钾	钠
硬粪	1.01	0.88	0.32	0.56	0.12
软粪	0.61	1.40	0.49	1.49	0.54

表 4.3　硬粪与软粪干物质中主要矿物质含量比较（单位：微克 / 克）

	烟酸	核黄素	泛酸	维生素 B_{12}
硬粪	39.7	9.4	8.4	0.9
软粪	139.1	30.2	51.6	2.9

三、扒食性

家兔利用前爪扒刨寻找食物的特性，称为扒食性。这是野生穴兔为了生存而形成的一种特性。在人工饲养条件下，家兔扒料现象经常发生，造成饲料浪费较多。在生产实践中发现，扒料的主要原因有：突然更换饲料、饲料有异味、突然更换饲养员和饲喂不定时定量。饲喂粉料的兔场扒料现象严重，约在 50% 以上。饲喂颗粒饲料的兔场，扒料现象在 20% ~30%。根据这一特性，兔场负责人一定要做到饲料原料稳定，配合比例稳定，饲养人员稳定，饲喂时间稳定。发现扒料现象，一定要查明原因，采取相应措施。作者的经验是，对扒料兔先实行停料一顿或两顿，使兔处于饥饿状态，再喂兔时少量供给，并紧紧看守。凡兔再次用前爪扒料时，一边严厉批评教育，一边用木棍敲打前爪，反复多次制止，即可消除扒料现象。

四、惯食性

家兔对经常采食的时间与采食饲料的性质，会逐渐形成一种习惯，这种习惯就称为惯食性。若饲喂不定时定量，或突然更换饲料，家兔都会产生拒食或食欲下降。即使采食量不减少，兔的胃肠消化功能也不能很快适应，很容易出现消化不良、粪便变形和腹泻等不良现象。产生这些不良现象的原因是兔消化酶和盲肠内微生物系结构发生变化所致。如果突然更换饲料，兔盲肠内原有的微生物系结构被打破，各种微生物比例失调，很容易导致消化道疾病。了解家兔这一特性，一般不要轻易地改变饲喂时间和饲料原料及配合比例，做到饲料原料稳定、饲料配方稳定、饲喂时间稳定和饲养人员稳定，再加上环境稳定，可减少兔消化道疾病的发生。如果确实要改变，应逐渐过渡，过渡时间以7～10天为宜。新更换的饲料由少到多，直至全部更换。

五、消化特点

家兔消化特点包括胃、小肠、大肠的消化特点。

（一）胃的消化特点

家兔的胃是单室腺型胃，横位于腹前部，呈袋囊状，入口为贲门，与食管相接，出口为幽门，与十二指肠相接，前缘凹，称胃小弯，后缘凸，称胃大弯（图4.3）。胃黏膜全部分布有腺体，没有无腺区，故区别于单室混合型胃（胃黏膜分有腺区和无腺区）。在单室胃动物中，兔胃容积占消化道总容积的比例最大，约为35.5%。由于兔有食粪习性，胃内容物的排空速度很慢。试验

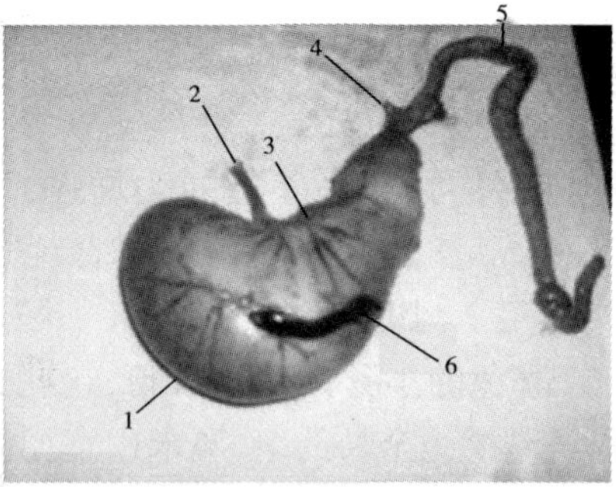

图4.3　兔胃结构

1. 胃大弯　2. 食管　3. 胃小弯　4. 胆总管　5. 十二指肠　6. 脾

证明，饥饿2天的家兔胃中还有50%内容物，这说明家兔具有相当耐饥饿的能力。由此可知，家兔只有吃着病，而没有饿着病。根据这一特点，在仔幼兔饲养管理过程中，隔几天停喂1～2顿料，有助于预防消化道疾病。14日龄内的仔兔胃内缺乏盐酸，16日龄以后胃内才有少量盐酸，28日龄盐酸达到一定水平，42日龄基本达到成年兔胃内pH的水平。胃内盐酸激活胃蛋白酶原变成胃蛋白酶，才能对饲料中的蛋白质进行消化。此后胃内酸度的变化与年龄增长无关，主要受饲料和饮水等因素的影响。14日龄仔兔胃内虽缺乏盐酸，但有抗微生物因子，对这一阶段的仔兔具有很强的保护作用。16日龄以后仔兔胃内的抗微生物因子的作用逐渐被盐酸的抗微生物作用所代替。42日龄之前的仔兔胃内酸度抗微生物作用还不够强，所以对有活力的细菌和病毒特别敏感，饲养管理稍有疏忽就会出现消化不良、腹泻和肚胀。根据兔胃的消化特点，16日龄前主要靠母乳发育，只要把母兔喂好，保证母兔有足够的高质量乳汁，这一阶段仔兔就不会出现问题。16～22日龄为仔兔试吃饲料阶段，这几天仍然是以母乳为主，少量供给易消化的饲料，千万注意不可多喂，因这时胃内盐酸含量少，对饲料的消化力极弱。22～40日龄为补料阶段，这一阶段以补料为主，母乳为辅，但仍然不能多喂仔兔饲料，坚持少喂多餐、吃八成饱的原则。40～70日龄为适应过渡阶段，这一阶段是养兔的关键阶段，饲料质量要保证，营养水平要达到，饲养管理要到位，环境条件要适宜，坚持兔吃八成饱，幼兔成活一定高。70日龄以后的兔子，机体各种功能健全，抵抗力增强，饲养管理就容易得多，只要保证饲料质量，供足饲料和饮水，做好防病工作，兔基本不出问题。

（二）小肠的消化特点

家兔的小肠分十二指肠、空肠和回肠三段（图4.4）。十二指肠呈U形襻，全长约50厘米，直径为0.8～1厘米，襻内的十二指肠系膜内有散漫状的胰腺。在十二指肠起始端有胆总管开口，在十二指肠结肠韧带游离缘相对处附近有胰管开口。空肠全长约230厘米，以空肠系膜悬吊在腹腔内，空肠系膜内可见丰富的血管分支及血管弓，空肠壁富含血管，呈淡红色；回肠长约40厘米，壁厚色深，末端膨大

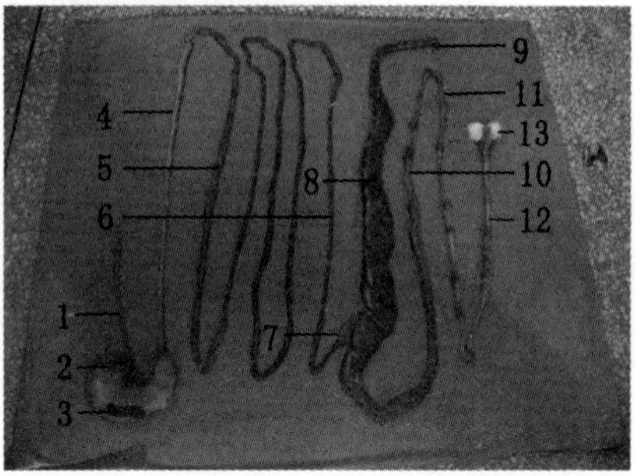

图 4.4 兔肠管结构

1. 食管 2. 胃 3. 脾 4. 十二指肠 5. 空肠 6. 回肠 7. 圆小囊 8. 盲肠 9. 蚓突 10. 结肠狭窄部 11. 结肠 12. 直肠 13. 肛门

呈壁厚的圆形结构，称为圆小囊，回肠以回盲口开口于盲肠。

十二指肠黏膜内除含有肠腺外，还有一种特殊的腺体叫十二指肠腺，分泌碱性液体（pH 值为 8～8.5），具有中和胃酸、保护肠黏膜免受胃内酸性食糜的破坏的作用。整个小肠黏膜内含有丰富的肠腺，分泌的肠液中含有多种消化酶（淀粉酶、肠激酶、肠酞酶、蔗糖酶、麦芽糖酶、乳糖酶、核酸酶、核苷酸酶、核苷酶等，加上从胆管和胰管来的胆汁、胰液内的脂肪酶和胰蛋白酶）对胃排入小肠的食糜进行充分的消化吸收。由此可知，吃进的食物经口腔咀嚼与唾液混合变成食团，吞咽入胃。在胃液的作用下进行初步消化，并与胃液充分混合变成食糜进入小肠，在肠液的作用下，把食糜中的营养物质几乎全部消化吸收。所以，一旦发生肠炎，就影响物质吸收，常引起拉稀，稀的粪便中有消化不全的食物。

（三）大肠的消化特点

家兔大肠包括盲肠、结肠和直肠三段（图 4.4）。兔的盲肠特别发达，在家畜中所占比例最大，长约 50 厘米，与兔体长相等，呈长而粗的袋状，占消化道总容积的 49%，壁薄，外表面可见一系列（约 25 个）沟纹，与沟纹相对应的壁内面形成 25 个螺旋状皱襞，称为螺旋瓣。盲肠的游离端变细，且壁厚，有 8～10 厘米的似蚯蚓状结构，称为蚓突。兔的回肠与盲肠相通的口叫回盲口，盲肠与结肠相通的口叫盲结口，两口间相隔 3～4 厘米。盲肠是微生物的发酵场所，胃和小肠没有消化的营养物质，在盲肠内通过微生物的作用，进一步分解和发酵，产生挥发性脂肪酸或氨。一部分被盲肠壁吸收入血，另一部分被微生物利用，合成自身物质。蚓突壁厚，内含丰富的淋巴组织，经常向肠腔内排放大量的淋巴细胞，参与肠道防御功能，同时也不断分泌高浓度的重碳酸盐类的碱性液体，对维持盲肠内适宜的环境起到重要作用。结肠长约100厘米，起于盲结口，止于骨盆腔前口，分为升结肠、横结肠和降结肠。升结肠管径较粗，壁上有三条纵肌带和三列肠袋，升结肠伸达胃幽门部的腹侧。从右侧横过体正中线到左侧的一段肠管为横结肠，有3~4厘米。后行至骨盆腔前口的一段肠管为降结肠。从骨盆腔前口至肛门的一段肠管为直肠，位于骨盆腔内。结肠和直肠的主要功能是吸收水分及无机盐，同时形成粪球。

初生仔兔胃肠道内无细菌，开眼前仔兔肠道内细菌很少，开眼后盲肠内出现大量微生物。90日龄后的肉兔每克盲肠食糜中含有细菌总数为2.5亿~21.9亿个。盲肠内环境具备以下4个条件，即温度高而稳定，温度为40.1℃（39.6~40.4℃）；酸碱度稳定，pH值为6.79（6.6~7.0）；厌氧条件，适宜厌氧菌生存；适宜的水分，水分含量为80%（75%~86%）。家兔盲肠的内环境有利于微生物的生存与活动，从而有利于对粗纤维的消化分解与吸收。

（四）家兔消化道的敏感性与脆弱性

家兔消化道的敏感性与脆弱性表现在消化不良、肠炎、腹泻等临床表现。其主要原因有以下几方面。

1. 饲料中粗纤维含量的多少与质量高低是造成家兔消化功能失调的主要原因　研究表明，日粮中粗纤维含量过低，常引起腹泻。这是因为日粮中粗纤维过低，非纤维的碳水化合物含量就会过高，在小肠内就不能完全消化吸收而进入盲肠，引起一些产气杆菌（大肠杆菌、魏氏梭菌等）大量繁殖和过度发酵，破坏了盲肠的正常内环境，那些具有致病作用的产气杆菌在碳水化合物发酵过程中产生大量毒素，致使肠壁受损，通透性增高，继而毒素被吸收入血，引起中毒。由于发酵产气常引起胃肠鼓气（肚胀），加上毒素刺激，肠蠕动增强，造成腹泻和肠炎。由此可知，粗纤维不仅是兔的营养物质，更重要的是能维持肠道正常消化功能。因此，必须保证家兔日粮中适当比例的粗纤维，同时还要注意粗纤维的质量，以维持其正常的消化功能。

2. 应激因素是造成家兔消化功能紊乱的又一原因 生产中常遇到的应激因素有：突然受到惊吓、饮食不卫生、饲料突变、腹壁受凉、霉变饲料中毒等。这些因素均能导致家兔消化不良、腹胀、拉稀和胃肠炎等消化道疾病。因此，在饲养管理过程中必须提供给家兔清洁干燥、安静舒适的环境，不喂带泥、带土、带沙、霉菌和农药污染的饲料，保证产仔箱内有清洁柔软的垫草，防止仔兔腹壁受凉，更换饲料一定要逐渐进行。总之，做好各个环节工作，防止兔患消化道疾病。

六、繁殖特性

家兔的繁殖力很强，不仅表现为孕期短（30～31 天）、年怀孕次数多（6～8 次）、每胎产仔数也多（6～8 只），而且表现为性成熟早（3 月龄就性成熟），6 月龄就可配种繁殖，一年四季都可以繁殖。母兔发情不像其他家畜那样明显，所以，排卵的发生不是自发的，而需要某种条件刺激（如公兔交配、母兔爬跨或注射性激素等）的诱导才能排卵，这种需要某种刺激而排卵的现象，称为刺激性排卵。母兔接受交配后 10～12 小时排卵，一次排卵 17～18 个。根据这一特性，母兔发情与否，均可配种受精。在养兔生产中只要确保公、母兔健康，无生殖器官疾病，均可采取连续多次配种，使母兔怀孕。母兔所排的卵子是目前知道的哺乳动物中最大的卵子，直径约 160 微米。家兔的卵子也是发育最快，在卵裂阶段最容易在体外培养的卵子，这对于生物学、遗传学和繁殖学的研究提供了很好的材料。母兔的子宫为双子宫，以两个子宫颈口分别开口于阴道（图 4.5），因此，不发生像其他家畜的受精卵（合子）由一个子宫角移动到另一个子宫角的现象。

公兔睾丸 30～60 日龄在腹腔内，60 日龄以后逐渐下降到腹股沟管内，性成熟前不久（90 日龄以后）下降到阴囊内。由于公兔的腹股沟管短宽，终生不封闭，所以，睾丸可自由地下降到阴囊或缩回到腹腔内（图 4.6）。公兔阴茎呈圆柱状，前端细而弯曲（也有直的，选种公兔时，要选阴茎前端是弯曲的），无龟头，静息时阴茎向后方伸至肛门附近，勃起时伸向前方。兔的副性腺是 4 对（图 4.7），即精囊及精囊腺、前列腺、旁前列腺和尿道球腺，其他家畜无旁前列腺。公兔交配时射精极快，大约几秒钟，每次的射精量为 0.5～1.5 毫升，每毫升精液内含精子 1 000 万～20 000 万个，精子在母兔生殖道内保持受精能力的时间约为 20 小时。

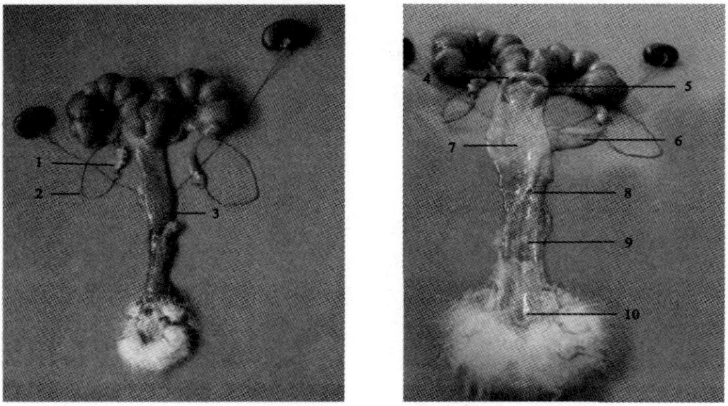

A　　　　B

图 4.5　母兔生殖器官

A. 背面观　B. 剖面观

1. 卵巢　2. 输卵管　3. 子宫　4. 子宫阴道部　5. 阴道穹隆　6. 膀胱　7. 阴道　8. 尿道外口　9. 尿生殖前庭　10. 阴门裂

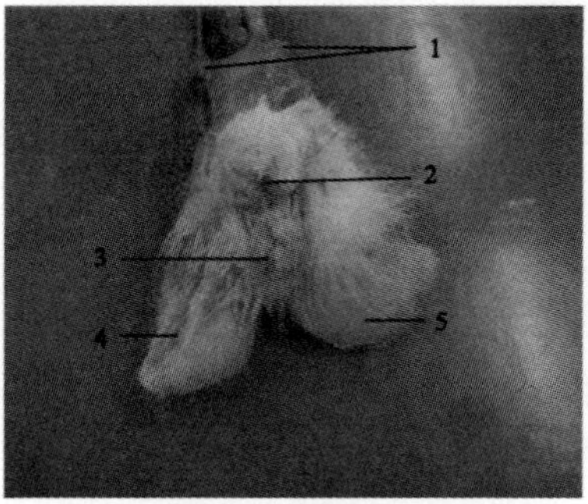

图 4.6　阴囊及睾丸

1. 直肠腺　2. 肛门　3. 阴茎　4、5. 阴囊及睾丸

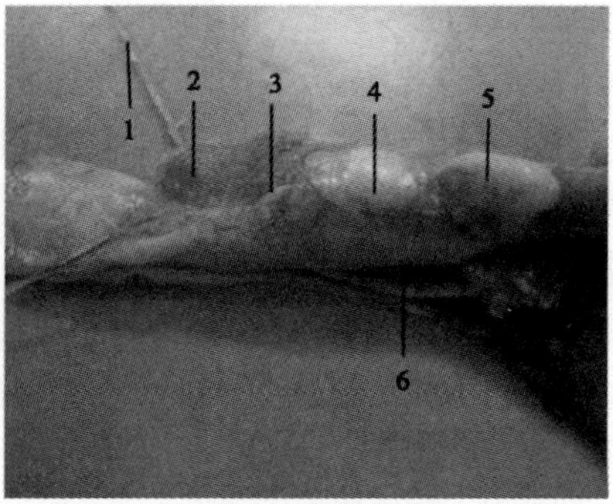

图 4.7　副性腺

1. 输尿管　2. 精囊及精囊腺　3. 旁前列腺　4. 前列腺　5. 尿道球腺　6. 输精管

七、生长发育规律

根据家兔生长发育的特点，大致可分为仔兔、幼兔、青年兔和成年兔 4 个阶段。

（一）仔兔

从出生到断奶期间的小兔，称为仔兔。仔兔出生时双目紧闭，全身无毛，耳郭闭合，各系统发育都不健全。但是，在母兔泌乳正常情况下，只要初生仔兔吃到初乳，3 天之内都能吃饱奶，仔兔就能很好地生长发育。仔兔出生重一般为 50 ~ 60 克（也有 30 ~ 40 克或 70 ~ 80 克的），低于 50 克的仔兔很难养活。出生后第 4 天长出绒绒细毛，第 7 天耳郭张开，第 12 天睁眼，第 15 天出巢，第 16 天开食，第 30 ~ 40 天断奶（肉兔 30 天、獭兔 35 天、毛兔 40 天断奶）。仔兔生长发育很快，以肉兔初生重 50 克为例，10 日龄可增加 2. 2 倍，20 日龄可增加 4 倍，30 日龄可增加 10 倍，40 日龄可增加 20 倍。也就是说，40 日龄的肉兔可达 1 000 克。

（二）幼兔

从断奶至 3 月龄（90 日龄）期间的小兔，称为幼兔。这一阶段的兔子最难养，尤其是新养兔者较难过好这一关。因为断奶后的 20 天内仔兔由吃奶转变为吃料，由产仔箱内的小环境转为笼内的大环境，自身的防御系统和消化系统功能尚未健全。多数养兔者不了解这些特点，提供给幼兔的生存环境差，饲料营养不全，掌握不住喂量，加上分笼和乱打针用药防病等多重应激，致使这一阶段的幼兔出现问题最多，死亡率就高。因此，要求养兔者掌握这一特点，提供给幼兔舒适的环境条件，供给适宜饲喂幼兔的全价饲料，供料量以幼兔吃八成饱为度，千万不能多喂，同时注意防疫和预防球虫病及细菌性疾病。渡过这一关后，对幼兔进行育肥，90 日龄的肉兔均能长到 2 500 克以上出栏。獭兔和毛兔生长发育趋于稳定状态。

（三）青年兔

从 3 月龄到 6 月龄期间的兔子，称为青年兔。对肉兔来说，大多数商品兔已出售，留作种用的后备兔按常规饲养管理，一般不出问题，只是生长速度比幼兔慢得多，日增重在 20 克左右。对獭兔和毛兔来说，还应加强饲养管理，供给有利于皮毛生长的饲料，注意预防疾病，提高出栏率和产毛量。

（四）成年兔

6 月龄以后的兔子称为成年兔。6 月龄的公兔配种 1～2 次后，停止配种，体重还可增加，7 月龄后公兔体重趋于稳定，可连续配种。6 月龄母兔即可配种，怀孕母兔体重猛增，第一胎产后母兔体重比孕前增加 700 克左右，第二胎产后母兔体重趋于稳定。

八、毛囊的分化与换毛特性

（一）毛囊的分化

家兔胚胎时期毛囊就开始分化，胚胎第 18 天时，头部初级毛囊原基开始分化。胚胎第 20 天时，背、臀、体侧和腹部初级毛囊原基开始分化。胚胎第 22 天时，全身各部的初级毛囊原基数量增多。胚胎第 24 天时，初级毛囊向真皮伸展，形成管状鞘囊，与此同时，全身各部的次级毛囊开始出现。胚胎第 26 天时，初级毛囊的毛根形成毛球，其基底的凹陷内出现毛乳头。胚胎第 28 天时，初级毛囊的毛根进一步分化，次级毛囊的毛乳头出现，毛纤维开始生长。研究表明，胚胎第 26 天至仔兔出生这一段时间，毛囊生长速度最快，伸入真皮的深度每天可增加 50 微米左右。但仔兔出生后，毛囊的生长速度较慢，每天仅有几微米。此外，仔兔各部位的毛囊生长速度有差异，背部快，腹部慢，各部位毛囊密度也有差异，背部和臀部毛囊密度大，体侧部次之，腹部最小。由此可见，饲养獭兔和毛兔，胚胎时期毛囊的发育影响一生的生产性能，所以，一定要加强孕兔的饲养管理，保证胚胎健康发育，促进毛囊分化。

（二）换毛

当毛长到一定时期，就会衰老脱落，被新毛所代替，这一过程称为换毛。换毛时，毛乳头的血管萎缩，血流停止，毛球细胞停止增生，逐渐角化，最后与毛乳头分离，毛根脱离毛囊，向皮肤表面移动。同时，毛乳头周围的细胞分裂增殖形成新毛，新毛推着旧毛而脱落。家兔的换毛有两种形式，一是年龄性换毛，二是季节性换毛。

1. 年龄性换毛 是指仔兔生长到一定时期被毛脱落，被新毛所代替的一种现象。家兔一生有两次年龄性换毛，第一次在生后30日龄开始到100日龄结束；第二次在130日龄开始到190日龄结束。掌握这一特性，对养獭兔宰兔取皮意义重大。獭兔的第一次年龄性换毛于100日龄左右结束，这时的獭兔毛的密度及平整度均好，可以出售商品兔了，这就是一些收购商在这时期收购商品獭兔的原因所在。虽然这时被毛完美，但皮板厚度薄，韧性差，鞣制过程中容易破损，制品不耐摩擦，影响使用价值。獭兔的第二次换毛于150～180日龄结束，这时的皮板及被毛均符合要求，是屠宰取皮的最佳时期。

2. 季节性换毛 是指完成两次年龄性换毛之后的后备兔和成年兔，每年进行春、秋两次季节性换毛。春季换毛期在3～4月，秋季换毛期在8～9月。长毛兔只有年龄性换毛，没有季节性换毛。家兔换毛期间对外界气温条件变化适应能力差，体力消耗大，抵抗力弱，容易患感冒等疾病。掌握这一特性，在家兔季节性换毛期间应加强饲养管理，供给营养丰富而全价的饲料，停止配种繁殖，注意预防疾病。

九、家兔的常规生理指标

家兔的常规生理指标包括体温、呼吸、心率、血压、血细胞含量等，如表4.4所示。

表4.4 家兔的常规生理指标

项目		平均值	范围
体温（℃）		39	38.5～39.5
呼吸频率（次/分）		50	46～60（成年兔20～40；幼兔40～60）
心率（次/分）		115	80～160（成年兔80～100；幼兔100～160）
血量（毫升/100克）		5.4	4.5～8.1
血压	收缩压（毫米汞柱）	110	95～130
	舒张压（毫米汞柱）	80	60～90

续表

项　目	平均值	范　围
血红蛋白（克/毫升）	11.9	8～15
血细胞压积容量（%）	41.5	33～50
红细胞（百万个/毫米^3）	5.4	4.5～7.0
血沉降率（毫米/时）	2	1～3
白细胞（千个/毫米^3）	8.9	5.2～12.0
嗜中性	4.1	2.5～6.0
嗜酸性	0.18	0.1～0.4
嗜碱性	0.45	0.15～0.75
淋巴细胞	3.5	2.0～5.6
单核细胞	0.12	0.3～1.3
血小板（万个/毫米^3）	533	170～1 120
血液 pH 值	7.35	7.24～7.57

注：毫米汞柱为非法定计量单位，法定计量单位 1 千帕 =7.5 毫米汞柱。

第五章　兔病防治基本知识

掌握兔病防治基本知识，了解各类疾病的发病原因、病情过程、疾病特点等，以便做到从源头防病，使兔不发病或少发病。

第一节　兔病发生的原因

兔病发生的原因一般可以分为外界致病因素、内部致病因素两大类。

一、外界致病因素

外界致病因素主要指存在于外界环境中的各种致病因素，可分为生物性、化学性、物理性、机械性、营养性和应激性六类。

（一）生物性致病因素

1. 病原微生物　有细菌、病毒、真菌、螺旋体等。

2. 寄生虫　有原虫、蠕虫等。

生物性致病因素主要引起传染病和寄生虫病。如病毒性出血症、巴氏杆菌病、大肠杆菌病、魏氏梭菌病、球虫病、皮肤真菌病等，对养兔业威胁最大。

（二）化学性致病因素

化学性致病因素主要有强酸、强碱、重金属盐类、农药、化学毒物、氨气、一氧化碳、硫化氢等化学物质，可引起中毒性疾病。如有机磷中毒、食盐中毒、亚硝酸盐中毒、敌鼠钠中毒等。

（三）物理性致病因素

物理性致病因素指高温、低温、电流、光照、噪声、气压、湿度和放射线等，这些因素达到一定强度或作用时间较长时，都可使兔体发生物理性损伤。如冻伤、中暑等。

（四）机械性致病因素

机械性致病因素包括锐器及钝器的打击、机体的震荡等，它们均可引起机体和组织的损伤。如外伤、骨折等。

（五）营养因素

饲喂饲料单一，或饲料中各种营养物质不平衡（营养过剩或不足），或饲料原料质量差等，均可引起兔发生各种疾病。如维生素缺乏症、霉变饲料中毒等。

（六）应激因素

应激因素包括追赶、捕捉、转群、打针、参观、饲料变动、拥挤、温度过高或过低、湿度过大或过小等，都可以造成家兔处于紧张状态。常引起许多疾病，如撞死、外伤、食欲下降、消化不良等。

二、内部致病因素

兔病发生的内部因素主要是指兔体对外界致病因素的感受性和对致病因素的抵抗力。机体对致病因素的易感性和防御能力与机体的免疫状态、遗传特性、内分泌状态、年龄、性别和兔的品种等因素有关。免疫功能低下时，容易引起传染性疾病；遗传因素的异常可引起遗传性疾病；不同年龄的兔对同一致病因素的易感性不同，如兔病毒性出血症主要危害青年兔和成年兔，哺乳仔兔很少发生，又如兔传染性水疱性口炎主要危害 1～2 月龄幼兔，而成年兔较少发生；兔的品种不同其抗病力也不同，如日本白兔的抗病力较差，而丹麦白兔的抗病力则较强。

第二节　兔病的分类

为了便于认识兔病和有针对性地采取有效的防治措施，常需要将兔病进行分类。根据疾病的病程长短分为最急性型、急性型、亚急性型和慢性型。根据兔病发生的原因可将兔病分为传染病、寄生虫病、普通病。

一、传染病

传染病是指由病原微生物侵入兔体，并在体内生长繁殖而引起具有传染性的疾病。传染病在兔病中危害最大，一旦发生，常可造成严重的经济损失。常见的传染病有以下三类：

（一）病毒性传染病

病毒性传染病有兔病毒性出血症（兔瘟）、传染性水疱性口炎、黏液瘤病等。

（二）细菌性传染病

细菌性传染病有兔巴氏杆菌病、大肠杆菌病、魏氏梭菌病、链球菌病、螺旋体病、放线菌病等。

（三）真菌性传染病

真菌性传染病有皮肤真菌病（癣或黄癣）、深部真菌病（曲霉菌性肺炎）等。

二、寄生虫病

寄生虫病是寄生虫侵害体表或侵入体内而引起的一类疾病。在临床上，兔寄生虫病的感染和发生比较普遍，有的能引起严重的疾病，并导致死亡，如兔球虫病；有的虽不引起严重的疾病，却常常表现为带虫者或亚临床症状，如某些线虫感染。常见的寄生虫病有以下三种：

（一）原虫病

原虫病有兔球虫病、弓形虫病、住肉孢子虫病等。

（二）蠕虫病

蠕虫病有囊尾蚴病、蛔虫病、棘球蚴病、肝片吸虫病等。

（三）外寄生虫病

外寄生虫病有兔虱病、兔疥螨病、兔蚤病等。

三、普通病

普通病是由一般性致病因素引起的一类疾病。比较重要和常见的普通病有营养性疾病、中毒病、内科病、外科病及其他病等。

（一）营养性疾病

营养性疾病有维生素A、B族维生素、维生素D、维生素E缺乏症，钙磷缺乏症，胆碱缺乏症等。

（二）中毒病

中毒病有氟中毒、有机磷化合物中毒、食盐中毒、有机氯化合物中毒等。

（三）其他病

其他疾病如内科病的口炎、积食、腹泻、中暑等；外科病的创伤、冻伤、眼结膜炎等；产科病的难产、乳房炎、不孕症等。

第三节 传染病的防治特点

一、传染病的特征

在临床上，不同传染病的表现千差万别，同一种传染病在不同种类动物上的表现多种多样，甚至对同种动物不同个体的致病作用和临床表现也有一定差异，但与非传染性疾病相比，传染性疾病具有一些共同的特征。

（一）传染病是由病原微生物引起的

每种传染病都由特定的病原体引起，如兔病毒性出血症病毒、兔巴氏杆菌等感染兔群引起兔病毒性出血症、兔巴氏杆菌病。引起兔的传染病的病原微生物种类很多，包括病毒、细菌、真菌、立克次体、螺旋体、原虫等。

（二）传染病具有传染性和流行性

病原微生物能在患病动物体内增殖并不断排出体外，通过一定的途径再感染另外的易感动物而引起具有相同症状的疾病，这种使疾病不断向周围散播传染的现象，是传染病与非传染病区别的一个重要特征，其传染强度与病原体种类、数量、毒力、易感动物的免疫状态等有关。在一定地区和一定时间内，传染病在易感动物群中从个体发病扩展到整个群体感染发病的过程，便构成了传染病的流行。

（三）感染动物机体可出现特异性的免疫学反应

感染动物在病原体或其代谢产物的刺激下，能够出现特异性的免疫生物学变化，并产生特异性的抗体和变态反应等。这些微细变化或反应可通过血清学试验等方法检测，因而有利于病原体感染状态的确定。

（四）传染病耐过动物可获得特异性的免疫力

多数传染病发生后，没有死亡的患病动物能产生特异性的免疫力，并在一定时期内或终生不再感染该种病原体。

（五）被感染动物有一定的临床表现和病理变化

传染病的临床症状和病理变化表现基本一致。

（六）传染病的发生具有明显的阶段性和流行规律

个体发病动物通常具有潜伏期、前驱期、临床明显期和转归期 4 个阶段，而且各种传染病在群体中流行时通常具有相对稳定的病程和特定的流行规律。

二、传染病的流行过程

传染病在动物群中的发生、传播和终止的过程，称为传染病的流行过程。虽然不同传染病在临床上的表现千差万别，但个体动物发病时的病程经过具有明显的规律性，一般分为潜伏期、前驱期、临床明显期和转归期 4 个阶段。

（一）潜伏期

潜伏期是指从病原体侵入兔体开始，直到该病临床症状开始出现时的一段时间。不同传染病的潜伏期长短差异很大，且由于不同种属、品种或个体动物对病原体易感性不同，以及病原体的种类、数量、毒力、侵入途径或部位等方面的差异，同种疾病的潜伏期长短也有很大差别。尽管如此，传染病的潜伏期还是具有相对的规律性，如兔病毒性出血症潜伏期通常为 2 ~ 3 天，而最急性型兔病毒性出血症潜伏期为 6 ~ 8 小时，急性型病程 1 ~ 2 天，慢性型至少 30 天之久。

通常急性传染病的潜伏期较短且变动范围较小，亚急性或慢性传染病的潜伏期较长且变动范围也较大。了解传染病潜伏期的主要意义是：潜伏期与传染病的传播特性有关，如潜伏期短的疾病通常来势凶猛、传播速度快；帮助判断感染时间并查找感染的来源和传播方式；确定传染病封锁和解除封锁的时间以及在某些情况下对动物的隔离观察时间；确定免疫接种的类型，如处于传染病潜伏期内动物需要被动免疫接种，周围动物则需要紧急疫苗接种等；有助于评价防制措施的临床效果，如实施某措施后需要经过该病潜伏期的观察，比较前后病例数变化便可评价该措施是否有效；预测疾病的严重程度，如潜伏期短促时病情常较为严重。

（二）前驱期

前驱期是指疾病的临床症状开始出现后，直到该病典型症状显露的一段时间。不同传染病的前驱期长短有一定差异，有时同种传染病不同病例的前驱期也不同，但该期通常只有数小时至一两天。临床上患病动物主要表现是体温升高、食欲减退、精神异常等。

（三）临床明显期

临床明显期是指疾病典型症状充分表现出来的一段时间。该阶段是传染病发展和病原体增殖的高峰阶段，典型临床症状和病理变化也相继出现，因而进行临床诊断比较容易。同时，由于患病动物体内排出的病原体数量多、毒力强，故应加强发病动物的饲养管理，防止病原微生物的散播和蔓延。

（四）转归期

转归期指疾病发展的最后阶段。此时如果病原体的致病能力增强，或动物体的抵抗力减弱，则以动物的死亡而告终。如果动物体获得了免疫力，抵抗力逐渐增强，机体则逐步恢复健康，表现为临床症状逐渐消退，体内的病理变化逐渐消失，正常的生理功能逐步恢复。在疾病转归期，机体能够在一定时期内保留免疫学反应，同时在机体内也存在有病原微生物，但这种免疫学反应和带菌（毒）现象存在时间的长短则与传染病的种类有关。

三、预防兔病的基本措施

家兔体型小且抵抗力差，很多疾病尚未发现任何明显症状便大批死亡。即便是慢性疾病，治疗的效果也不十分理想，而且是得不偿失。因此，必须坚持“预防为主，养防结合”的方针，增强防病意识，采取必要的防病措施。真正做到环境防病、引种防病、饲料防病、饲养管理防病、配种繁殖防病和药物防病。

四、采取应急对策

（一）做好隔离封锁工作

在发生传染病时，应立即仔细检查所有的家兔，以后每隔 5 ~7 天检查一次。根据检查结果，把病兔、可疑病兔等组成单独的兔群，区别对待，以便把传染病控制在最小范围内，在最初阶段扑灭。

1. 病兔　在彻底消毒的情况下，把有明显临床症状的病兔单独或集中隔离观察，由专门人员饲养并进行有效的治疗，管理人员要严加护理和观察。隔离场地门口要设立消毒池，若观察仅有少数病兔，可捕杀之。

2. 可疑病兔　症状不明显，但与病兔有接触或环境受污染也可能在潜伏期，有排毒（菌）的可能，应在另地观察，限制其活动，尽量想办法进行预防治疗。观察 1 ~2 周未见发病，可取消限制。

3. 假定健康兔　包括一切正常的家兔，其周围有病兔出现，仍应认真做好消毒工作。

（二）及时确诊

迅速通过临床诊断、病理学诊断、微生物检查、血清学试验等进行确诊。

（三）消毒

在隔离的同时，要立即进行严格消毒。消毒对象包括兔场门口、兔舍门口、兔场、兔舍及所有用具；垫草和粪便要彻底清扫，严格消毒；病死兔要深埋或无害化处理。

（四）紧急免疫接种

当兔场发生疫病时，为了迅速控制和扑灭疫病流行，应对疫区受威胁的兔群进行紧急接种。通过接种，可使未感染的兔获得抵抗力，降低发病兔群的死亡损失，防止疫病向周围蔓延。对兔场内所有兔进行紧急接种，方能同步获得免疫力，而不留下易感兔。为了保证接种效果，疫苗制剂可加倍使用。注意紧急接种可促使正处在潜伏期的兔发病和死亡，但经过一段时间后，发病和死亡数就会下降，使疫病得到控制。

（五）紧急药物治疗

对病兔和疑似病兔要进行治疗，对假定健康兔的预防性治疗也不能放松。治疗的关键是在确诊的基础上尽早实施，这对控制疫病的蔓延和防止继发感染起着重要作用。高免生物制品如高免血清等是首选药，可针对特定病原微生物进行治疗，虽成本高，但疗效好。也可用抗生素和化学药品治疗，用于紧急治疗的剂量要足，对病重的兔用口服或注射的方法，对大群兔，可用拌料或饮水法。

第四节　寄生虫病的防治特点

寄生虫病是由寄生虫暂时或永久性寄生于兔的体表或体内，夺取兔体营养，并给兔体造成不同程度危害的疾病的总称。

一、寄生虫病的危害

寄生虫侵入兔体或在兔体内移行、寄生时，不仅危害养兔业，造成经济损失，甚至威胁人类健康。由于各种寄生虫的生物学特性及其寄生部位不同，因而对兔的致病作用和危害程度也不同。寄生虫病的发病特点和危害性主要表现在如下几个方面：

（一）机械性损害

吸血昆虫叮咬，或寄生虫侵入兔体及其在体内移行过程中和在特定部位寄生的机械性刺激，可使兔的器官、组织遭受不同程度的损害，如创伤、发炎、充血、出血、肿胀、堵塞、挤压、萎缩、穿孔和破裂等，严重时可引起死亡。

（二）吸取营养和血液

寄生虫常以经口吃入或由体表吸收的方式，把兔的营养物质变为虫体自身的营养，有的则直接吸取兔的血液或淋巴液作为营养，导致兔营养不良、消瘦、贫血、抗病力和生产性能降低等。

（三）毒素的毒害作用

寄生虫在生长、发育和繁殖过程中产生的分泌物、排泄物、脱鞘液和死亡崩解产物等，均可对兔产生不同程度的局部性或全身性毒性作用，尤其对神经系统和血液循环系统的毒害作用较为严重。

（四）引入其他病原体传播疾病

寄生虫不仅本身对兔有害，还可在侵害兔时，将某些病原体如细菌、病毒和原虫等直接带入兔体内，或为其他病原体的侵入创造条件，使兔遭受感染而发病。

（五）降低兔产品质量和数量

多种寄生虫病可使兔肉、皮、毛产量下降，质量降低。如兔螨病可导致被毛脱落，产量减少，质量降低。某些人畜共患寄生虫病，尤其是肉源性人畜共患寄生虫病，其肉品甚至整个肉尸常需无害化处理或被依法废弃。

二、寄生虫病的流行特点

兔寄生虫病的传播和流行，必须具备传染源、传播途径和易感动物三个基本环节，切断或控制任一个环节，就可以有效地阻止某种寄生虫病的发生与流行。此外，寄生虫病的传播和流行，还受自然条件和社会因素的影响与制约。

（一）流行季节

大部分蠕虫和球虫可全年发病；而蝇蛆病多在夏秋季，螨病则多在秋冬季梅雨季节。

（二）传染源

传染源通常是指寄生有某种寄生虫的病兔和带虫兔，寄生虫能在其体内寄居、生长、发育、繁殖并排到体外。寄生虫常通过血、粪、尿及其他分泌物、排泄物等，不断地把某一发育阶段的寄生虫（虫体、虫卵、幼虫或节片等）排到外界环境中，污染土壤、饲料、饮水、用具，然后经一定途径转移到易感动物或中间宿主。

（三）传播途径

传播途径指来自传染源的病原体，经一定方式再侵入其他易感兔所经过的途径。兔主要经以下途径感染和发生寄生虫病：

1. 经口感染　经口食入是兔感染寄生虫的主要途径。兔吞食了被感染性幼虫或虫卵污染的饲草、饲料、饮水、土壤等，或吞食了带有感染性阶段虫体的中间宿主、延续宿主、补充宿主等之后而遭受感染，如胃肠道线虫、球虫等。

2. 经皮肤感染　某些寄生虫的感染性幼虫可主动钻入兔皮肤而引起感染。吸血昆虫在叮咬、刺螫兔吸血时，可把感染期的虫体注入兔体内引起感染，如锥虫、孢子虫等。

3. 接触感染　健康兔与病兔通过皮肤或黏膜接触而直接感染，或与被感染阶段虫体污染的圈舍、垫料、用具及运动场等接触而间接感染，如兔螨病、毛滴虫病等。

4. 经胎盘感染　某些寄生虫如弓形虫等，其在妊娠母体内寄生和移行时，可经胎盘进入胎儿体内而使胎儿感染。

（四）自然条件

自然条件包括气候条件，如温度、湿度、光照、年降水量等；地理条件，如经纬度、地形、海拔高低、湖泊与河流分布情况、交通状况等和动植物区系（终末宿主、中间宿主、媒介及植被）等。气候和地理条件的不同，必将影响到植被和动物区系的不同，后者又直接地影响到寄生虫的分布及寄生虫病的传播与流行。

（五）社会因素

社会因素包括社会制度，经济状况，人们的生产、生活方式，风俗习惯及兔的饲养管理条件等。社会因素对寄生虫病传播和流行的基本环节和自然因素都起着重要的作用。

此外，兔场所处位置不佳，疫病防制计划不周全，饲养管理不善，卫生条件恶劣，兔舍潮湿，通风不良，光照不足，动物拥挤，饲料品质差，动物营养不良，抵抗力低等，均易导致寄生虫病的发生与流行。

三、寄生虫病的防制措施

要消灭兔的寄生虫病，必须根据不同寄生虫的流行特点，制定有针对性的综合防制措施。在实践中较为有效、可行的措施是计划驱虫。计划定时驱虫具有消灭传染源、防止病原扩散和治疗病兔的双重意义。一般在春秋两季进行两次全群普遍驱虫。丙硫咪唑具有高效、低毒、广谱的特点，是较理想的驱虫药物，它可以驱除线虫、绦虫、绦虫蚴及吸虫。仔兔最易暴发兔球虫病，死亡率高，应重点预防，以提高仔兔成活率。兔螨病是危害养兔业的又一个严重寄生虫病，预防和根治本病是一大难题，因兔不耐药浴，目前只能通过定期全面普查，发现病兔及早治疗，用伊维菌素皮下注射疗效较好。

驱虫药的选择原则：一要高效，经 1～2 次用药就能彻底驱除兔体内的寄生虫。二要低毒，对兔有较小的副作用，药物在兔体内残留量少，残留时间短，不污染环境。三要广谱，最好一种驱虫药可以驱除多种寄生虫，例如，丙硫咪唑可以驱除多种线虫、吸虫、绦虫等。也可将两种或两种以上的驱虫药联合应用，从而扩大驱虫范围。四要价廉和使用方便，特别是在大群驱虫、杀虫时，方便的驱虫方法可以节省人力物力。

驱虫过程中应注意下列几点：一是用驱虫、杀虫药物要求剂量准确；二是驱虫后对病兔应加强护理和观察，必要时采取对症治疗，并及时解救出现毒副作用的病兔；三是先做小群驱虫试验，取得经验并肯定药效和安全性后，再进行全群驱虫；四是驱虫同时要加强粪便的无害化处理，防止病原扩散。

第五节　中毒性疾病的防治特点

一、中毒性疾病的发病特点

中毒病多具有群体发病特点，发病急，死亡率高，常常表现为食欲较好、体型较大的青壮年兔最先发病，发病兔体温一般正常或偏低，这些症状与传染性疾病的群体发病特点不同，有利于中毒病的初步诊断。

二、中毒性疾病的诊断

家兔中毒病的诊断主要通过问诊了解病史和发病情况，结合临床症状和病理解剖资料加以综合分析。中毒病的确诊可依靠毒物检测和动物复制试验实现。

三、中毒性疾病的种类

（一）有机磷农药中毒

农民经常使用敌敌畏、乐果、1059、1605、3911、马拉硫磷等有机磷农药喷洒农作物、果树、蔬菜等植物，以防治病虫害。采集受这些农药污染的农作物、果树叶、蔬菜和野草喂兔，就可能造成兔中毒甚至死亡。中毒特征：流涎、口吐白沫、腹痛、肌肉震颤、抽搐、呼吸困难、瞳孔缩小、体温多数下降、昏迷等。剖检胃肠黏膜充血、出血，内容物有蒜臭味，肝肿大，肺水肿，血涂片镜检红细胞破裂。

（二）亚硝酸盐中毒

青绿多汁蔬菜或鲜饲料，如白菜、牛皮菜、白萝卜叶、玉米苗等青饲料中都含有较多的硝酸盐，这些青饲料如果在潮湿闷热的环境中长时间堆放后，青饲料中的硝酸盐即可转化为亚硝酸盐。家兔大量采食这样的饲草就可引起中毒。兔中毒症状为流涎、呕吐、腹痛、腹泻、呼吸困难、步态不稳，耳郭呈乌青色，体温多数下降。剖检见血液呈黑红色或咖啡色并凝固不良，肠胃黏膜充血、肿胀。

（三）霉菌毒素中毒

饲料霉变时往往会产生霉菌毒素，如一些富含蛋白质的饲料在发生霉变时，会产生黄曲霉素毒素，兔食用这样的霉变饲料可引起中毒，表现为呕吐、腹泻、气喘、抽搐、食欲和饮水废绝，继而发展为肝受损和黄疸；某些谷物饲料霉败后可产生曲霉素、柠檬色霉素等毒素，这些毒素会造成肝和肾损害，繁殖功能降低，死胎现象严重。

（四）食盐中毒

当兔饲料中食盐含量偏高，或者食盐颗粒偏大、混合不均匀，以及在饲料中添加咸鱼粉等高盐物质较多，且饮水不足时，均可能会导致兔食盐中毒。临床表现为大量饮水、流涎、颤抖、痉挛、粪便带血，最后呈昏迷状。剖检见胃肠黏膜呈现出血性炎症，肝、脾、肾肿大。

（五）营养素和药物添加剂类物质中毒

养殖户防治疾病时，常在饲料中添加一些药物及营养素，如喹乙醇、磺胺类、氯苯胍、土霉素以及氨基酸、维生素、微量元素等，由于用量过大引起兔中毒。常见的症状为消化障碍、下痢或便秘、脱毛、皮屑增多等，严重时可引起急性中毒死亡。

（六）草酸及草酸盐中毒

一些青饲料如苋菜、菠菜、甜菜等中的草酸及草酸盐的含量较高。在兔消化道内，草酸及草酸盐能与钙结合成不溶于水的草酸钙，从而阻碍兔体内钙的正常吸收。被兔吸收的草酸及草酸盐与血清钙结合，发生沉淀，使血钙水平迅速下降，出现乏力、身软、肌肉痉挛等症状。剖检见口腔及消化道糜烂、胃出血、血尿。

（七）有毒植物中毒

用某些有毒植物饲喂家兔，或混在饲草里被家兔误食后往往会引起消化系统疾病或中毒死亡。常见能引起家兔中毒的有毒植物有牵牛花、灰菜、断肠草、毒芹、夹竹桃、羊蹄、天南星、颠茄、曼陀罗花、土豆秧、藜芦、狗舌草、土豆芽等。中毒症状为呕吐、流涎、腹痛、腹泻、知觉消失、麻痹昏睡、呼吸困难等，严重者可因心力衰竭而死亡。

（八）氰及氰化物中毒

氰及氰化物都有极大的毒性。许多新鲜植物，如红三叶草、木薯、枇杷叶和种子、新鲜高粱、玉米幼苗等都含有氰及氰化物。兔采食含氰及氰化物的新鲜植物过多可引起中毒。中毒症状为口腔黏膜呈鲜红色，口吐白沫，呼出的气体带有杏仁味，麻痹、衰弱、呼吸停止等。

（九）棉酚中毒

常见的是棉籽饼中毒。因为棉籽饼含有游离棉酚等有毒成分，兔过量食用后会导致体组织损害并使其繁殖功能降低。

四、中毒性疾病的救治原则

（一）维持疗法

由于毒物的作用，中毒家兔经常出现兴奋、惊厥、发热或体温低下、脱水、腹泻或呼吸抑制等症状，这些症状出现得快，经过急，经常是死亡的直接原因。所以应及时采取相应措施，消除有害物质。

1. 预防惊厥发生　可用苯巴比妥类药物，但该类药物有抑制呼吸的作用，会加剧因某些毒物引起的呼吸抑制。氯丙嗪、氯胺酮与麻醉剂或安定剂配合使用，对惊厥的疗效较好。

2. 维持呼吸功能　中毒死亡多是由于呼吸抑制或麻痹所致，人工呼吸可帮助家兔换气。呼吸功能衰竭时，可用尼可刹米，以兴奋呼吸中枢。

3. 纠正体温的改变　不同毒物，可引起家兔的体温过低或过高，治疗中应注意体温的变化，及时纠正。因为体温的变化可影响家兔对毒物的敏感性、脱水程度及毒物在体内的代谢速率。发热时可应用解热镇痛药或输液疗法。体温过低时，应注意环境保温或应用能量合剂（三磷酸腺苷、辅酶 A 及胞二磷胆碱等）。

4. 及时治疗休克、补充电解质　目的是保持体液的平衡，改善心脏功能，这对于抢救中毒家兔具有重要意义。

（二）促进毒物排出，减少毒物吸收

1. 洗胃　有毒物质经口摄入，在摄食后 2 ~ 4 小时毒物尚在胃内。洗胃前最好进行镇静或全身麻醉，经口插入导管，用温水反复冲洗，排出胃内容物。在洗胃水中加入适量的活性炭可提高洗胃效果。

2. 缓泻　中毒时间较长，大部分已进入肠道时，应灌服泻剂。在泻剂中加活性炭，以吸附毒物，效果较好。一般用盐类泻剂，常用硫酸钠，内服量为每千克体重 1 克。

3. 利尿与放血　为促进已被吸收的毒物排泄，可应用渗透性利

尿剂（如甘露醇）或化学性利尿剂（如速尿等）促进毒物从尿液中排出。也可采取耳静脉放血，一般可放 10～20 毫升。

（三）应用解毒剂

解毒剂分为通用解毒剂、一般解毒剂和特效解毒剂三种。

1. 通用解毒剂 一般都有一定的解毒作用，在毒物性质未确定之前用。常用的配方是：活性炭或木屑 2 份、鞣酸 1 份，混合均匀，内服 5～10 克。

2. 一般解毒剂 毒物在胃内未被吸收的时候选用一般解毒剂。

（1）中和解毒剂：酸类中毒内服碳酸氢钠、石灰水等；碱类中毒内服食用醋等。

（2）沉淀解毒剂：用于生物碱及重金属盐类中毒。

（3）氧化解毒剂：使毒物氧化而失去毒性。

3. 特效解毒剂 只是对某种毒物具有特异性解毒作用。如解磷定对有机磷化合物中毒有解毒作用，而对其他毒物却没有解毒作用。

（四）维护全身功能，对症处理

稀释毒物，促进毒物排出，增强肝的解毒功能，可采取大量输液疗法。心脏衰竭时，可应用强心剂，如安钠咖等。家兔不安时，可应用镇静剂，如溴化钠、氨溴等。呼吸功能衰竭时，可应用尼可刹米，以兴奋呼吸中枢。

第六节 营养代谢病的防治特点

家兔利用外部的糖、蛋白质、脂肪、维生素、矿物质和水方能进行生命活动所必需的生理生化反应，任何一种物质的不足或过多都会对家兔产生不利的作用，从而引起营养代谢病。

一、营养代谢病的种类

（一）糖、脂肪及蛋白质营养紊乱性疾病

糖、脂肪、蛋白质代谢障碍可引起多种疾病，但危害最大的为酮病，其次为妊娠毒血症、衰竭症、肌红蛋白尿症等。

（二）常量元素营养紊乱性疾病

常量元素营养紊乱主要包括钙、磷、钾、钠、硫等营养物质缺乏或过剩导致的营养代谢病，如佝偻病、骨软病、纤维性骨营养不良、产后瘫痪等。

（三）微量元素营养紊乱性疾病

微量元素营养紊乱主要包括硒、铜、锌、碘、铁、钴、锰、氟、钼、铬、硅、镍等营养物质缺乏或过剩导致的营养代谢病，如上述物质的缺乏或中毒症等。

（四）维生素营养紊乱性疾病

维生素营养紊乱主要包括维生素 A、维生素 D、维生素 E、维生素 K、维生素 B、维生素 C 等营养物质缺乏或过剩导致的营养代谢病，如上述物质的缺乏症等。

二、营养代谢病的特点

（一）群发性

多见于日粮配合不当、过量使用饲料添加剂或者使用饲料质量存在严重缺陷，导致兔体吸收的营养物质不能满足生长发育和生产性能的需求，引发代谢紊乱而发病。一般在一个养殖场会成群发病，症状基本相同或相似。有的还会出现地区性的、多种动物的群发。

（二）多与不同生理阶段或生产性能相关

有些营养代谢病多发生在不同的生理、生产阶段。如缺铁性贫血多发生于幼兔，低血钙性瘫痪多见哺乳母兔。

（三）发病缓慢、病程较长

营养代谢病从病因起作用到有临床表现，往往需要数周甚至更长时间，发病率高，病程较长，大多数病程较长的病例呈隐性经过。

（四）无传染性

病兔除非发生继发感染，一般不会发生传染性流行特点，只要改善了营养和机体的代谢状况后，就可在短期内恢复。家兔体温一般为正常或偏低，兔群之间不发生接触传染，这是营养代谢病早期发病时与其他传染性疾病的一个显著差异。病兔大多有生长发育停止、贫血、消化和生殖功能紊乱等多样化的临床症状。

（五）无特征性临床症状

大多营养代谢疾病缺乏特征性的临床症状，多表现为精神不振、食欲不佳、消化障碍、生长发育停滞、贫血、异嗜、生产性能下降、生殖功能紊乱等，容易与一般的营养不良、寄生虫病或一般中毒相混淆。早期诊断困难，但该类病具有特征性血液或尿液生化指标的改变或器官组织病理变化。通过对饲料或土壤、水质检验和分析，可查明病因。缺乏时补充某一营养物质或元素，过多时减少某一物质的供给，能预防或治疗该病症。

三、营养代谢病的防制措施

生产中家兔营养代谢病虽然影响缓慢，但发病往往比较急，也只有通过补充缺乏的营养物质才能根本改善。所以家兔营养代谢病防制的关键在于加强饲养管理，合理调配日粮，特别是不同生产阶段应根据兔群不同需要，及时、准确、合理地调整日粮结构，保证全价饲料；开展营养代谢病的监测，定期对兔群进行抽样调查，了解各种营养物质代谢的变动，正确估价或预测家兔的营养需要，早期发现病兔。实施综合防制措施，如地区性矿物元素缺乏，可采用改良植被、土壤施肥、植物喷洒、饲料调换等方法，提高饲料中相关元素的含量，尽力做到早预测、早应对。

第六章　规模化兔场防疫体系的建立与实施

兔场综合性防疫体系，即通过科学合理的饲养管理、免疫程序、药物保健等一系列防疫措施来达到疾病防制的目的。规模化兔场疾病种类繁多，对兔危害最严重的是传染病，其次是寄生虫病、中毒病及营养缺乏症。为了减少或避免兔病的发生，保障兔群的正常生产，必须坚持预防为主的方针，做到饲养管理规范化，防疫措施制度化，不断提高兔的健康水平。

第一节　规模化兔场防病体系的建立原则

通过采取净化种源、优化环境、完善设备、加强管理、增加营养和强化免疫等技术措施，切断水平传播和垂直传播途径，从而使兔不发病或少发病。疫病控制不是单一的，而是各种措施相互联系、相互制约、相互渗透，形成了密不可分的一个防控系统。

一、严格疫病控制

在生产区四周建防疫墙，杜绝非生产区人员出入。防疫墙内，外沿建立灌木绿化隔离带，大门设 3～4 米宽车辆进出的消毒池，使用 2% 氢氧化钠溶液，每周定期更换两次。在人员专一通道设立消毒室，所有进出人员必须在此更衣、换鞋、紫外线照射后，方可再涉池，洗手进入生产区，并且在每栋兔舍入口处设置消毒池。饲料最好自配自产，用机械直接送入生产区料塔，或用内部专用麻袋、编织袋经传输窗进入兔舍，以防传染病原。生产人员全部定岗定员，不得随意串岗。各兔舍工具不得交叉使用，人员进出场区必须严格控制，禁止随意进出场，生产资料等由专人负责送至消毒室。生产区人员休假结束返回后必须在生活区集体宿舍隔离 1 天方可进入生产区。

二、坚持自繁自养

规模化兔场要自行组建核心群和扩繁群。商品肉兔场使用杂交组合，充分利用杂交抗病优势。在正常情况下，种公兔的年淘汰率约为 100%，种母兔则必须超过 100%，过低则会造成繁殖率下降。1 000 只母兔群生产线每月可定期补充后备公兔 6～8 只、后备母兔 60～80 只。后备种兔必须经过 0～28 日龄、29～84 日龄和 85～140 日龄三阶段的严格选择，挑选身体健壮、生长速度快、饲料报酬高、来自高繁母系、品种特征明显的优秀个体。核心群进行育种改良需要引进外血时，在引种前必须对所引种兔所在地区进行有关疫病的调查，对引进兔要进行兽医卫生检疫，并在场外隔离观察两周以上，在隔离期间还要进行有关疫病的免疫接种，再经过多次消毒后方可进场饲养。

三、科学配制日粮

全价的日粮及平衡的营养是避免营养不良和实现繁育计划的重要保证。配制日粮既要有好的配方，又要有优质的饲料原料；饲料原料多样化能防止某些营养物质的过量或缺乏；对饲料原料进行科学的加工调制，能有效地保证日粮营养水平和提高饲料转化率，能够较好地预防消化道疾病的发生。

四、优化生产环境

规模化兔场饲养密度大，粪尿产出量大，有害气体、微生物、尘埃多，保持兔舍内外良好的环境卫生非常重要。因此，应尽量采用地下管道排污，防止交叉感染。舍外空地杂草要定期清除。舍内每天要打扫卫生一次，保持清洁干燥，不得有蜘蛛网、剩余霉料。粪沟内不得有积粪，兔笼底要经常清扫，不得残留污毛。室内卫生可以分解成若干小项目，与岗位奖金挂钩，及时检查，经常监督。在冬季，要做好防寒保温工作，但不能为了保温而紧闭门窗，必须保证有适量的通风换气，必要时使用换气扇。舍内的硫化氢浓度要低于10毫克/米^3，氨浓度要低于25毫克/米^3。如果使用煤炉保温，相对湿度要控制在50%～80%，并尽量减少空气中的尘埃。长期处于低质量的空气环境中，兔体质易变差，抵抗力下降，呼吸系统疾病明显上升，死亡率升高，而且这种影响不易觉察，生产中常常被忽视。夏季高温时，要全力做好防暑降温工作，尽量利用自然通风，根据不同兔种结合机械通风、喷雾降温等措施。特别要防止种公兔及繁殖母兔的热应激。

五、控制鼠害，杀灭蚊蝇等

老鼠不但耗损饲料，而且传播疾病；蚊、蝇等也是病原体的宿主和携带者，能传播多种传染病和寄生虫病。规模化兔场要定期灭鼠，每年两次。清除兔舍周围杂物、垃圾及乱草堆等，填平死水坑，并采取杀虫、灭鼠和灭蝇措施。

此外，生产中还应实行空弃药瓶、废弃扫把等生产废物回收登记制度，及时将药棉、废纸、污毛等生产垃圾集中无害化处理，这对净化兔场生产环境大有好处。

第二节　规模化兔场防病体系的基本内容与实施

规模化兔场的疫病控制不同于传统养兔业，凡是可能造成经营利润下降的病害，包括急慢性传染病、应激病、营养病及各类伤害等都是疫病控制的关键。防治的对象不是单只兔而是整个群体。

一、兔群疫病防控程序

（一）球虫病的预防

25～90日龄仔、幼兔的饲料中每千克添加150毫克氯苯胍，或1毫克地克珠利，可有效预防兔球虫病的发生，治疗剂量加倍。注意交替用药，交替期为2~3个月。对本病必须实施全年预防。

（二）母兔乳房炎和仔兔黄尿病的预防

产前3天和产后3天的母兔，每天每只喂穿心莲1~2粒、复方新诺明片1片，可预防母兔乳房炎和仔兔黄尿病的发生。对于乳房炎、仔兔黄尿病、脓肿发生率较高的兔群，除改变饲料配方，控制产前、产后饲喂量外，繁殖母兔每年应注射2次葡萄球菌病灭活疫苗。

（三）兔瘟的预防

30~35日龄首次注射兔病毒性出血症、巴氏杆菌二联苗，60~70日龄时加强。对兔病毒性出血症（兔瘟）和巴氏杆菌病有很好的预防作用。

（四）呼吸道疾病的预防

（1）保持兔舍通风、干燥、温度相对稳定。

（2）兔群注射兔巴氏杆菌及波氏杆菌二联苗，每4个月免疫1次。

（3）饲料中添加预防兔呼吸道疾病的添加剂或药物。预防波氏杆菌病的药物主要有复方新诺明、庆大霉素和氟苯尼考。预防克雷伯杆菌病的药物主要有庆大霉素、左氧沙星、阿米卡星、环丙沙星和诺氟沙星等。对兔群中有鼻炎、打喷嚏、呼吸困难、斜颈、结膜炎的兔坚决淘汰，净化兔群。

（五）魏氏梭菌病的预防

魏氏梭菌病的发生率、死亡率高且无有效的治疗方法，应引起广大养兔者的高度重视，必须把注射魏氏梭菌疫苗作为兔群常规免疫来进行，特别是基础兔，每4个月免疫接种1次。

（六）毛癣病的预防

引种必须从健康兔群中选购，引种后必须隔离观察至第一胎仔兔断奶时，如果出生的仔兔无本病发生，才可以混入原兔群。严禁商贩进入兔舍。一旦发现本病，应及时隔离，最好做淘汰处理，并对其所在笼位及周围环境用2%氢氧化钠溶液或火焰进行彻底消毒。对初生仔兔全身涂抹克霉唑制剂，可有效预防仔兔毛癣菌的感染。

（七）霉菌中毒病的预防

以草粉霉变为主，对使用的草粉进行全面、细致检查，一旦发现饲料有结块、发黑、发绿、有霉味、含土量大、有塑料薄膜等，应坚决废弃不用。外观不能确定时，应进行实验室霉菌检测。

（八）消化道疾病的预防

（1）饲料配方要合理，粗纤维要有一定水平，粗饲料粒度不宜过大，饲料原料的质量要可靠。

（2）饲喂要遵循“定时、定量、定质”的原则。饲料配方、原料改变要逐步进行，应有 10～14 天的过渡期。

（3）兔舍温度要保持相对稳定。春、秋季节要注意当地的天气预报，一旦有突然降温预告，要及时采取保温措施，保障兔舍温度相对恒定。

（4）减少其他应激，如断奶方法不当、调换笼位、转群、饲养人员改变、频繁给兔注射不必要的药物或预防针等。断奶采取原笼饲养可减少断奶兔因应激而患病。

（九）大肠杆菌病的预防

大肠杆菌病预防除用庆大霉素等药物外，注射兔大肠杆菌多价灭活菌苗也有一定的效果。

（十）繁殖障碍类疾病的预防

饲料营养要全面，保持兔舍温度、湿度恒定，对生殖系统疾病要及时确诊，患子宫内膜炎等疾病要及时淘汰。

（十一）驱虫

每 3 个月对兔群进行 1 次驱虫，内服丙硫咪唑，皮下注射伊力佳，对预防绦虫、线虫、吸虫和螨病均有效果。

二、兔群发生急性传染病时应采取的应急措施

兔群一旦发生重大疫情，应及时隔离、诊断，并根据疾病种类采取以下相应措施。

（一）兔瘟（病毒性出血症）

兔群一旦发生本病，在没有高免血清的情况下，立即对未表现症

状的兔子进行紧急免疫接种，一兔一针头，剂量加倍。注射后还有死亡率升高的可能。病死兔应焚烧或深埋。同时，对兔舍严格消毒5天，给兔群饮用5%葡萄糖水3天，饲料中添加适量清瘟败毒散。

（二）魏氏梭菌病

在确定兔群发生魏氏梭菌病时，在没有高免血清的情况下，立即对未表现症状的兔子紧急接种魏氏梭菌菌苗，一兔一针头，剂量加倍，可在3天内控制本病。同时，对兔舍严格消毒5天，5%葡萄糖水中加25克乳酸环丙沙星，给兔群饮水5天，加大饲料粗纤维含量，添加适量清瘟败毒散。

（三）呼吸道疾病

对有流鼻涕、打喷嚏等症状的兔子可用复方新诺明、庆大霉素和氟苯尼考等药物进行治疗，对无症状的注射巴氏杆菌及波氏杆菌二联苗。

（四）霉菌饲料中毒

停喂发霉饲料，停食1天，然后更换饲料，供给充足的饮水。饮水中使用电解多维或维生素C。久治无效者予以淘汰。

（五）大肠杆菌病

（1）隔离治疗，对同窝的其他兔及时进行预防。

（2）控制饲料喂量。

（3）饲料中添喂促消化药如酵母片、多酶片。

（4）饮水中添加人工补液盐或腹腔注射葡萄糖和抗生素。

（5）选择高敏药物进行治疗。

（6）保持兔舍温度，减少饲料喂量。

（六）腹胀病

根据病情对受威胁兔注射魏氏梭菌、大肠杆菌等疫苗。检查饲料质量，饲料中可添加流胀立克和助消化药物，同时减少饲喂量。

第七章　兔病诊断技术

兔病诊断包括临床诊断、病理学诊断和实验室诊断。

第一节　临床诊断技术

一、临床诊断的基本方法

兔病的诊断，分四个步骤：第一步是调查病史，向饲养管理人员了解发病的原因、经过和发病前后的基本情况；第二步是临床检查，对病兔进行详细的体表观察，这是养兔场（户）最常用的一种现场诊断方法；第三步是病理剖检，解剖病、死兔的尸体，观察其内脏器官的病理变化；第四步是实验室检查，通常把疑似病例拿到具备实验室诊断兔病的单位，进行实验室诊断。

二、临床检查的基本要领

临床检查是诊断兔病的最基本方法，分一般检查和系统检查两种。

（一）一般检查

一般检查是指通过问诊、视诊、触诊、听诊、叩诊、嗅诊的方法，对兔病有一个初步认识和判断，再结合其他诊断方法，尽快做出确诊。一般检查包括外貌检查、进食与排粪状况检查和生理指标的检查。

1. 外貌检查　外貌是家兔体质的外在表现，可以反映家兔的生长发育、健康状况及生产性能。外貌检查是管理人员一眼就能看到家兔所处的健康状况，检查内容有：

（1）查体质，看膘情。体质良好的家兔，体躯各部发育匀称，肌肉结实丰满，富有弹性，被毛光亮，不显骨突。发育不良的家兔则表现躯体矮小，结构不匀称，幼兔发育迟缓，被毛粗乱无光，骨突外露消瘦，棘突突出似算盘珠。这类兔可能患有寄生虫病或慢性消耗性疾病，如球虫病、豆状囊尾蚴病、肝片吸虫病、结核病、慢性巴氏杆菌病等。

（2）查姿态，看神情。健康兔姿势自然，动作灵活而协调。蹲伏时前肢伸直平行，后肢合适地置于体下。走动时轻快敏捷。休息时完全觉醒，呼吸动作明显。假眠时眼睛半闭，呼吸动作轻微，稍有动静，马上睁眼。完全睡眠时双眼全闭，呼吸微弱。如出现异常姿势，则反映骨骼、肌肉、内脏和神经系统的疾患或功能障碍。如歪头可能是中耳炎或巴氏杆菌病；如转圈运动可能是李氏杆菌病；如行走蹲卧异常，可能是骨折；如回头顾腹，可能是腹痛、便秘、肠套叠、肠痉挛等。

（3）查毛色，看光泽。健康兔被毛匀整顺眼，光亮洁净，不黏结，不脱毛。皮肤富有弹性，皮温 33.5～36℃。若被毛粗糙蓬乱，暗淡无光，污浊不洁，脱毛掉毛，均为病态。如患慢性消耗性疾病、腹泻、寄生虫病、体表真菌病等。

（4）查眼睛，看精神。健康兔双眼圆瞪明亮，活泼有神，结膜红润，眼角洁净。病兔眼裂变小，眼睑干燥，半张半闭，反应迟钝。如结膜潮红，有脓性分泌物，精神萎靡，多为急性传染病、结膜炎等；如结膜苍白，多为营养不良或贫血；如结膜发黄，多为肝炎或黄疸病。

（5）查耳温，看耳色。健康兔耳色红润，耳温正常。如耳色呈灰白色说明体虚血亏；如耳色过红，手感发烫，说明发热；如耳色青紫，耳温过低，则有重症可疑；耳郭内有黄褐色结痂积垢，可能是中耳炎；如耳郭皮肤脱毛，有皮屑且有溃烂结痂，可能是耳癣。

（6）查口鼻，看干湿。健康兔的口鼻干燥洁净。如流鼻涕、打喷嚏、咳嗽，鼻孔周围结鼻痂，可能是鼻炎、咽炎、巴氏杆菌病、波氏杆菌病、气管炎和肺炎等；口腔黏膜潮红，流口水，下颌及胸前被毛湿脏，可能是口腔炎、传染性口炎或是中毒性疾病等。

（7）查肛门，看外阴。健康兔的肛门和外阴部洁净无污物。如肛门附有粪便、泥土或脏湿，可能是肠炎；公兔阴囊皮肤有糠麸样皮屑，肛门周围及外生殖器皮肤有结痂，可能是梅毒病；母兔外阴除发情和分娩前是湿润外，大都是洁净的，如有湿润、皮屑、肿胀等均为病态。

（8）查腹形，看鼓瘪。除大量采食和妊娠外，如腹部容积增大，可能是胃膨胀、肠臌气、大肠便秘、小肠套叠、大肠杆菌病、魏氏梭菌病和流行性腹胀病等。当患营养不良性、慢性消耗性疾病及长期处于饥饿状态时，则腹部塌陷。

2. 进食与排粪状况检查　饲养员在喂兔时顺便观察兔的采食、粪便和尿量等，就可以判断家兔的健康状况。这方面所检查的内容有：

（1）查吃食，看食欲。家兔对经常采食的饲料，嗅后立即采食，如果变换一种新的料或草时，先要嗅一阵子，若无恶臭味，便开始少量采食，并逐渐加大采食量。健康兔食欲旺盛，咀嚼食物有清脆声。对正常喂量的饲料，在 15 ~ 30 分钟吃完。食欲不振、食欲减退、食欲废绝是许多疾病的共同症状，也是疾病最早出现的特征之一。

（2）查饮水，看增减。以青绿饲料为主的家兔，饮水量较少；以颗粒饲料为主的家兔，饮水量较大。兔患传染病、毛球病和喂过量食盐，往往饮水量增加。

（3）查排尿，看颜色。一般来说，家兔每日排尿量为 50 ~ 75 毫升，相对密度为 1.003 ~ 1.036，幼兔尿液无色和无沉淀物。青年兔尿液多呈柠檬色、稻草色、琥珀色或红棕色，呈碱性，pH 值为 8.2 左右。成年兔的尿液呈蛋白尿阳性反应。

（4）查粪便，看形状。正常兔粪呈豌豆大小的圆球形或椭圆形，内含草纤维，表面光滑匀整，色泽多呈褐色、黑色或草黄色。如粪便干硬细小，排量减少或停止排粪，可能是便秘或毛球病；如粪便呈长条形、堆状或水样，是消化道炎症；若粪球呈两头尖且有纤维串连，为胃肠炎、兔瘟的初期表现；粪便湿烂、味臭为伤食；粪便稀薄带透明胶状物，且有臭味为大肠杆菌病；粪便水样或呈牛粪堆状，且臭味较大为魏氏梭菌病。

3. 生理指标检查　体温、呼吸、脉搏数是兔生命活动的重要生理指标，临床上测定这些指标，为分析病情提供重要依据。

（1）查体温，看高低。将兔抱住，把体温表放在兔前腿或后腿窝处夹住，停3分钟后取出、读数；也可用手将兔固定，或用布袋装住，使其臀尾部露出，将兽用体温表水银柱甩至35℃以下，再涂上润滑油，缓慢插入肛门内5～8厘米，停3～5分钟取出，读数后，用酒精棉球消毒。家兔的正常体温为38.5～39.5℃，一般相差0.5℃左右。高于正常体温3℃，为发高热。兔患传染病时，体温均升高。体温降低，多见于贫血，体温急剧下降，为死前征兆。

（2）查呼吸，看快慢。家兔正常呼吸频率为36～56次/分。当患有心、肺、胃、肠、肝、脑病时，呼吸频率可能减少或增加；当患有肺炎、传染病、中毒病时，呼吸困难。兔发生鼻炎、喉炎、气管炎、肺炎时，除有鼻液（黏液性或黏液脓性）外，尚可能有咳嗽症状。患支气管炎、肺炎时，肺部听诊常有杂音。

（3）查脉搏，看强弱。脉搏检查位置在兔左前肢腋下，用食指和中指稍微触摸即可体会到，查每分钟跳动次数。健康成年兔的脉搏为80～100次/分，强弱中等；幼兔的脉搏为100～160次/分，脉力较强；老年兔的脉搏为70～90次/分，脉力较弱。患急性传染病时，脉搏次数增加；患慢性疾病时，脉搏次数减慢；热天比冷天稍快，运动及捕捉时增快。

（二）系统检查

在一般检查的基础上，找出重点进行系统检查。系统检查包括以下内容：

1. 消化系统检查　家兔消化系统疾病在养兔生产中占疾病的发生率60%左右，严重制约养兔生产的发展，特别是新养兔场（户）发病率更高，所以，消化道疾病检查显得特别重要。检查的内容有口腔黏膜是否有炎症、有无流口水、唇周围颜面部是否洁净、采食姿势和食欲是否正常、腹围是否增大、俯卧姿势是否异常，粪便性状、颜色是否正常等。健康家兔口腔黏膜粉红色，唇周围颜面部洁净，粪便形状呈球形或椭圆形。若有流口水，可能是口炎、传染性口炎、中暑、中毒等疾病；若腹围增大，呼吸困难，可能是胃肠鼓气、流行性腹胀病、毛球病、便秘等疾病；若粪便时大时小，有时破碎，被毛粗乱，体况消瘦，可能是球虫病、豆状囊尾蚴病及其他寄生虫病；若粪便干小发黏，有时呈串珠状，可能是热性病或饲料粗纤维质量有问题；若粪便中夹有黏液（像脓鼻涕一样的东西），可能是大肠杆菌病；若粪便呈水样，盲肠拉空（无内容物），可能是急性胃肠炎、魏氏梭菌病、沙门杆菌病等；若粪便内有消化不全的物质，与饲料颜色一样，可能是消化不良或伤食；若粪便呈绿色，可能是绿脓杆菌病。总之，消化道疾病主要表现在粪便上，只要发现粪便不正常首先考虑的是消化道疾病。

2. 呼吸系统检查　家兔呼吸系统的疾病在养兔生产中占疾病发生率的20%左右，除导致生产力降低外还常常引起死亡，所以呼吸系统检查十分重要。检查的内容有鼻孔周围是否洁净、呼吸次数和呼吸方式是否正常、胸部有无异常等。健康家兔鼻孔周围洁净，呼吸有规律，平均50～60次/分，用力均匀平稳，胸腹式呼吸。如鼻孔周围不洁，被分泌物污染，肯定患有呼吸道疾病。若分泌物清亮（清鼻涕），可能是感冒；若分泌物发黄浓稠，可能是肺炎；若分泌物分离培养出细菌，会是多杀性巴氏杆菌、支气管败血波氏杆菌和金黄色葡萄球菌等；当腹部有病时，如腹膜炎、胃鼓胀等，常会出现胸式呼吸；当胸部有病时，如胸膜炎、肺水肿等，常会出现腹式呼吸。当家兔出现慢性鼻炎时，可引起上呼吸道狭窄而出现吸气性困难；当患肺气肿时，可见呼气性困难；当患胸膜炎时，吸气和呼气都会发生困难，叫作混合性呼吸困难。如果胸部一侧患病，如肋骨骨折时，患侧的胸部起伏运动就会显著减弱或停止，造成呼吸不匀称。

3. 泌尿生殖系统检查

（1）尿液检查：是诊断泌尿器官的有效方法，正常尿液为黄褐色或乳白色，一旦出现异常就要考虑是否泌尿系统的疾患。如频频排少量尿液，可能是膀胱炎和阴道炎；在急性肾炎、下痢、热性病或饮水减少时，排尿次数减少。有时给某些药物也能影响尿色，如口服黄连素或痢特灵后尿液呈黄色。

（2）生殖器官检查：公兔检查睾丸、阴茎及包皮；母兔检查外阴部。如果发现外生殖器的皮肤和黏膜发生水疱性炎症，有结节和粉红色溃疡，可能是密螺旋体病；如阴囊水肿，包皮、尿道、阴唇出现丘疹，可能是兔痘；患李氏杆菌病时可见母兔流产，并从阴道内流出红褐色的分泌物；患葡萄球菌病和巴氏杆菌病时，也会有生殖器官感染炎症或流产。

4. 神经系统的检查

（1）精神状态的检查：家兔中枢神经系统功能紊乱，会使兴奋与抑制的动态平衡遭到破坏，表现兴奋不安或沉郁、昏迷。兴奋表现为狂躁、不安、惊恐、蹦跳或做转圈运动，偏颈痉挛。如患中耳炎（斜颈）、急性病毒性出血症（兔瘟）、中毒病、寄生虫病等，都可以出现神经症状。精神抑制是指家兔对外界刺激的反应性减弱或消失，按其表现程度不同分为沉郁（眼半闭，反应迟钝，见于传染病、中毒病或中瘫）、昏睡（陷入睡眠状态、躺卧）和昏迷（卧地不起，角膜与瞳孔反射消失，肢体松弛，呼吸、心跳节律不齐，见于严重中毒濒死期）等。

（2）运动功能检查：健康家兔应经常保持运动的协调性。一旦中枢神经受损，即可出现共济失调（见于小脑疾病），运动麻痹（见于脊髓损伤造成的截瘫或偏瘫），痉挛，肌肉不能随意收缩（见于中毒）。痉挛涉及广大肌肉群时叫抽搐；全身阵发性痉挛伴有意识消失称为癫痫。

家兔各种常见病的外部特征对比与内部器官剖检特征对比见表7.1、表7.2。

表 7.1　兔常见病的外部特征对比表

部位	感官症状	可能发生的疾病
头部	头颈向一侧偏斜	巴氏杆菌病、中耳炎、链球菌病
	头偏向一边	脑炎、原虫病
	做转圈运动	李氏杆菌病
体表	被毛呈斑块状脱毛、形成丘疹结痂	霉菌病
	体表无毛或毛较短的部位脱毛且有皮屑	疥螨病
	体表下出现转移性化脓	葡萄球菌病、巴氏杆菌病
	体表淋巴结肿大	野兔热
	体表皮下高度肿胀	黏液瘤病
	腹胀如球状	球虫病、鼓胀病、流行性腹胀病
眼结膜	眼结膜呈黄染状	球虫病、黄疸、肝炎
	眼结膜呈苍白色	伪结核病、结核病、贫血
	眼结膜肿胀、发红、化脓	巴氏杆菌病、结膜炎
口鼻	鼻腔内有黏性或脓性分泌物	巴氏杆菌病、波氏杆菌病
	口鼻流出血沫	兔瘟
	口周围、上颈与颈部皮肤坏死并有恶臭味	坏死杆菌病
肛门	拉稀粪并带有黏液血丝	黏液性肠炎
	间断性拉稀	球虫病及其他寄生虫病
	排粪便次数多且粪便呈水样	腹泻、大肠杆菌病、魏氏梭菌病
	粪便带酸臭味或呈条状	消化不良
	粪便干硬且少	便秘
	粪便中含有兔毛	毛球病
生殖器	外生殖器皮肤、黏膜红肿并形成结节、溃疡、结痂	兔梅毒
	阴道流出脓性分泌物	沙门杆菌病、李氏杆菌病
体态	高度兴奋而死	兔瘟、魏氏梭菌病
	呼吸急促	肺炎、传染性鼻炎、妊娠毒血症等
	食欲减退或废绝	肺炎、传染性鼻炎、传染性口炎、感冒、腹泻、消化不良、毛球病、鼓胀病、便秘
体温	升高	感冒、肺炎、中暑、黏性肠炎、链球菌病

表 7.2　兔常见病内部器官剖检特征对比表

部位	剖检特征	可能发生的疾病
胃肠	胃肠黏膜有充血、出血及炎症变化	巴氏杆菌病
	胃肠黏膜有蚯蚓状和圆囊状灰白色小结节或肿大	伪结核病、球虫病
	小肠黏膜有许多灰白色结节	球虫病
	盲肠、回肠后段和结肠前段黏膜充血、水肿或坏死	泰泽病
脾	脾脏肿大，有大小不一、数量不等的灰白色结节，结节切面呈脓状或干酪状	伪结核病
肾	肾脏一端或两端有突出表面的灰白色或暗红色、质地较硬、大小不一的肿块，或皮质部有粟粒大至黄豆大的囊包	肿瘤或先天性囊肿
肝	有淡黄色、大小不一、形态不规则、不突出表面的脓性结节	肝球虫病
	表面有针头大小的灰白色小结节	沙门杆菌病、泰泽病、李氏杆菌病、巴氏杆菌病
	肝脏表面有脓肿	巴氏杆菌病、波氏杆菌病
心肺	肺部有大小不等的出血斑点，心脏外膜出血，血管充血怒张呈树枝状	兔瘟

第二节　病理学诊断技术

每种疾病或多或少都有一定的示病性的病理变化作为诊断的依据之一。依据动物发病时间的长短及个体差异，病理变化不尽相同。所以在病理学诊断时尽量多剖检几只动物。最好剖检病程较长、症状明显、濒死期的病兔，往往能发现特征性病变。

一、剖检技术

兔病死后，应立即进行剖检，以便更清楚地了解病情，查找死因，做出正确诊断，采取积极的防治措施，避免较大的损失。

（一）剖检方法

取仰卧式，腹部向上，置于搪瓷盘内或解剖台上，四足分开固定，用消毒液涂擦胸部和腹部的被毛。

（二）剖检程序

1. 剥皮　在骨盆联合前方不远处切开腹壁皮肤，沿腹、胸正中线至颈部切开皮肤，然后仔细分离皮肤，检查皮下有无出血及其他病变。

2. 腹壁切开　在骨盆联合前方不远处切开腹壁，切口大小以可插进中指和食指或镊子为宜，用中指和食指或镊子撑起腹壁，沿腹白线至剑状软骨处切开腹壁（防止伤及肠管），即暴露腹腔器官。

3. 检查腹腔器官　打开腹腔后，顺次检查腹膜、肝、胆囊、胃、脾、肠、胰、肠系膜、淋巴结、肾、肾上腺、膀胱和生殖器官等。

4. 胸壁切开　用骨剪剪断两侧肋骨，拿掉前胸廓，即暴露胸腔器官，依次检查心、肺、胸膜、肋骨、胸腺、淋巴结和大血管等。

5. 寻找气管　从咽部至胸前找出气管剪开，检查气管有无出血现象。

6. 检查口腔、鼻腔和脑　打开口腔、鼻腔及颅腔，检查口腔黏膜、鼻腔黏膜和脑膜及实质的病变。

二、剖检内容与疾病提示

按照病理剖检要求进行解剖，认真检查。按由外向内、由头至尾的顺序检查。所见的内容提示相应疾病。

（一）体表和皮下检查

体表和皮下检查主要查有无脱毛、污染、创伤、出血、水肿、化脓、炎症、色泽等。

1. 体表的检查　体表脱毛、结痂提示螨病、霉菌病；体毛污染提示由球虫病、大肠杆菌病等引起的拉稀。

2. 皮下的检查　皮下出血提示兔病毒性出血症；皮下水肿提示黏液瘤病；颈前淋巴结肿大或水肿提示李氏杆菌病；皮下化脓病灶提示葡萄球菌病、多杀性巴氏杆菌病；皮下脂肪、肌肉和可视黏膜黄染提示肝片吸虫病、黄疸、肝炎。

（二）上呼吸道检查

上呼吸道主要检查鼻腔、喉头黏膜及气管环间是否有炎性分泌物、充血及出血。

鼻腔内有白色黏稠分泌物提示巴氏杆菌病、波氏杆菌病等，鼻腔出血提示中毒、中暑、兔病毒性出血症等；鼻腔内流浆液性或脓性分泌物提示巴氏杆菌病、波氏杆菌病、李氏杆菌病、兔痘、黏液瘤病、绿脓杆菌病等。

（三）胸腔内器官检查

胸腔内器官检查主要检查胸腔积液色泽，胸膜、心包、心肌、肺和胸腺是否有充血、出血、变性、坏死等。

1. 肺的检查　正常的肺是淡粉红色，海绵状，放入水中立即漂浮起来。注意检查肺有无炎症、水肿、出血、化脓和结节等。如肺有较多的出血点和出血斑，多为兔病毒性出血症；若肺（尤其是大叶）充血或肝变，可能是巴氏杆菌病；肺脓肿可能是支气管败血波氏杆菌病、巴氏杆菌病；胸膜与肺、心包粘连、化脓或纤维素性渗出提示兔巴氏杆菌病、葡萄球菌病、波氏杆菌病等。

2. 心脏的检查　重点检查心肌、心包病变情况。如胸腔积脓、心包粘连并有纤维素性附着物，可能是支气管败血波氏杆菌病、巴氏杆菌病、葡萄球菌病和绿脓假单孢菌病；心肌有白色条纹，提示泰泽病。

（四）腹腔脏器检查

腹腔内要检查腹水，寄生虫结节，器官色泽、质地是否肿胀、充血、出血、化脓、坏死、粘连、纤维素性渗出等。

1. 腹腔内的检查　腹腔内有腹水，且透明增多，多为球虫病及其他寄生虫病；有葡萄串状包囊或附着于大网膜上，为兔豆状囊尾蚴病；腹腔有纤维素性渗出物，多为葡萄球菌病、巴氏杆菌病等。

2. 腹腔脏器的检查

（1）肝：肝表面有灰白色或淡黄色结节，当结节为针尖大小时，多为沙门杆菌病、巴氏杆菌病、野兔热等；当结节为绿豆大时，多为肝球虫病；肝肿大、硬化、胆管扩张多为肝球虫病、肝片吸虫病；肝实质呈淡黄色，细胞间质增生，多为病毒性出血症；肝表面有黄豆大小的黄色结节或呈大理石状黄色条纹，多为兔豆状囊尾蚴病。

（2）脾：正常脾呈暗红色，镰刀状，位于胃大弯处，有系膜相连，使其紧贴胃壁。脾肿大，呈蓝紫色时，多为病毒性出血症；若脾肿大5倍以上，呈紫红色，有芝麻或绿豆大的灰白色结节，结节切开有脓或干酪样物质，多为伪结核病。

（3）肾：充血、出血，多为病毒性出血症；局部肿大、突出，似鱼肉样病变，多为肾母细胞瘤、淋巴肉瘤等。

（4）胃：浆膜、黏膜下充血、出血，可能是巴氏杆菌病、病毒性出血症等。胃内容物多，黏膜、浆膜多处有出血和溃疡斑，有时出现胃破裂，多为魏氏梭菌病；胃肠黏膜充血、出血、炎症、溃疡，多为大肠杆菌病、魏氏梭菌病、巴氏杆菌病；肠壁有许多灰色小结节，多为肠球虫病；圆小囊、蚓突肿大，有灰白色小结节，多为伪结核病、沙门杆菌病；盲肠、回肠后段及结肠前段黏膜充血、出血、水肿、坏死，有纤维素性渗出等，多为大肠杆菌病、泰泽病。

（5）肠：家兔发生腹泻病时，肠道有明显的变化。如魏氏梭菌病，盲肠肿大，肠壁松弛，浆膜多处有鲜红出血斑，大多数病例内容物呈黑色或褐色水样粪便，臭味明显，也有的盲肠内容物排空。若患大肠杆菌病时，小肠肿大，充满半透明的胶样液体，并伴有气泡，盲肠内粪便呈糊状，也有的兔肠道内粪便像大白鼠粪便，外面包有白色黏液。盲肠的浆膜和黏膜充血，严重者会出血。

（6）膀胱：是暂时贮存尿液的器官，无尿时为肉质袋状，在盆腔内；充盈尿液时，可突出于腹腔。家兔每日尿量随饲料种类和饮水量不同而有变化。仔兔尿液较清，随生长和采食青饲料和谷粒饲料后则变为棕黄色或乳浊状。并有以磷酸铵镁和碳酸钙为主的沉淀。家兔患病时常见有膀胱积尿，如球虫病、魏氏梭菌病等。

（7）卵巢、子宫：卵巢位于肾脏后方，小如米粒，常有小的泡状结构，内含发育的卵子。子宫一般与体壁颜色相似。若子宫肿大、充血，有粟粒样坏死结节，多为沙门杆菌病；子宫呈灰白色，宫内蓄脓，多为葡萄球菌病、巴氏杆菌病。

（8）阴囊、睾丸、阴茎：睾丸炎时，睾丸肿胀；阴茎溃疡，周围皮肤龟裂、红肿，阴囊皮肤及其周围有结节等，多为兔梅毒病。

三、剖检的注意事项

（一）剖检场所的选择

为了便于消毒和防止病原的扩散，在室内剖检为好。如条件不许可，在室外剖检时，要选择离兔舍较远，地势较高而又干燥的偏僻地点，并挖深达1.5米左右的土坑，待剖检完毕将尸体和被污染的垫物及场地的表面土层等一起投入坑内，再撒些生石灰或喷洒消毒液，然后用土掩埋，坑旁的地面也应注意消毒。有条件的也可焚烧处理。

（二）剖检人员的防护

剖检人员可根据条件穿着工作服、戴橡皮手套、穿胶靴等，条件不具备时，可在手臂上涂上凡士林或其他油类，以防感染。

剖检传染病的尸体后，应将器械、衣物等用消毒液充分消毒，再用清水洗净，胶皮手套消毒后，要用清水冲洗、擦干，撒上滑石粉。金属器械消毒后要擦干，以免生锈。

（三）剖检器械和药品的准备

剖检最常用的器械有解剖刀、镊子、剪刀、骨钳等。剖检时常用的消毒液有0.1%的新洁尔灭溶液或3%的来苏儿溶液。常用的固定液是10%甲醛溶液或95%的乙醇。此外，为了预防人员的受伤感染，还应准备3%的碘酊、2%的硼酸水、70%的乙醇和棉花、纱布等。

（四）剖检记录

尸体剖检的记录，是死亡报告的主要依据，也是进行综合分析研究的原始材料。记录的内容力求完整详细，要能如实反映尸体的各种病理变化，因此，记录最好在检查病变过程中进行，不具备某些条件时，可在剖检结束后及时补记。对病变的形态、位置、性质变化等，要客观地用描述的语言加以说明，不要用诊断术语或名词来代替。

在进行尸体剖检时应特别注意尸体的消毒和无菌操作，以便对特殊的病例可以采取病料送实验室诊断。

四、病料采集与送检

（一）病料采集

1. 局部病料采集　怀疑是某种传染病时，则采取病原侵害的部位。尽可能以无菌手术采取肝、脾、肾、淋巴结等组织。

2. 整兔送检　病兔死亡又不知死于何种疾病，则可将死兔包装妥当后整个送检。

3. 血液采集　检查血清抗体的，则采取血液，待凝固析出血清后，分离血清，装入灭菌的小瓶送检。

（二）病料保存

采取病料后要及时进行检验，如不能及时检验，或需要送往外地检验时，应尽量使病料保持新鲜，以便获得正确的结果。

1. 细菌检验材料的保存　将采取的组织块保存于饱和盐水或30%甘油缓冲液中，容器加塞封固。

（1）饱和盐水的配制：蒸馏水100毫升，加入氯化钠39克，充分搅拌溶解后，用3层或4层纱布过滤，滤液装瓶高压灭菌后备用。

（2）30%甘油缓冲液的配制：化学纯甘油30毫升，氯化钠0.5克，碱性磷酸钠1克，蒸馏水加至100毫升，混合后高压灭菌备用。

2. 病毒检验材料的保存　将采取的组织迅速保存于50%甘油生理盐水或鸡蛋生理盐水中，容器加塞封固。

（1）50%甘油生理盐水的配制：中性甘油500毫升，氯化钠8.5克，蒸馏水500毫升，混合后分装，高压灭菌后备用。

（2）鸡蛋生理盐水的配制：先将新鲜鸡蛋表面用碘酊消毒，然后打开，将内容物倾入灭菌的容器内，按全蛋9份加入灭菌生理盐水1份，搅匀后用纱布滤过，然后加热至56℃，持续30分钟，第二天和第三天各按上法加热1次，冷却后即可使用。

3. 病理组织学检验材料的保存　将采取的组织块放入10%的福尔马林溶液或95%的乙醇中固定，固定液的用量应是标本体积的10倍以上。如加10%福尔马林固定，应在24小时后换新鲜溶液1次。严冬季节可将组织块（已固定的）保存在甘油和10%福尔马林等量混合液中，以防组织块冻结。

（三）病料送检

1. 容器 装病料的容器上要写明编号，附上病料详细记录和送检单。

2. 包装 送检病料应按要求包装，如微生物材料怕热，应用冰瓶冷藏包装。病理材料怕冻，应放入保存液包装后送检等。

3. 送检 病料经包装装箱后，要尽快送到检验单位，最好派专人送去，长途最好空运。

（四）注意事项

（1）对病死兔剖检前，应首先了解病情和病史，并详细记录，然后进行剖检前的检查。采取病料的家兔最好未经任何药物治疗，以免影响检出结果。采取病料要及时，应在死后立即进行，最迟不要超过 6 个小时，特别在夏天，如拖延时间太长，组织变性和腐败，会影响病原微生物的检出及病理组织学检验的正确性。

（2）采取适宜的病料，应选择症状和病变典型的病死兔，有条件最好能采取不同病程的病料。为能取得较好的检验结果，应尽量减少污染，病料应以无菌操作采取。一般先采取微生物学检验材料，然后采取病理检验材料。病料应放入装有冰块的保温瓶内送检。

第三节 实验室诊断技术

一般的常见典型病例可以通过外观或剖检症状做出初步诊断，但大部分病例，尤其是混合感染的病兔，很难从外观或剖检症状做出准确的判断，因此，还要借助于实验室技术才能做出最终的诊断。

一、细菌学检验

（一）病料的采取

取有病变兔的内脏器官，如心脏、肝、脾、肾、空肠、淋巴结等作为被检病料。为了提高病原微生物的阳性分离率，采取的病料要尽可能齐全，除了内脏、淋巴结和局部病变组织外，还应采取脑组织和骨髓。

（二）染色与镜检

取清洁玻片作被检病料的触片或涂片，自然干燥后，火焰固定，用革兰氏、美蓝或姬姆萨染液染色，待干燥后在显微镜下检查。不同致病菌染色结果和形态大小都不一样，如 A 型魏氏梭菌呈革兰氏阳性大杆菌，较少能看到芽孢；巴氏杆菌呈革兰氏阴性菌，大小一致的卵圆形两极着色的小杆菌。可以根据细菌的形态特征来诊断兔病。

（三）分离培养

用不同的培养基，如营养琼脂、绵羊鲜血琼脂、血清琼脂等培养基，将病料分离接种于上述培养基中，置 37℃ 培养 20～24 小时，观察细菌生长状态，菌落的形态、大小、色泽等。再做涂片检查及进行生化反应、动物接种和血清学检验等。

（四）生化试验

由于不同细菌所含的酶不同，利用的营养物质不同，其代谢产物不同，以此可以准确判断细菌性疾病。

（五）动物接种

可以取被检兔的内脏器官磨细用灭菌生理盐水做 1∶5 或 1∶10 稀释，也可以用分离培养菌落接种的马丁肉汤作为接种材料。一般以皮下、肌内、腹腔、静脉或滴鼻接种家兔或小白鼠，剂量：兔 0.5 毫升，小白鼠 0.2 毫升。若接种后 1 周内兔或小白鼠发病或死亡，有典型的病理变化，并能分离到所接种细菌即可确诊。如超过 1 周死亡，则应重复试验。

（六）药敏试验

为了保证治疗效果，防止兔出现耐药性，可以用病兔分离出的细菌做药物敏感性试验，根据药敏试验结果选择最敏感的药物进行治疗，这样可以得到最佳的治疗效果。

（七）血清学检验

其目的在于应用血清学方法对兔群进行疫病普查诊断。方法有试管法和玻片法。

1. 试管法　将待检血清稀释不同倍数，分别加入等量细菌诊断性抗原，摇匀后放入 37℃温箱或室温内一定时间后观察结果，按要求做出诊断。

2. 玻片法 取被检血清 0.1 毫升，加于玻片上，同时加入等量诊断抗原，于 15～20℃下摇动玻片并使抗原与被检血清均匀混合，作用后在 1～3 分钟内观察有无絮状物。如有絮状物出现而液体透明者为阳性，否则为阴性。

二、病毒检验

由于各种病毒在不同组织中含毒量不同，所以必须采取含病毒量最多的组织，并要求病料新鲜，如兔病毒性出血症含毒量最多的是肝组织，兔痘病毒则在肝、淋巴结、肾等处存在较多。

（一）病毒分离培养

被检材料接种于新鲜琼脂培养基或血清血红素培养基，将结果均为阴性的被检材料磨细或液体材料用无菌生理盐水（pH 值为 7.2 左右）、磷酸盐缓冲液稀释 10 倍，用 6 号玻璃滤器过滤，将滤液作为接种材料，同时在接种液中加入青、链霉素（每毫升 1 000 单位）。

（二）接种

根据接种材料可以将接种分为下面 3 种方式。

1. 鸡胚接种 取 9～10 日龄的鸡胚，每胚绒尿腔接种 0.2 毫升，一般在接种后 48～72 小时死亡。

2. 组织细胞接种 用各种动物组织的原代细胞或传代细胞接种，病毒能在细胞上繁殖，同时能使细胞产生病变。

3. 动物接种 通常用小白鼠、豚鼠和家兔接种病料。接种家兔一般皮下、肌内或腹腔注射 0.5 毫升。有的用豚鼠皮内接种，如水疱性口炎。同时注意观察试验动物的发病情况和病变。

（三）病毒鉴定

分离得到的病毒材料一般以电子显微镜检查，血清学试验即可确认。进一步可做理化性和生物学特性鉴定。

（四）中和试验

在被检病料上清液中加入等量该病标准高免血清，混匀后于

37℃温箱中作用30分钟；对照组用生理盐水代替血清。两组材料分别接种易感动物，一般观察7天。如果血清组获得保护，而对照组发病死亡即可确诊。

三、真菌检验

真菌检查的常规检查包括形态学检查（直接镜检+染色镜检）、培养检查和组织病理学检查。真菌检查的特殊检查包括血清学方法和分子生物学方法检查。

（一）临床样本的采集与处理

1. 皮屑 疱壁、脓液、深层趾间皮屑或边缘皮屑，取材前用75%乙醇消毒，做氢氧化钾涂片，同时种于沙氏琼脂加氯霉素2管，置25℃培养2周。

2. 甲屑 用细锉或牙科磨钻取病甲与正常甲交界处并且贴近甲床部的甲屑，标本用乙醇浸泡待干燥后种于沙氏琼脂培养4周，同时做氢氧化钾涂片。

3. 被毛 取病兔被毛15根，用75%乙醇消毒，3～5根做直接镜检，5～10根种于沙氏琼脂（加氯霉素），划破斜面掩埋。

4. 脓液 无菌采集，注意颗粒，用无菌蒸馏水稀释后寻找。可做革兰氏染色或抗酸染色，常规的氢氧化钾涂片。

5. 血液 无菌抽血3～5毫升，立即置于无菌抗凝管中，37℃下5～7天出现混浊或菌团，挑取镜检，同时移种沙氏琼脂培养，提高检出率，不做直接检查，因其直接检查阳性率低。

6. 组织 标本置无菌平皿中立即送检，置无菌匀浆器加2毫升蒸馏水，研磨成浆或1～2毫米小块，涂片培养。

（二）真菌学检验的基本技术

1. 直接镜检 是最简单也是最有用的实验室诊断方法，常用的方法有以下几种。

（1）氢氧化钾与复方氢氧化钾法：标本置于载玻片上，加1滴浮载液，盖上盖玻片，放置片刻或微加热，即在火焰上快速通过2～3次，不应使其沸腾，以免结晶，然后轻压盖玻片，驱逐气泡并将标本压薄，用棉拭或吸水纸吸去周围溢液，置于显微镜下检查。检查时应遮去强光，先在低倍镜下检查有无菌丝和孢子，然后用高倍镜观察孢子和菌丝的形态、特征、位置、大小和排列等。

浮载液的配制。①10% ~20% 的氢氧化钾溶液配制：氢氧化钾 10~20 克，蒸馏水加至 100 毫升，待氢氧化钾完全溶解后摇匀存放在塑料瓶内，适用于皮屑、甲屑、毛发、痂皮、痰、粪便、组织、耵聍等的检查；②复方氢氧化钾溶液配制：氢氧化钾 10 克，二甲基亚砜 40 毫升，甘油 50 毫升，蒸馏水加至 100 毫升，将氢氧化钾先加入 30 毫升蒸馏水中溶解后，再依次加入二甲基亚砜、甘油，摇匀后，用蒸馏水加到 100 毫升，装入塑料瓶内。此配方的优点是：配方中加二甲基亚砜，能促进角质的溶解，甘油涂片不易干，不易制成氢氧化钾结晶，氢氧化钾溶液的浓度相对低，腐蚀性亦低，为进行大面积普查或大批量采集标本做镜检带来了方便。

（2）胶纸粘贴法：用 1 厘米 ×1.5 厘米的透明双面胶带贴于取材部位，数分钟后自取材部位揭下，撕去附带在上面的底板纸贴在载玻片上，使原贴在取材部位的一面暴露在上面，再进行革兰氏染色或过碘酸锡夫染色，在操作过程中应注意双向胶带粘贴在载玻片上时不可贴反，而且要充分展平，否则影响观察。

（3）涂片染色检查法：在载玻片上滴 1 滴生理盐水，将所采集的标本均匀涂在载玻片上，自然干燥后，火焰固定或甲醇固定，再选择适当的染色方法，染色后，以高倍镜或油镜观察。

常见镜检染色方法有：①革兰氏染色，所有真菌、放线菌均为革兰氏染色阳性，被染成蓝黑色。适用于酵母菌、孢子丝菌、组织孢浆菌及诺卡菌、放线菌的感染。②乳酸酚棉蓝染色，用于各种真菌培养物的镜检。③印度墨汁，用于检测脑脊液中的新生隐球菌。④抗酸染色，用于抗酸菌及诺卡菌的诊断。⑤瑞氏染色，用于组织胞浆菌和马内菲青霉的检测。⑥过碘酸锡夫染色，用于体液渗出液和组织匀浆等。真菌胞壁中的多糖染色后呈红色，细菌和中性细胞偶可呈假阳性，但与真菌结构不同，不难区别。⑦嗜银染色，真菌可染成黑色，主要用于测定组织内真菌。

2. 真菌培养　从临床标本中对致病真菌进行培养，目的是为了进一步提高对病原体检出的阳性率，以弥补直接镜检的不足，同时确定致病菌的种类。培养方法有多种，按临床标本接种时间分为直接培养法和间接培养法。按培养方法分为试管法、平皿法和玻片法。

（1）直接培养：采集标本后直接接种于培养基上。

（2）间接培养：采集标本后，暂时保存，以后集中接种。

（3）试管法：是临床上最常用的培养方法之一，培养基置于试管中，主要用于临床标本分离的初代培养和菌种保存。

（4）平皿法：将培养物接种在培养皿或特别的培养瓶内，主要用于纯菌种的培养和研究。

（5）玻片法：主要用于菌种鉴定，大致分为玻片法、方块法和钢圈法三种。①玻片法：在消毒的载玻片上，均匀地浇上熔化的培养基，不宜太厚，凝固后接种待鉴定菌株，置于平皿中，保湿。待有生长后，盖上消毒的盖玻片，显微镜下直接观察，常用米粉吐温琼脂培养基观察白念珠菌的顶端厚壁孢子和假菌丝。②方块法：适用于霉菌菌落的培养。取无菌平皿倒入约 15 毫升熔化的培养基，待凝固后用无菌小铲或接种刀划成 1 平方厘米大小的小块。取一小块移在无菌载玻片上，然后在小块上方四边的中点接种待鉴定菌株，盖上消毒的盖玻片，放入无菌平皿中的 V 形玻棒上，底部铺上无菌滤纸，并加入少量无菌蒸馏水，孵育，待菌落生长后直接将载玻片置显微镜下观察。③钢圈法：先将固体石蜡加热熔化，取直径约 2 厘米、厚度约 0.5 厘米有孔口的不锈钢小钢圈，火焰消毒后趁热浸入石蜡油，旋即取出冷却，石蜡油即附着于小钢圈中。再取一无菌载玻片，火焰上稍加热，将小钢圈平置其上，孔口向上。小钢圈上石蜡油遇载玻片的热即熔化后凝固，钢圈就会固定在载玻片上。用无菌注射器经孔口注入熔化的培养基，培养基量约占小钢圈容量的 1/2，注意避免气泡。待培养基凝固后取一消毒盖玻片，火焰上加热后，趁热盖在小钢圈表面，也即固定其上。最后用接种针伸入孔口进行接种。这种方法的优点是形成一种封闭式培养，在显微镜下直接观察菌落时可避免孢子吸入人体，而且不易被污染，盖玻片也可取下染色后封固制片保存。

3. 培养检查 标本接种后，每周至少检查 2 次，观察以下指标。

（1）菌落外观：①生长速度，2～7 天为菌落快速生长期，7～14 天为菌落慢性生长期。一般浅部真菌超过 2 周，深部真菌超过 4 周仍无生长，可报告阴性。②外观形态，有扁平状、疣状、折叠状和缠结状。③菌落大小，用厘米表示，菌落大小与生长速度和培养时间有关。④菌落质地，有平滑状、粉状、粒状、棉花状、粗毛状、皮革状、液状和膜状。⑤颜色，不同的菌种表现出不同的颜色，呈鲜艳或暗淡。致病性真菌的颜色多较淡，呈白色或淡黄色，而且其培养基也可变色，如马尔尼菲青霉等，有些真菌菌落不但正面有颜色，其背面也有深浅不同的颜色。菌落的颜色与培养基的种类、培养温度、培养时间、移种代数等因素有关，所以，菌落的颜色虽在菌种鉴定上有重要的参考价值，但除少数菌种外，一般不作为鉴定的重要依据。⑥菌落的边缘，有些菌落的边缘整齐，有些不整齐。⑦菌落的高度和下沉现象，有些菌落下沉现象明显，如黄癣菌、絮状表皮癣菌等，更有甚者菌落有时为之裂开。⑧渗出物，一些真菌如青霉、曲霉的菌落表面会出现液滴。⑨变异，有些真菌的菌落日久或多次传代培养而发生变异，菌落颜色减退或消失，表面气生菌丝增多，如絮状表皮癣菌在 2～3 周后便发生变异。

（2）显微镜检查：可置普通显微镜下直接观察，而试管和平皿培养的菌落则需挑起后做涂片检查。

4. 组织病理学检查 真菌病的组织病理检查与直接镜检培养同样具有相当重要的价值，尤其对深部真菌病的诊断意义更大，如用特殊染色可提高阳性率。

真菌的组织病理反应与其他一些疾病的组织病理反应极其相似，往往只有在仔细研究了病理切片并发现了真菌之后才考虑到真菌病的诊断。而在这种情况下，标本已被固定，培养有时已不可能进行，组织病理切片就成了真菌感染的主要依据。所以临床上在送病理标本的同时，要尽可能考虑到真菌感染的可能，以便同时采集标本送真菌实验室进行真菌学检查。

真菌在组织内一般表现为：

（1）孢子。酵母和双相型真菌在组织内表现为孢子。

（2）菌丝。许多真菌在组织中只表现为菌丝。组织中发现无色分隔、分支的菌丝多为念珠菌和曲霉。粗大、不分隔少分支的菌丝为接合菌，多为毛霉、根霉、犁头霉等。粗大、少分支有隔的菌丝为蛙粪霉菌。棕色菌丝为暗色丝孢霉病，由暗色孢科真菌引起。

（3）菌丝和孢子。主要见于念珠菌感染。

（4）颗粒。为组织内由菌丝形成的团块。

（5）球囊或内孢囊。球囊内含有内孢子，为球孢子菌或鼻孢子菌在组织内的特征性结构。

各种病原菌基本上形成各自颜色、大小、形状和结构的颗粒，可以初步区别，但最后确定必须依靠真菌培养。

5. 血清学方法　随着诊断技术的进展，以免疫学方法检测真菌病已成为可能，引起深部真菌感染的病原菌主要有白念珠菌、曲霉菌和隐球菌等，传统的检测方法主要为血培养和组织活检，但血培养历时太长，且深部真菌感染的病原菌常不易培养成功，阳性率较低。而深部真菌感染的临床征象错综复杂，又使得组织活检缺乏典型改变，影响正确诊断，这些都使得这些方法所起的作用极为有限。真菌的抗原、抗体及代谢产物的血清学检查用于深部真菌感染的实验室检测，可取得很好的效果。目前常用的免疫诊断方法有以下几种。

（1）特异性抗原的检测：包括乳胶凝集试验、酶联免疫试验和荧光免疫测定法。

（2）特异性抗体检测：由于受检者都为免疫低下患兔，因其致阳性率低，故现已少用。

（三）进行真菌实验室诊断的注意事项

（1）应有独立实验室，不能与其他细菌、病毒等实验室共用，以防发生相互污染。

（2）在每天工作前与工作后，工作台均要用5%石炭酸或0.5%过氧乙酸擦拭，如遇操作台被真菌或标本污染，应立即覆盖纸巾，并用5%石炭酸消毒20分钟，切忌工作台污染后即用水冲洗，以免污染扩散。

（3）培养菌检体及真菌污染的物质在丢弃前，必须高压灭菌或焚烧。

（4）在进行真菌检查时，不可试着闻平板培养基特殊的气味。

（5）实验室禁止养花、草、动物等生物，以防实验污染。

（6）工作环境应定期消毒。一般紫外线照射不能杀灭真菌，应用40%甲醛（可于每平方米空间用35毫升40%甲醛加18克高锰酸钾）在密闭情况下熏蒸24小时，或用环氧乙烷进行消毒，每2~4周消毒1次。

（7）如果用平板培养基接种标本，必须将平板培养基密封，以免发生危险，在不常做真菌检测的实验室，最安全的培养方法是利用含有棉花塞的试管培养基（使空气能够循环）。

（8）真菌的诊断，需要经验的累积及备有良好的图谱参考书。

四、免疫学诊断

免疫学诊断是一种重要的诊断技术，具有灵敏、快速、简易、准确的特点，用于传染病的诊断，大大提高了诊断水平，至今应用已十分广泛。在动物传染病的免疫学检验中，除了凝集反应、沉淀反应、补体结合反应、中和反应等血清学检验方法外，还可用免疫扩散、变态反应、荧光抗体、酶标、单克隆抗体等技术。

（一）皮内试验

家兔在抗原刺激后，体内产生亲细胞性抗体。当其与相应抗原结合后，肥大细胞和嗜碱性粒细胞脱颗粒，释放生物活性物质，引起注射抗原的局部皮肤出现皮丘及红晕，以此便可判断体内是否有种特异性抗体存在。皮内试验用于多种蠕虫病，如血吸虫病、肺吸虫病、姜片吸虫病、囊虫病、棘球蚴病等的辅助诊断和流行病学调查。本法尤适用于现场，但假阳性率较高。

（二）免疫扩散和免疫电泳

1. 免疫扩散 一定条件下，抗原与抗体在琼脂凝胶中相遇，在二者含量比例合适时形成肉眼可见的白色沉淀。本法有两种类型：

（1）单相免疫扩散：将一定量的抗体混入琼脂凝胶中，使抗原溶液在凝胶中扩散而形成沉淀环，其大小与抗原量成正比。

（2）双相免疫扩散：将抗原与抗体分别置于凝胶板的相对位置，二者可自由扩散并在中间形成沉淀线。用双相免疫扩散法既可用已知抗原检测未知抗体，也可用已知抗体检测未知抗原。

2. 免疫电泳　是将免疫扩散与蛋白质凝胶电泳相结合的一项技术。事先将抗原在凝胶板中电泳，之后在凝胶槽中加入相应抗体，抗原和抗体双相扩散后，在比例合适的位置，产生肉眼可见的弧形沉淀线。

免疫扩散法和免疫电泳法，除可用于某些寄生虫病的免疫诊断外，还可用于寄生虫抗原鉴定和检测免疫血清的滴度。

（三）间接红细胞凝集试验

以红细胞作为可溶性抗原的载体并使之致敏。致敏的红细胞与特异性抗体结合而产生凝集，抗原与抗体间的特异性反应即由此而显现。常用的红细胞为绵羊或O型人红细胞。

间接红细胞凝集试验操作简便，特异性和敏感性均较理想，适宜寄生虫病的辅助诊断和现场流行病学调查。现已用于诊断疟疾、阿米巴病、弓形虫病、血吸虫病、囊虫病、旋毛虫病、肺吸虫病和肝吸虫病等。

（四）间接荧光抗体试验

本法用荧光素（异硫氰基荧光素）标记第二抗体，可以进行多种特异性抗原抗体反应，既可检测抗原又可检测抗体。本法具有较高的敏感性、特异性和重现性等优点，除可用于寄生虫病的快速诊断、流行病学调查和疫情监测外，还可用于组织切片中抗原定位以及在细胞和亚细胞水平观察和鉴定抗原、抗体和免疫复合物。在诊断方面，已用于疟疾、丝虫病、血吸虫病、肺吸虫病、华支睾吸虫病、包虫病及弓形虫病。

（五）对流免疫电泳试验

对流免疫电泳试验是以琼脂或琼脂糖凝胶为基质的一种快速、敏感的电泳技术。既可用已知抗原检测抗体，又可用已知抗体检测抗原。反应结果可信度高，适用范围广。以本法为基础改进的技术有酶标记抗原对流免疫电泳和放射对流免疫电泳自显影等技术。二者克服了电泳技术本身不够灵敏的弱点。本法可用于血吸虫病、肺吸虫病、阿米巴病、贾第虫病、锥虫病、棘球蚴病和旋毛虫病等的血清学诊断和流行病学调查。

（六）酶联免疫吸附试验

酶联免疫吸附试验原理是将抗原或抗体与底物（酶）结合，使其保持免疫反应和酶的活性。把标记的抗原或抗体与包被于固相载体上的配体结合，再使之与相应的无色底物作用而显示颜色，根据显色深浅程度目测或用酶标仪测定吸光度值判定结果。

本法可用于宿主体液、排泄物和分泌物内特异抗体或抗原的检测。已用于多种寄生虫感染的诊断和血清流行病学调查。

（七）免疫酶染色试验

免疫酶染色试验以含寄生虫病原的组织切片、印片或培养物涂片为固相抗原，当其与待测标本中的特异性抗体结合后，可再与酶标记的第二抗体反应形成酶标记免疫复合物，后者可与酶的相应底物作用而出现肉眼或光镜下可见的呈色反应。本法适用于血吸虫病、肺吸虫病、肝吸虫病、丝虫病、囊虫病和弓形虫病等的诊断和流行病学调查。

（八）免疫印迹试验

免疫印迹试验又称免疫印渍，是由十二烷基硫酸钠－聚丙烯酸胺凝胶电泳、电转印及固相酶免疫试验三项技术结合为一体的一种特殊的分析检测技术。本法具有高度敏感性和特异性，可用于寄生虫抗原分析和寄生虫病的免疫诊断。

五、寄生虫检查

（一）粪便检查

粪便检查是寄生虫病生前诊断的主要检查方法。因为寄生蠕虫的卵、幼虫、虫体及其节片以及某些原虫的卵囊、包囊都是通过粪便排出的，采取新鲜粪便，进行虫卵的检查，是临床上常用的方法。

1. 直接涂片法　本法简便易行，但检出率较低。在干净的载玻片上滴上 1～2 滴清水，用火柴棒挑取少许粪便放在玻片上，调匀后盖上盖玻片，即可镜检。

2. 沉淀法　取兔粪便 5～10 克，放入 500 毫升杯内，加入少量清水，用玻璃棒将粪球捣碎，再加 5 倍量的清水调成稀糊状，用 50 目的铜筛过滤，静置 15 分钟，弃去上清液，保留沉淀。如此反复 3 或 4 次，将沉淀涂于玻片上，置显微镜下检查，本法为自然沉淀法。

3. 漂浮法　本法是利用体积质量大的溶液稀释粪便，可将粪便中体积质量小的虫卵漂浮到溶液的表面，再收取表面的液体进行检查，容易发现虫卵。如球虫卵囊的检查：取新鲜兔粪便 5～10 克，放在容量为 50 毫升的小玻璃杯内，然后加入少量的饱和盐水（1 000 毫升沸水中加入约 380 克的食盐，充分搅匀溶化即可），用竹筷或玻璃棒将兔粪捣碎，再加入饱和盐水将此粪液用 60～80 目的筛子或双层纱布过滤到另一个杯内，将滤液静置半小时左右，此时，比饱和盐水溶液密度小的球虫卵囊就浮到液面上来，可用直径 4～5 毫米的小铁丝圈接触液面，蘸取一层水膜，将其涂在载玻片上，然后加盖玻片进行镜检。本法容易发现虫卵。

（二）寄生虫虫体检查

1. 蠕虫虫体检查法　取兔粪 5～10 克，放入烧杯或盆内，加 10 倍生理盐水，搅拌均匀，静置沉淀 20 分钟左右，弃去上清液。将沉淀物重新加入生理盐水，搅匀，静置后弃上清液，如此反复 3 或 4 次，弃去上清液后，挑取少量沉渣置于黑色背景下，用放大镜寻找虫体。

2. 线虫幼虫检查法　取兔粪 5～10 克，放入培养皿内，加入 40℃温水以浸没粪球为宜，15 分钟左右，取出粪球，将留下的液体在低倍镜下检查，即可检出幼虫。

3. 螨虫检查法　选择患病皮肤和健康皮肤交界处，取小刀在酒精灯上消毒后，用手握刀，使刀刃与皮肤表面垂直，刮去皮屑（直到皮肤轻微出血），置于玻片上，加 1～2 滴煤油，盖上另一洁净的盖玻片，来回压搓病料，用低倍镜检查。

除此之外，血清学、分子生物学均可应用于寄生虫病的检测。

六、毒物检测

（一）样品的采集、包装及送检

毒物检验样品，可选取胃内容物、肠内容物、剩余饲料、可疑饲料约500克，发霉饲料1 000～1 500克，呕吐物全部，饮水、尿液1 000毫升，血液50～100毫升，肝1/3或全部，肾1个，土壤100克，被毛10克，供检验。

所取样品单独分装。若需送检，样品应分装于清洁的玻璃瓶中或塑料袋内，严密封口，贴上标签，即时送检。另外，要附送临床检查和尸体剖检报告，并尽可能提出要求检验的毒物或大体范围。

（二）亚硝酸盐的检验

1. 检样处理 取胃内容物、呕吐物、剩余饲料等约10克，置一小烧瓶内，加蒸馏水及10%醋酸溶液数毫升，使成酸性，搅拌成粥状，放置15分钟后，滤过，所得滤液供定性检验用。

2. 定性检验

（1）格瑞斯反应。①原理：亚硝酸盐在酸性溶液中，与对氨基苯磺酸作用产生重氮化合物，再与α－甲萘胺耦合时产生紫红色耦氮素。②试剂：格瑞斯试剂，称取α－甲萘胺1克、对氨基苯磺酸10克、酒石酸89克，共研磨，置棕色瓶中备用。③操作方法：将格瑞斯粉置于白瓷反应凹窝中适量，加入被检液数滴，如现紫红色，为阳性。

（2）联苯胺冰醋酸反应。①原理：亚硝酸盐在酸性溶液中，将联苯胺重氮化成醌式化合物，呈现棕红色。②试剂：联苯胺冰醋酸试剂，取联苯胺0.1克，溶于10毫升冰醋酸中，加蒸馏水至100毫升过滤贮存于棕色瓶中备用。③操作方法：取被检液1滴置白瓷反应板凹窝中，再加联苯胺冰醋酸液1滴，呈现棕黄或棕红色为阳性反应。

注意事项：格瑞斯反应十分灵敏，只有强阳性反应，才可证明为亚硝酸盐中毒。反应微弱时，需要用灵敏度较低的方法进行检验。

（三）氢氰酸和氰化物的检验

定性检验，可用改良普鲁士蓝法。

1. 原理 氰离子在碱性溶液中与亚铁离子作用，生成亚铁氰复盐，在酸性溶液中，遇高铁离子即生成普鲁士蓝。

2. 试剂 10%氢氧化钠溶液、10%盐酸溶液、10%酒石酸溶液、20%硫酸亚铁溶液（临用时配制）。用定性滤纸一块，在中心部分依次滴加20%硫酸亚铁溶液及10%氢氧化钠溶液，制成硫酸亚铁－氢氧化钠试纸。

3. 操作 取检材5～10克，切细，放入小烧瓶内，加蒸馏水调成粥状，再加10%酒石酸溶液适量使成酸性，立即在瓶口上盖上硫酸亚铁－氢氧化钠试纸，用小火徐徐加热煮沸数分钟后，取下试纸，在其中心滴加10%盐酸，如有氢氰酸或氰化物存在，则出现蓝色斑。

（四）有机磷农药的检验

1. 检样处理 取胃内容物等适量，加10%酒石酸溶液使成弱酸性，再用苯淹没，浸泡半天，并经常搅拌，滤过，残渣中再加入苯提取一次，合并苯液于分液漏斗中，加20%硫酸液反复洗去杂质并脱水。将苯液移至蒸发皿中，自然挥发近干，再向残渣中加入无水乙醇溶解后，供检验用。

2. 几种有机磷农药的定性检验

（1）1605检验方法。硝基酚反应法。①原理：1605在碱性溶液中水解后，生成黄色对硝基酚钠，加酸可使黄色消失，加碱可使黄色再现。②试剂：10%氢氧化钠溶液、10%盐酸。③操作方法：取处理所得供检液2毫升于小试管中，加10%氢氧化钠溶液0.5毫升，如有1605存在即显黄色，置水浴中加热，则黄色更加明显。再加10%盐酸后，黄色消退，又加10%氢氧化钠溶液后又出现黄色，如此反复3次以上均显黄色者为阳性，否则为假阳性。

（2）内吸磷（1509）等的检验。亚硝酰铁氰化钠法。①原理：1509农药在碱性溶液中水解生成硫化物，与亚硝酰铁氰化钠作用生成紫红色的络合物。②试剂：10%氢氧化钠溶液、1%亚硝酰铁氰化钠溶液。③操作方法：取供检液2毫升，自然挥发干，加蒸馏水1毫升溶于试管中，加5%氢氧化钠溶液0.5毫升，使呈强碱性，在沸水浴上加热5～10分钟，取出放冷。再沿试管壁加入1%亚硝酰铁氰化钠溶液1~2滴，如在溶液界面显红色或紫红色，为阳性，说明样品中含有1509、3911、1240、4049、三硫磷、乐果等。

（3）敌百虫和敌敌畏的检验。间苯二酚法。①原理：敌敌畏、敌百虫在碱性条件下水解生成二氯乙醛，与间苯二酚缩合成红色产物。②试剂：5%氢氧化钠乙醇溶液（现配）、1%间苯二酚乙醇溶液（现配）。③操作方法：取定性滤纸3厘米×3厘米一块，在中心滴加5%氢氧化钠乙醇溶液1滴和1%间苯二酚乙醇溶液1滴，稍干后滴加检液数滴，在电炉或小火上微微加热片刻，如有敌百虫或敌敌畏存在时，则呈粉红色。

敌百虫与敌敌畏的鉴别：在点滴板上加1滴样品，使之挥发干后，于残渣上加甲醛硫酸试剂（每毫升硫酸中加40%甲醛1滴）1滴，若显橙红色为敌敌畏，若显黄褐色为敌百虫。

（五）氟乙酰胺的检验

1. 检样处理　固体检验材料粉碎后加甲醇或乙醇浸泡，过滤，滤液在水浴上蒸干，残渣加乙醇加温溶解。冷后过滤，滤液在水浴上吹风蒸干，残渣加少量甲醇溶解作为检液。如溶液混浊可再过滤一次。如为液体检验材料，可在水浴上蒸去水分后再用甲醇浸出。如为半固体检验材料，如猪饲料等，可先用纱布将其中的水分挤出来，将水蒸发至近干，然后加适量无水硫酸钠脱水，再加甲醇或无水乙醇溶解，过滤，滤液浓缩供检验用。检验材料如为血液或内脏，可加2~3倍量无水硫酸钠研磨后，再用甲醇（或无水乙醇）提取，浓缩后供检验用。

如果经上述方法仍有色素、油脂等杂质干扰，可采用柱层析净化，常用中性氧化铝柱，用甲醇（或乙醇）洗脱，浓缩后再用。

注意：浓缩时温度不宜过高，以60℃左右为好，因氟乙酰胺易升华，所以应及时检验。

2. 定性检验

（1）显微结晶观察：取浓缩液1滴，置载玻片上，自然挥发至近干，在显微镜下观察，如有氟乙酰胺，可见细棒状结晶，为进一步确证，可进行升华试验，即在载玻片上放2根火柴棍，上面再放一载玻片。并在其上加 1 滴冷水（起冷却作用），下面用小火缓慢加热。如是氟乙酰胺，可在上面载玻片上见到升华的结晶。

（2）纸上层析：按常规法点样于层析滤纸上，用水饱和乙酸乙酯上升法展开 20 厘米高，取出，风干，放于氯气中 5～10 分钟（氯气可用下法产生：在一个可盛下薄层板的标本缸内，放一小三角瓶，内加 3 克高锰酸钾、10 克氯化钠，加水少量，搅匀，再加 10 毫升 1∶1硫酸），取出后，在空气中放置 10 分钟，喷雾碘化钾丙酮饱和液，再喷雾邻－联甲苯胺溶液。如果有氟乙酰胺存在，呈现蓝色斑点，比移值（*Rf*）约为 0.48。

（3）羟肟酸反应（灵敏度 1∶5 000）：取被检液 2 滴于小试管中，加 3.5 摩/升氢氧化铝溶液和盐酸羟胺溶液各 2 滴，水浴加热 5 分钟，冷却后加 3.5 摩/升盐酸 2 滴，再滴加三氯化铁溶液，如果有氟乙酰胺存在，则呈紫色。

（4）硫靛蓝反应：取被检液 2 滴于小瓷皿中，加 1 摩/升氢氧化钠 4 滴和邻硫羟苯甲酸 2 滴，于 130℃干燥箱中加热 2 小时，冷却后加水 2～3 滴使溶解，滴加 2% 铁氰化钾溶液，如有氟乙酰胺存在则呈红色。

（六）食盐中毒的检验

食盐中毒目前尚无理想的快速检验方法，这主要是因为食盐是动物体的正常成分，所以一般用胃肠内容物等检验材料进行定性无诊断意义。

一般诊断食盐中毒可采用以下几个方法：

（1）根据临床症状。

（2）观察脑的病理组织学变化。

（3）检查眼结膜囊内液有无氯离子存在。

（4）测定剩余饲料中氯化物的含量。

（5）测定肝中氯化物的含量。

（6）测定血清中钠离子的含量。

这里仅介绍眼结膜囊内液氯化物的检查技术。①原理：氯化钠中的氯离子在酸性条件下与硝酸银中银离子结合，生成不溶性的氯化银白色沉淀（$NaCl + AgNO_3 = AgCl\downarrow + NaNO_3$）。②酸性硝酸银试液配制：取硝酸银 1.75 克、硝酸 25 毫升、蒸馏水 75 毫升溶解后即得。③操作方法：取水 2～3 毫升放入洗净的试管中，再用小吸管取眼结膜囊内液少许，放入小试管中，然后加入酸性硝酸银试液 1～2 滴，如有氯化物存在就呈白色混浊，量多时混浊程度增大。

（七）杀鼠剂的检验

1. 磷化锌中毒的检验　检验材料以剩余饲料为最好，其次是呕吐物和胃内容物。对呕吐物和胃内容物的检验应及时进行。

（1）磷的检验：采用硝酸银试纸法和溴化汞试纸法检验。取检验材料 10 克放入三角瓶中，加水搅拌成粥状，瓶口上塞上软木塞内装两个玻璃管，管内塞入疏松的碱性醋酸铅棉花，上面分别放入硝酸银试纸条和溴化汞试纸条，然后于瓶中注入 10% 盐酸 5 毫升，套入黑纸套，在 50℃水浴上加热 30 分钟，若有磷化物存在，硝酸银试纸条变黑色，溴化汞试纸条变黄色。阴性反应时两种试纸条均不变色。

（2）锌的检验：①显微结晶法，取检验溶液 1 滴（检磷用的检验溶液可直接过滤经蒸发浓缩后使用），在载玻片上，蒸发近干，冷后加 1 滴硫氰汞铵试剂，在显微镜下观察，如有锌存在，马上生成硫氰汞锌结晶，呈特殊十字形和树枝突起状。②亚铁氰化钾反应，磷化锌在酸性条件下生成磷化氰，将反应后的检验材料进行过滤或取有机质破坏后的溶液 2 毫升，置小试管中，加 5% 亚铁氰化钾溶液，如有锌存在产生白色沉淀，再加 10% 氢氧化钠时沉淀溶解。

2. 敌鼠及其钠盐检验

（1）三氯化铁试验：取供检残渣，加无水乙醇 1.5 毫升溶解，加 9% 三氯化铁溶液 1 滴，如显红色，则为敌鼠或敌鼠钠的阳性反应。

（2）硝化反应：将残渣置于蒸发皿中，加 10～20 滴浓硝酸溶解残渣，然后在沸水浴上加热至干，取下，放冷，滴加 2% 醇性氢氧化钾数滴，如有敌鼠即呈蓝色。

（八）砷制剂的检验

检验材料如是呕吐物、剩余饲料或胃内容物，可不经有机质破坏铜片（丝）试验法检测砷；如是内脏组织，有时须经有机质破坏才能进行检验。如需进行砷含量测定，则必须经有机质破坏。

1. 雷因希铜片法预试　取样品 10 克放入三角瓶中，加蒸馏水 5 毫升，加浓盐酸 5～10 毫升，在瓶外用玻璃铅笔标记出液面高度。然后加热数分钟，加铜片 2 片（或几根铜丝），继续加热 15 分钟（阴性需观察 40 分钟），如果水蒸发，应不断补充。如果铜片（或铜丝）表面变灰黑色，则说明含有砷。

2. 确证试验

（1）升华法：将预试中晾干后的铜片（或铜丝）剪成小块，放在小玻璃安瓿中（或放在小瓷蒸发皿中心，外圈用铜片围成直径约 1 厘米、高约 1 厘米的圈，上面盖盖玻片），用小火缓慢加热，如有砷存在，在玻管壁（或盖玻片）上见有白霜样光辉的结晶形成，置显微镜下观察，呈四面或八面晶体。

（2）古蔡氏法：①将雷因希法所得阳性结果的铜片（或铜丝）放入小试管中，加水 2 毫升，硫酸 1 滴，锌粉少许，在试管口上塞上一小团醋酸铅棉花，上面盖一张溴化汞试纸，以橡皮圈固定，十几分钟后，即可观察结果。如有砷存在，溴化汞试纸变成黄棕色。②直检法：取检验材料适量放三角瓶中，加水至 10～20 毫升，再加氯化亚锡溶液 3～5 毫升，加无砷锌粉少许，于瓶口上塞一团醋酸铅棉花。然后盖上溴化汞试纸，数分钟后观察结果，如有砷存在，试纸变黄棕色，砷量少时，须经十几分钟才能见到试纸变黄。

3. 碘化钾淀粉反应　原理是砷酸根离子在酸性溶液中能氧化碘化钾使其析出碘，碘使淀粉变蓝。亚砷酸根离子具有还原性，能使碘还原为碘离子，而使蓝色淀粉恢复原来白色。

（1）砷酸盐的检查：取检验溶液 1～2 滴于白瓷板上，加 10% 盐酸 1 滴，碘化钾淀粉溶液 1～2 滴，如果是砷酸盐即显蓝色。

（2）亚砷酸盐的检查：取检验溶液 1～2 滴于白瓷板上，加入碘－碘化钾淀粉溶液 1 滴，如有亚砷酸盐存在，蓝色即退去。

（九）硒中毒的检验

检验材料可采集饲料、胃内容物、肝、肾、脾、血液和尿液等，用硫酸－硝酸混合进行消化。可疑药物可直接用稀酸溶解。

1. 氢碘酸法 将1滴浓氢碘酸（或碘化钾溶液加1滴浓盐酸）滴在滤纸上，然后在湿斑的中心滴上1滴酸性检液，若没有硒存在时，所产生的黑棕色的斑点会被1滴硫代硫酸钠溶液完全褪色。若有硒存在，则出现红棕色（褐色）斑点。

2. 二苯肼法 在白瓷板上滴上检验溶液1滴和不对称二苯肼乙酸溶液1滴及2摩/升盐酸1滴，充分混匀。如有亚硒酸存在，立即呈现红色反应，随即变成亮红紫色，若亚硒酸含量极微，需待数分钟才出现颜色。同时做一空白试验。

为防止形成二苯胺醌二苯肼的氧化剂发生作用，可在微坩埚中加1滴检验溶液和数滴浓盐酸共热，破坏有氧化性的含氧酸和过氧化物。如试验中含有钨酸盐、钼酸盐、三价铁和二价铜等，应将草酸加入盐酸中，使其产生与不对称二苯肼不起反应的草酸盐络合物。

第八章　家兔主要疾病与类症鉴别

通过本章内容的介绍，了解兔容易发生哪些疾病，掌握各种疾病的发生原因、流行特点、临床症状、诊断方法、防治要点。对已发病的家兔做到快诊断、快防治、快处理，把发病范围缩到最小，减少兔场损失。

第一节　病毒性传染病

一、兔病毒性出血症

兔病毒性出血症俗称“兔瘟”，是由兔病毒性出血症病毒引起的兔的一种急性、高度接触性传染病。该病的特点是潜伏期短，发病急、病程短、传播快、发病和死亡率均高。以呼吸系统出血、水肿、肝坏死及实质器官瘀血、水肿、出血为特征。

（一）病原

兔病毒性出血症病毒是一种新发现的病毒，病毒对氯仿和乙醚不敏感，对紫外线和干燥等不良环境的抵抗力较强。1% 氢氧化钠 4 小时、1% ~2% 甲醛 2 小时、1% 漂白粉 3 小时才被灭活。生石灰和草木灰对病毒几乎无作用。

（二）流行病学

本病于 1984 年在我国江苏省江阴县首先发现，随后迅速蔓延至全国。现在世界上许多国家都有发生。本病常呈暴发性流行，发病率及病死率极高，给养兔业造成了极大的经济损失。该病被国际兽疫局定为 A 类传染病，我国也将其列入一类动物疫病。

本病只发生于家兔和野兔。各种品种和不同性别的兔都可感染发病，60 日龄以上的青年兔和成年兔的易感性高于 2 月龄以内的仔兔。未断乳的仔兔很少发病。病兔和带毒的兔是主要的传染源。它们通过粪便、皮肤、呼吸和生殖道排毒，污染环境及用具。消化道是主要的传染途径。本病在新疫区多呈暴发性流行。60 日龄以上的兔发病率和病死率高达 90% ~95%，甚至 100%。一般疫区的平均病死率为 78% ~85%。本病一年四季都可发生，但北方一般以冬、春寒冷季节多发。

（三）临床症状

根据症状分为最急性型、急性型和慢性型三个类型。

1. 最急性型 多发生在新疫区的流行初期。突然发病，迅速死亡。一般体温升高到 41℃，稽留 6 ~8 小时而死。有的死前还在吃食，突然抽搐几下即死亡。

2. 急性型 多发生在流行中期。病初体温升高到 41℃以上，病兔精神委顿，食欲减退，渴欲增加。皮毛无光泽，迅速消瘦。死前有短期兴奋、挣扎、狂奔、咬笼架，继而前肢俯伏，后肢支起，全身颤抖，倒向一侧，四肢划动，惨叫几声而死。少数病死兔鼻孔中流出泡沫样血液。病程 1 ~2 天。

3. 慢性型 多见于老疫区或流行后期。潜伏期和病程较长。病兔体温升高达 41℃左右，精神委顿，食欲不振，被毛杂乱无光泽，逐渐消瘦、衰弱而死。耐过病兔生长迟缓，从粪便排毒至少一个月之久。

（四）病理变化

鼻孔、鼻腔、喉头和气管黏膜充血和出血（图 8. 1、图 8. 2），气管和支气管内有泡沫状血液。皮下有出血点（图 8. 3）。肺有不同程度充血，一侧或两侧有数量不等的粟粒至绿豆大的出血斑点（图 8. 4），切开肺叶流出多量红色泡沫状液体。肝瘀血、肿大、质脆，肝实质坏死，表面呈淡黄或灰白色条纹，切面粗糙，流出多量暗红色血液（图 8. 5）。胆囊胀大，充满稀薄胆汁。肾皮质有散在针尖状出血点（图 8.6）。胸腺肿大，常出现水肿，并有散在性针尖至粟粒大出血点（图 8.7）。胃肠多充盈，胃黏膜脱落，脾呈蓝紫色（图 8.8）。小肠黏膜充血、出血。肠系膜淋巴结水样肿大。

（五）诊断要点

根据呼吸系统出血、肝坏死、实质脏器水肿、瘀血及出血性变化等特征，在疫区结合流行特点及典型的临诊症状，一般可以做出诊断。在新疫区要确诊可进行病原学检查和血清学试验。

（六）鉴别诊断

兔病毒性出血症与兔巴氏杆菌病的临床症状和剖检变化有许多相似处，主要区别点是：

（1）兔病毒性出血症病程急，死亡快，主要危害青壮年兔；兔巴氏杆菌病类型多，多在应激情况下暴发，仔、幼兔受害较大。

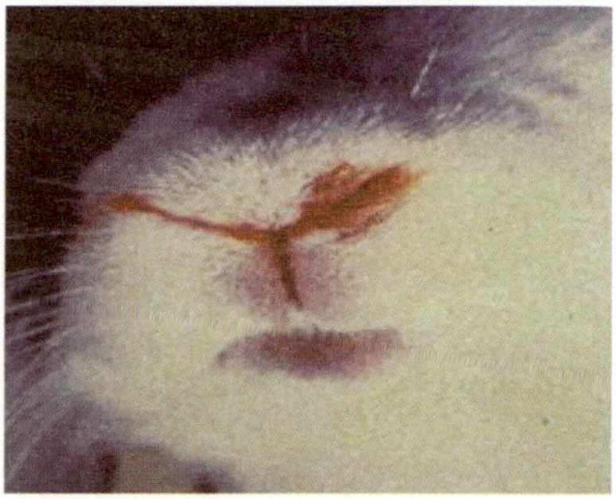

图 8.1　鼻孔有明显出血

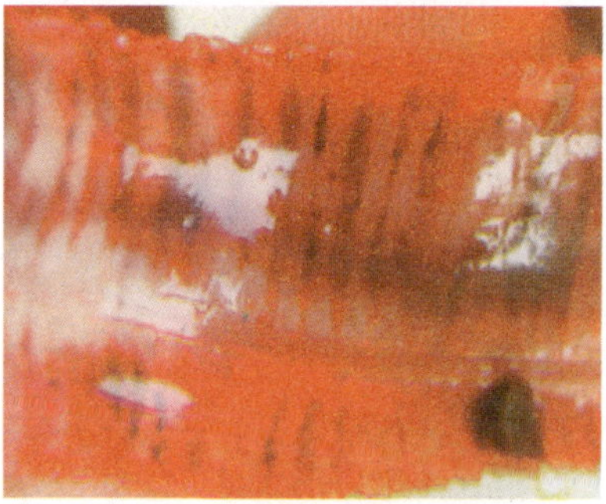

图 8.2　气管黏膜有明显出血

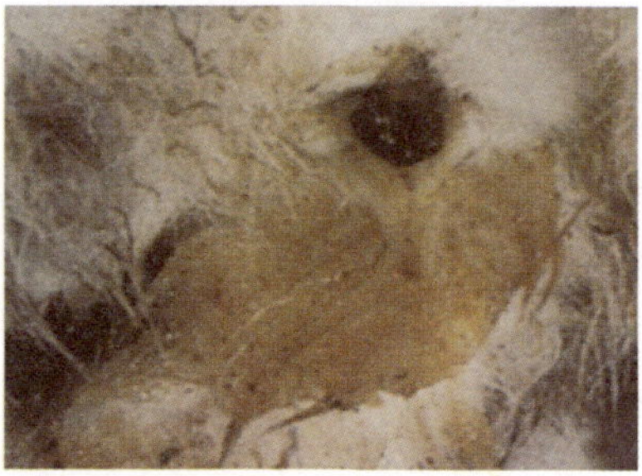

图 8.3　皮下有明显出血点

图 8.4　肺有明显出血点

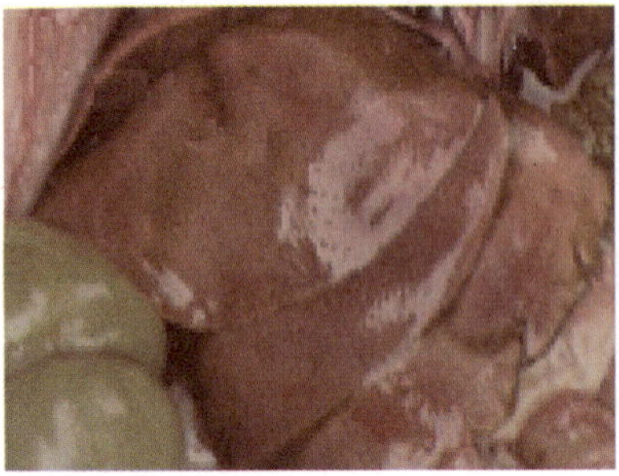
图 8.5　肝有明显出血点

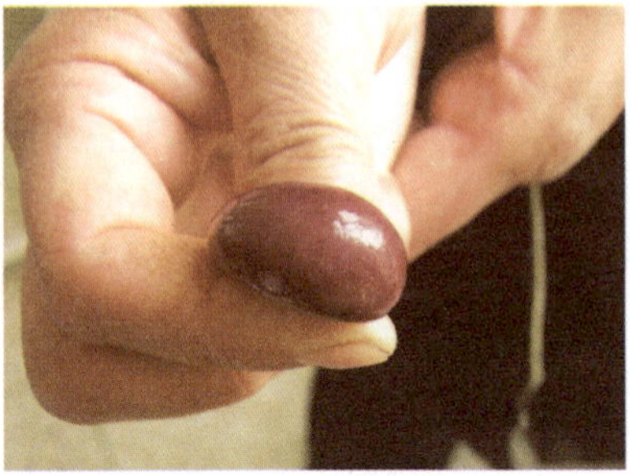
图 8.6　肾出血点明显

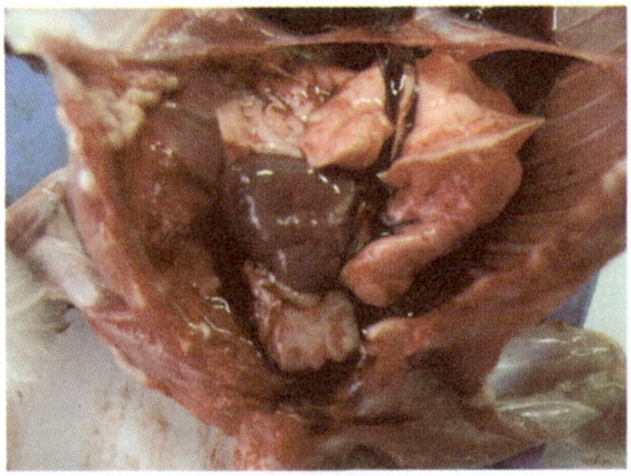
图 8.7　胸腺有出血点

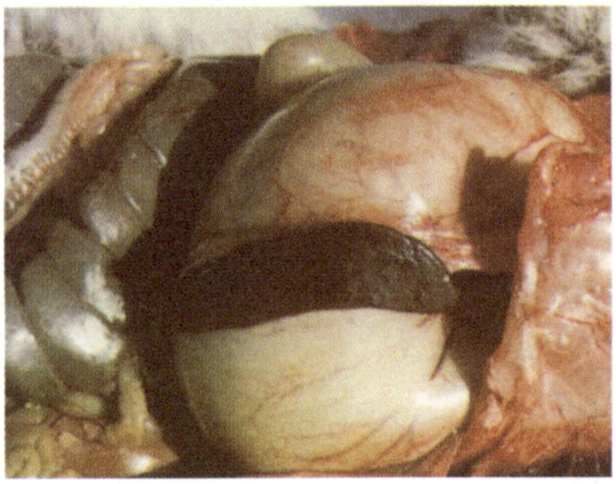
图 8.8　脾肿大，呈蓝紫色

（2）气管、支气管和肺均出现出血点和出血斑，但兔病毒性出血症肺无化脓性病变，胸膜有乳白色纤维样物附着。

（3）兔病毒性出血症的肝出血点明显，表面呈现淡黄色或灰白色条纹，肾呈花斑肾，脾呈蓝紫色；兔巴氏杆菌病肝表面无淡黄条纹，但有针尖大小的灰白色结节，肾病变不明显，脾不是蓝紫色。

（七）防制措施

有效的预防措施是定期预防注射有国家批号生产的兔病毒性出血症灭活疫苗或兔病毒性出血症、多杀性巴氏杆菌病二联灭活疫苗。注射后 7 ~ 10 天产生免疫力，保护力可靠。30 日龄左右首免，60 日龄左右加强一次免疫，成年兔每 5 个月免疫 1 次。平时坚持自繁自养，认真执行兽医卫生防疫措施，定期消毒，禁止外人进入兔场。新引进的兔需要隔离饲养观察至少 4 周，无病时方可入群饲养。兔群一旦发生疫情，立即封锁疫区，采取综合防制措施，尽快控制疫情蔓延。

1. 紧急接种疫苗 皮下注射兔病毒性出血症灭活疫苗或兔病毒性出血症、多杀性巴氏杆菌病二联灭活疫苗，90 日龄以上 5 毫升/兔，仔幼兔 2 ~4 毫升/只，疑似病例或病兔酌情接种。

2. 严格消毒 对兔笼、兔舍、场区等处，根据消毒物品选用不同的有效消毒药进行严格消毒，每天 1 次，连用 5 天。

3. 药物拌料和饮水 饲料中添加清温败毒散，连续饲喂 5 天；连续饮用葡萄糖盐水 3 ~5 天。

上述方法经过多数兔场防制试验，均收到了良好的预防效果，2 天后控制病情蔓延，救活率达 70% 以上。死兔和病兔废弃物等集中起来深埋或焚烧。停止对外出售兔，待病情控制 20 天后方可解除封锁。

二、传染性口炎

兔传染性口炎是由水疱性口炎病毒引起的一种急性传染病，其特征是以口腔黏膜水疱性炎症为主，并伴有大量流涎，故又名“流涎病”。具有较高的发病率和死亡率，给养兔业带来较大的损失。

（一）病原

传染性口炎病毒属于弹状病毒科水疱性病毒属，具有高度传染性，病毒在低温环境下能长期存活，在 4℃时能存活 30 天，－20℃时能较长期存活，－50 ~ －70℃的低温下能无限期存活。此病毒不耐热，高温 60℃或在阳光的作用下很快失去毒力，一般消毒药物也很容易将其杀死。

（二）流行病学

传染性口炎是最早发生在中美洲和北美洲的病毒性疾病，随后传播至非洲和欧洲。本病常见于牛和猪，散发于美国、加拿大，在墨西哥、委内瑞拉和哥伦比亚的部分地区呈地方性流行。宿主包括未成年人、兔、马、牛、猪、白尾鹿及热带地区的多种小哺乳动物。

病毒的来源包括患病动物的唾液、渗出液、破裂水疱的上皮细胞、节肢动物、伊蚊等带毒者以及被污染的土壤和植物。水疱性口炎病毒有新泽西型和印地安型 2 个型。

病毒是通过上皮或损伤的黏膜路径感染传播，主要存在于病兔的水疱液、水疱皮及局部淋巴结内。本病多发生于夏秋两季，厮蝇、虻、斑蚊、白蛉、库蚊、埃及伊蚊等昆虫在本病毒的传染上起重要作用，偶尔也可通过非接触传播。饲养不当、饲喂霉烂饲料、异物损伤口腔等都是本病的诱发因素。自然感染的主要途径是消化道。主要侵害30～90日龄的幼兔，青年兔和成年兔较少发生。健康兔食入被病兔口腔分泌物或坏死黏膜污染的饲料或饮水，即可感染。尤其是饲喂发霉饲料或存在口腔黏膜损伤等情况时，更易发病。

（三）临床症状

患兔病初唇、舌和口腔黏膜潮红、充血，继而出现粟粒大至扁豆大的水疱和小脓疱，水疱内充满大量纤维素性液体和灰白色的小脓疱，水疱和脓疱破溃，发生烂斑，形成大面积的溃疡面（图8.9），同时有大量唾液沿口角流出，浸湿口周围被毛，造成脱毛（图8.10）。若病兔继发感染坏死杆菌，则可引起患部黏膜坏死，并伴有恶臭。由于流口水，使唇外周围、颌下、颈部、胸部和前爪的被毛湿成一片，局部皮肤常发生炎症和脱毛。病兔代谢功能降低，精神沉郁，食欲减退或废绝，不能正常采食，继发消化不良，并常发生腹泻，日渐消瘦，一般病后5～10天衰竭而死亡，死前侧卧瘫痪。幼兔死亡率常在50%以上。患兔大多数体温正常，仅少数病例体温升至41℃左右。

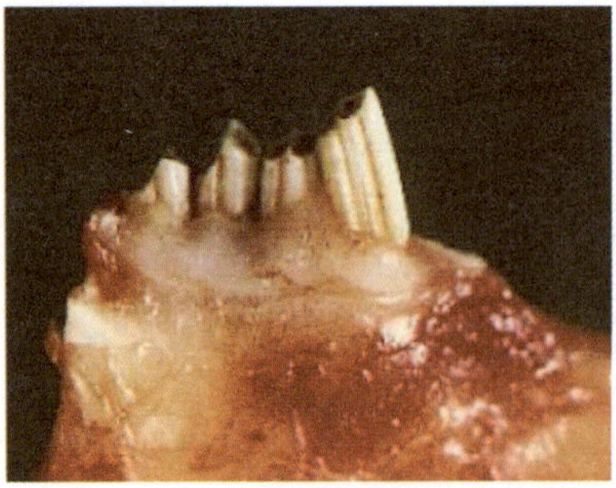

图8.9　齿龈黏膜脓疱破溃

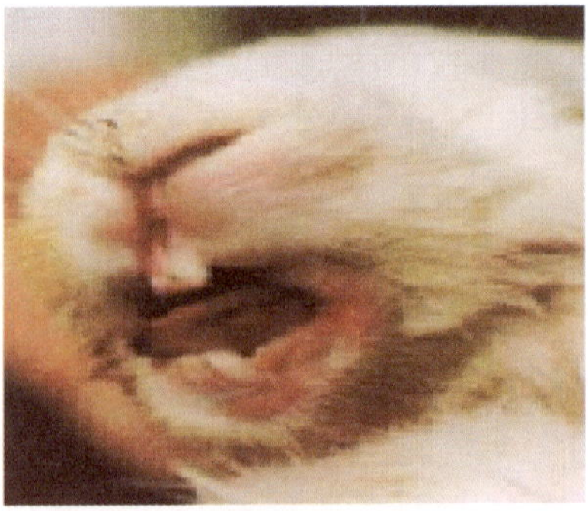

图8.10　流涎浸湿口腔周围被毛

（四）病理变化

病兔唇、舌和口腔黏膜有糜烂和溃疡，咽和喉部聚集有大量泡沫样唾液，唾液腺轻度肿大发红。胃内有少量黏稠液体和稀薄食物，酸度增高。小肠黏膜有卡他性炎症变化。肺毛细血管充血，肺泡萎缩。舌黏膜上皮细胞空泡样变性。肝狄氏间隙扩张水肿，肝血窦内有炎性细胞浸润。肝细胞内可见病毒包涵体。肾小管坏死，肾小管上皮细胞水疱样变性，有的肾小球萎缩，肾小囊壁细胞增生。

（五）诊断要点

1. 大体诊断　根据病兔舌和口腔黏膜的水疱、糜烂和溃疡、特征性流涎，可以初步诊断为传染性水疱性口炎。

2. 实验室诊断

（1）病毒分离培养：取病兔的水疱液、水疱皮或口腔分泌物作为病料，研磨后用 pH 值为 7.0～8.4 的无菌生理盐水做 1∶5稀释（每毫升溶液应含有 500～1 000 单位青霉素和链霉素），将稀释液接种于 9～10 日龄鸡胚，0.2 毫升/胚，鸡胚接种后 2～3 天死亡。说明病料中有水疱性口炎病毒存在。

（2）电镜观察：无菌取典型病料（水疱液、水疱皮或口腔分泌物、肝等），用生理盐水按 1∶10 稀释，高速离心（3 000 转/分）半小时，取上清液再超高速离心 1.5 小时，再用生理盐水悬浮沉淀物，用毛细吸管吸附悬液，磷钨酸染色干燥后电镜观察，若检查出本病毒，可确诊。

（3）血清学诊断：使用荧光标记的已知病毒检查康复兔血清中和抗体的浓度进行血清学诊断。

（六）鉴别诊断

传染性口炎与一般性口炎的临床症状都有流涎（口水）。主要区别点是：

（1）传染性口炎是由水疱性口炎病毒引起的一种急性传染病，主要危害仔、幼兔，传染速度快，死亡率高达 90% 以上；一般性口炎是由机械刺激（如带刺饲料，饲料中有铁丝、铁钉等异物）和化学因素刺激（如霉变饲料，误食生石灰、氨水等）引起口腔黏膜发炎，个别发生的多，不具传染性，各年龄段兔均可发生，及时消除病因和治疗，极少死亡。

（2）传染性口炎的口腔黏膜糜烂溃疡程度严重，体温升高；一般性口炎的口腔黏膜糜烂溃疡程度较轻，体温不升高。

（七）防制措施

1. 预防

（1）加强饲养管理，不喂霉烂变质的饲料。笼壁平整，以防尖锐物损伤口腔黏膜。不引进病兔，夏秋两季做好卫生防疫工作。

（2）每年的6、7、8月期间，选用磺胺嘧啶0.2～0.5克，病毒灵0.2克，维生素B_1、维生素B_2各1片/只，放在一起研磨成粉末，拌料或拌草喂给。每个月用药5～7天，有很好的预防效果。

2. 治疗

（1）发病后要立即隔离病兔，加强饲养管理。兔舍、兔笼及用具等用20%氢氧化钠、20%热草木灰水或0.5%过氧乙酸消毒。

（2）进行局部治疗，可用消毒防腐药液（2%硼酸溶液、2%明矾溶液、0.1%高锰酸钾溶液、1%盐水等）冲洗口腔，然后涂擦碘或甘油。

（3）用磺胺二甲基嘧啶治疗，0.1克/千克体重口服，每日1次，连服数日，并用小苏打水饮水。

（4）磺胺嘧啶0.2～0.5克，病毒灵0.2克，维生素B_1、维生素B_2各1片/只，放在一起研磨成粉末，取适量水配成混悬剂，用注射器或吸管吸入药液，挤入病兔口腔，使其咽下，每天2次，连用2～3天。这种方法既冲洗口腔，又抗菌消炎，治疗效果较为理想。

（5）采用中药治疗，选用青黛10克、黄连10克、黄芩10克、儿茶6克、冰片6克、明矾3克研细末（青黛散），涂擦或撒布于病兔口腔，每天2次，连用2～3天。

三、兔传染性黏液瘤病

兔传染性黏液瘤病是指家兔的高度传染性和致死性疾病，由痘病毒科中的黏液瘤病毒引起。特征为眼睑、面部和耳朵发生肿胀，随后几乎遍及全身，尤其是颜面部和天然孔周围皮下发生黏液瘤性肿胀。因切开黏液瘤时从切面流出黏液蛋白样渗出物而得名。病兔在发病后7～15天死亡，也有局部只呈现黏液瘤而最后痊愈的。1896年首次在南美洲乌拉圭发现，以后在北美洲、欧洲以及澳大利亚三大疫区中流行，每个流行区都有各自的特殊病毒，对养兔业几乎造成毁灭性打击，中国也有发病的报道。

（一）病原

黏液瘤病毒是一种较大的病毒，属于痘病毒属第五亚群。通过琼脂扩散微量试验证明，在抗原上与野兔纤维瘤病毒、兔纤维瘤病毒有密切关系，具有共同抗原性，血清学上存在交叉反应。病毒存在于病兔全身各处的体液和脏器中，尤以眼垢和病变部皮肤的渗出液中含毒量最高。黏液瘤病毒对干燥有相当强的抵抗力，例如在干燥的黏液瘤结节中病毒可存活3周之久；常温下，在病兔的皮上经数月不死；在55～60℃ 15分钟能被灭活，但在普通冰箱（2～4℃）内存活较长；在室温的50%甘油盐水中存活4个月，潮湿的环境中8～10℃可存活3个月，26～30℃可存活10天，37℃盐水中存活6天；在节肢动物体内可存活达25天。该病毒对乙醚敏感，这点与其他痘病毒不同。但与其他痘病毒一样，能抵抗去氧胆酸钠，并具有抵抗胰蛋白酶的中心部分。本病毒对石炭酸、硼酸、升汞和高锰酸钾有较强的抵抗力，但0.5%～2.0%福尔马林1小时内能使之灭活，消毒时应用3%的溶液。

到目前为止，兔黏液瘤病已分离出许多毒株，有代表性的是南美毒株、欧洲毒株和加利福尼亚毒株，不同的毒株在毒力和抗原性方面有差异。黏液瘤病毒在鸡胚绒毛尿囊膜上生长繁殖，并呈现上皮增生的痘样特殊病灶，鸡胚的头部和颈部发生水肿。人工接种可将毒株分为速发型、中发型和缓发型3种。毒力最强的毒株引起的死亡率超过90%，如标准实验室毒株、洛桑毒株和加利福尼亚毒株；毒力最弱的毒株引起的死亡率不到30%，如神经黏液瘤毒株和诺丁汉毒株。但是，不足21日龄的仔兔接种强毒株和弱毒株都较为易感。强毒株能迅速使幼兔全部死亡，并无明显的皮肤病变，而弱毒株则引致较严重的外部病变。不同毒株所致痘样病灶的大小也不同，根据这种差异可对毒株做大致鉴定。南美毒株引起的痘样病灶很大，而加利福尼亚毒株引起的则很小，各毒株形成的空斑大小有明显差异，如南美毒株产生的空斑比加利福尼亚毒株大。

（二）流行病学

各种年龄的兔都可感染发病。在自然条件下，本病只能侵害野兔科的动物，人和其他动物无易感性，在新生野兔可引起全身感染和致死性感染。家兔、欧洲家兔、欧洲野兔、高山野兔、巴西白尾灰兔、丛林白尾灰兔和佛罗里达白尾灰兔均易感，另外，几种白尾灰兔在实验条件下才能感染成功。

本病的主要传播方式是直接与病兔以及排泄物接触或与污染有病毒的饲料、饮水和用具等接触。在自然界，主要通过节肢动物传播，最常见的是蚊子和跳蚤。病毒在媒介昆虫体内并不繁殖，仅起单纯的机械传播作用。伊蚊、库蚊、兔蚤、疥螨、虱、刺蝇等，肉食的秃鹰和喜吃死尸的乌鸦等鸟类，以及蓟类植物的刺都可传染兔黏液瘤病毒。在蚊子大量滋生的季节，尤其是洼湿地带发病最多。冬天蚤类是主要传播媒介。实验证明，黏液瘤病毒在蚊体内可以越冬，在兔蚤体内能存活 105 天以上，在蚊体内可存活长达 7 个月之久。

本病一年四季均可发生。细菌病、肠寄生虫病的侵袭以及应激条件和环境温度低，均能加重病变，死亡率也增高。

（三）临床症状

由于黏液瘤病毒的毒力因不同毒株而异，而且兔的品种和品系不同，对黏液瘤病毒的易感性也不相同，所以临诊症状各异。潜伏期一般为 3 ~ 7 天，最长可达 14 天。人工皮内、腹腔、静脉、眼结膜和鼻腔接种潜伏期 5 ~ 11 天。

本病的主要特征是患病部位皮下组织聚集许多微黄色的胶样液体，使组织分开。病初，首先表现眼睑皮下肿胀，并伴有严重结膜炎，流泪，分泌物初为黏性，以后变为脓性，1 或 2 天后眼睑肿胀。以后整个头部和耳朵肿胀，头部像狮子头，两耳因重度肿胀而下垂。有时肛门和外生殖器、腿部也出现肿胀，经 9 ~ 10 天，有的病例皮肤出血，有的病例有时出现惊厥状态。有的肿瘤增生较快，经1周后就变成大肿块，并逐渐由紫色变为褐色。有的肿瘤到第10天左右开始破溃，流出浆液性液体。

（四）病理变化

最突出的变化是皮肤肿瘤和皮肤以及皮下，尤其是颜面和天然孔周围显著水肿。患病部位的皮下组织聚集多量微黄色、清朗的胶样液体，常使组织分开。液体中除有许多嗜伊红性白细胞外，还有部分正在分裂的组织细胞即黏液瘤细胞。皮肤可出现出血，胃肠道的浆膜下有淤点和淤斑，加利福尼亚毒株所引起的尤为常见，心内膜下和心外膜下也可能出血。此外，某些毒株还能引起脾脏肿大和淋巴结肿大并出血，卡他性肺炎伴以上呼吸道黏膜急性发炎。

（五）诊断要点

根据流行特点和临床症状，结合病理组织学检查不难确诊。

本病常采取病变部位（多是肿瘤组织）的新鲜组织作为被检材料进行实验室诊断。

1. 包涵体检验 病兔眼垢和病变部皮肤的渗出液中含病毒量最高。将病变组织做触片或水肿液做涂片，用姬姆萨染色，细胞浆包涵体呈紫色，用维多利亚蓝染色，细胞浆包涵体呈蓝色。也可将病变组织做切片染色检查包涵体。

2. 动物接种试验 将病料磨细后加入每毫升含1 000单位青霉素和链霉素的生理盐水，做1:（5～10）稀释，经3 000转/分离心10分钟，取上清液作为接种材料。仔、幼兔每只皮下注射0.5～1.0毫升，1日龄小白鼠背部皮下注射0.1毫升。兔和小白鼠接种后7天内注射部位出现特异性病理变化，并可检查到包涵体。

（六）鉴别诊断

本病应与兔纤维瘤病和兔痘进行鉴别。

1. 与兔痘鉴别诊断 兔痘是以皮肤丘疹、坏死、出血和内脏器官有灰白色的小结节病灶等为特征的一种疾病。而兔传染性黏液瘤病是以眼睑、颜面部、耳朵及其他部位皮下和天然孔周围皮下发生黏液瘤性肿胀为特征。

2. 与兔纤维瘤病鉴别诊断 兔纤维瘤病是一种良性肿瘤性传染病，只引起局部肿瘤病变，皮肤无丘疹、坏死、出血，内脏器官有灰白色的小结节病灶。

（七）防制措施

1. 预防

（1）兔黏液瘤病是一种毁灭性的家兔传染病。我国尚无此病流行发生，因此，应严禁从有兔黏液瘤病发生的国家进口种兔和未经消毒的兔皮、兔毛以及其他产品，以防本病的传入。

（2）从国外进口种兔和兔产品及原料时必须进行严格的港口检疫，隔离观察 1 个月以上。毗邻国家发生流行时，应立即封锁国境线。

（3）在有本病的国家中，常用免疫接种、控制传播媒介和用各种方法避开吸血昆虫、扑杀病兔，尸体加以销毁，彻底消毒等方面的控制。英国用肖扑纤维瘤病毒（兔纤维瘤病毒）疫苗，家兔接种后第 4 天开始产生抗体，免疫力可达 1 年之久，保护率在 90% 以上。或用经过兔肾细胞人工致弱的 MSD/B 株病毒制成活毒疫苗，对兔安全可靠，并有较强的免疫性。此外，也可应用黏液瘤病毒鸡胚或细胞毒株制成灭活苗，对兔安全而有效。

（4）兔群一旦发生此病，除采取扑杀、消毒、烧毁等措施之外，还应立即进行紧急预防注射，邻近的兔群更应注射疫苗。

2. 治疗 目前对本病没有有效的治疗办法，应以预防为主。

四、兔痘

兔痘是由兔痘病毒引起家兔的一种高度接触性、致死性传染病。临床上以结膜炎，皮肤出现红斑、丘疹及内脏器官发生结节性坏死为特征。

（一）病原

兔痘病毒属于正痘病毒科痘病毒属，为 DNA 型病毒。病毒颗粒呈砖形或卵圆形，有囊膜。兔痘病毒可以在 11 ~ 13 日龄鸡胚绒毛尿囊膜增殖，并产生出血性痘斑或白色混浊痘斑。痘病毒也可在多种细胞上培养，如 H 细胞、小鼠成纤维细胞、猪肾细胞、地鼠上皮细胞等。病毒主要存在于血液、肝、脾、睾丸、卵巢等实质脏器，脑、胆汁、尿液也含有该病毒。该病毒抵抗力较强，在室温条件下可存活几个月，干燥条件下可耐受 100℃ 5～10 分钟；但在潮湿条件下 60℃10 分钟可被灭活，－70℃可存活多年。对紫外线和碱敏感，常用的消毒药即可将其杀死。

（二）流行病学

兔痘只有家兔能自然感染发病，发病率没有年龄差异，但幼兔和妊娠母兔的死亡率最高。幼兔的死亡率可达 70%，成年兔的死亡率则为 30%～40%。本病的主要传染源为病兔，其鼻腔分泌物中含有大量的病毒，易感兔吸入或吃进病毒即被感染。病兔康复后无带毒现象。康复兔可与易感兔安全交配，从康复兔可以繁殖无病群。本病多经呼吸道感染，也可经消化道感染，此外，皮肤和黏膜的伤口直接接触含病毒的分泌物也是重要的传播途径。本病在兔群内传播极为迅速，有时甚至杀灭并隔离病兔仍不能防止本病在兔群中蔓延。

（三）临床症状

流行初期潜伏期较短，后期较长。最早出现的病例潜伏期为 2～9 天，以后发生的病例平均为 2 周。通常在感染后 7～10 天死亡，但也有早至 5 天或拖至几周死亡的。一般来说，流行初期病程短，末期病程较长。病兔眼睑发炎和流泪，继而角膜发炎溃疡，甚至穿孔。公兔阴囊、包皮皮肤水肿，出现丘疹。母兔阴唇水肿出现丘疹，通常发生流产。有时出现神经症状，主要表现为运动失调，痉挛，眼球震颤，肌群发生麻痹。肛门和尿道括约肌也可发生麻痹。本病常并发支气管肺炎、喉炎、鼻炎和胃肠炎。

（四）病理变化

病兔最显著的变化是皮肤损害，可从仅有少数局部丘疹发展到严重的广泛性坏死和出血；心脏有炎性损害；肺中布满小的灰白色结节，有弥漫性肺炎及灶性坏死；肝肿大，呈黄色，整个实质有很多白色结节和小的坏死灶；淋巴结通常因严重水肿而增大，特别是腘淋巴结和腹股沟淋巴结肿大并变硬；睾丸、卵巢、子宫布满白色结节，睾丸显著水肿和坏死，肾上腺、甲状腺、胸腺均有坏死灶。

（五）诊断要点

根据临床症状眼炎，皮肤出现红斑、丘疹及特征性的病理变化，如内脏器官发生结节性坏死、出血等可做出现场诊断，确诊需要进行实验室诊断。

1. 实验室诊断取材 取肝、脾、肾、淋巴结、心肌、肺、睾丸、子宫病料和呼吸道分泌物，以及水肿液等作为病毒检验材料。鸡胚绒毛尿囊膜的痘疱病灶或细胞培养物亦可作为被检材料。可通过包涵体检验、鸡胚接种、细胞培养、动物接种、红细胞凝集反应、血清中和试验、血清保护试验、琼脂扩散试验、红细胞凝集抑制试验等方法确诊。

2. 实验室诊断技术

（1）包涵体检验：将病料组织、绒毛尿囊膜、细胞培养物做触片、涂片，用姬姆萨染色，可见细胞浆包涵体呈紫色；用维多利亚蓝染色，可见细胞浆包涵体呈蓝色。也可将病变组织、绒毛尿囊膜、细胞培养物做组织切片染色检查包涵体。

（2）鸡胚接种：兔痘病毒容易在40℃孵化的鸡胚绒毛尿囊膜上繁殖，并呈大溃疡、红灰白色痘疱。将被检病料磨细后加入每毫升含有青霉素和链霉素各1 000单位的生理盐水，作1∶10稀释，经3 000转/分离心10分钟，取上清液作为接种材料，接种于10～12日龄鸡胚的绒毛尿囊膜，每胚0.2毫升，经39～40℃孵育，每天观察3次。一般于72小时左右病毒在绒毛尿囊膜上开始产生小痘疱样病灶，4～6天痘疱样病灶明显，并发生死亡。

（3）细胞培养：兔痘病毒能在兔肾、睾丸和兔胚单层细胞内繁殖和出现细胞病变和空斑。也能在鼠肾、鼠胚以及其他哺乳动物肾单层细胞及传代细胞株内繁殖和出现病变及空斑。在有病变的细胞浆内发现有包涵体形成。

（4）动物接种：被检材料同鸡胚细胞接种处理方法。易感兔皮肤划痕接种，或每只兔皮下注射0.5～1.0毫升，或每只兔滴鼻感染0.2～0.5毫升。一般在感染后的5天左右开始发病，症状和病变与自然病例相同。

（六）鉴别诊断

本病应与兔传染性黏液瘤病和兔纤维瘤病进行鉴别。

1. 与兔传染性黏液瘤病鉴别诊断　兔痘是以皮肤丘疹、坏死、出血和内脏器官有灰白色的小结节病灶等为特征的一种疾病。而兔传染性黏液瘤病是以眼睑、颜面部、耳朵及其他部位皮下和天然孔周围皮下发生黏液瘤性肿胀。

2. 与兔纤维瘤病鉴别诊断　兔纤维瘤病是一种良性肿瘤性传染病，只引起局部肿瘤病变，皮肤不出现丘疹、坏死、出血和内脏器官灰白色小结节病灶。

（七）防制措施

目前对兔痘的防治尚无疫苗可用，一般采取对症治疗为主。经自然感染或人工感染后可产生较好的免疫力。也可用牛痘疫苗做皮内划痕接种，可产生一定的免疫力。因此在疫情严重的地区和兔群，可以试用牛痘疫苗接种，可使家兔产生对兔痘的部分免疫力。

对兔痘的预防一般还是以加强饲养管理和严格执行卫生消毒措施为主。引种或购入新兔，严格检疫，隔离观察，防止病兔混入兔群，以免发生疫情。

发生疫情后，立即采取措施隔离消毒，扑杀病兔，病死兔尸深埋或焚烧。

目前尚无特效药，常采取对症治疗的措施。发生兔痘病后，局部可用0.1%高锰酸钾溶液洗涤，擦干后涂抹紫药水或碘甘油。全身应用抗生素预防继发感染，如硫酸庆大霉素、盐酸强力霉素、氟喹诺酮类广谱抗生素等。

第二节　细菌性传染病

一、巴氏杆菌病

兔巴氏杆菌病是由多杀性巴氏杆菌引起的一种急性、热性传染病，也是多种兔病的总称，以败血症和出血性炎症为主要特征，又称兔出血性败血症。家兔对多杀性巴氏杆菌十分敏感，常常引起大批发病和死亡，造成很大的损失。由于巴氏杆菌的毒力、感染途径以及病程长短不同，其临床症状和病理变化也不相同。主要有以下几种：鼻炎型、肺炎型、败血症型、中耳炎型、结膜炎型、脓肿、子宫炎及睾丸炎型。据资料统计，巴氏杆菌病是引起60～180日龄兔死亡的主要原因。

（一）病原

本病的病原为多杀性巴氏杆菌，革兰氏阴性、两端钝圆、卵圆形、无芽孢的短杆菌，无鞭毛，强毒株具有荚膜，大小为（1～1.5）微米×（0.25～0.5）微米。组织病料涂片，经姬姆萨或瑞特斯法染色，菌体两极着色较深。多杀性巴氏杆菌需氧或兼性厌氧，最适生长温度为37℃，最适pH值为7.2～7.4。对营养要求严格，在加有血清或血液的培养基上生长良好。在血清琼脂培养基上生长出光滑、湿润、水滴样、边缘整齐、淡灰白小菌落，折光时呈现蓝绿色或橘红色荧光。通常能分离到A型和D型，主要是5∶A和7∶A血清型。兔、禽巴氏杆菌对兔也有很强的毒力。本菌对外界环境的抵抗力不强，在直射阳光和干燥情况下迅速死亡。加热60℃ 10分钟即死亡。对常用消毒剂敏感。

（二）流行病学

多数家兔上呼吸道黏膜和扁桃体带有巴氏杆菌，但无症状。当各种因素（气温突变、饲养管理不良、长途运输、其他疾病等应激情况下）使兔体抵抗力降低时，体内的巴氏杆菌大量繁殖，其毒力增强，从而引起发病。本病一年四季均可发生，但春秋两季及多雨闷热潮湿的季节较为多见，呈散发或地方性流行，病兔和带菌兔是主要的传染源，呼吸道和消化道是主要的传播途径，也可经皮肤黏膜的破损伤口感染。潜伏期长短不一，一般从几小时到5天或更长。

（三）临床症状

1. 鼻炎型 是常见的一种病型，在兔群中常呈慢流行，病程可达数月或更长。主要为呼吸道炎症。发病初期病兔流出浆液性鼻液，而后转为黏液性及黏脓性鼻液；病兔打喷嚏、咳嗽，常用前爪抓搔鼻部，鼻孔周围皮毛潮湿、缠结或脱毛（图 8.11）；上唇及鼻孔红肿、发炎；而后一段时间，鼻液变得更多、更稠，鼻孔被堵塞而使呼吸困难，发生喘气或打鼾声。

2. 肺炎型　打喷嚏、咳嗽、食欲不振和精神沉郁。体温升高的病兔，有时还出现腹泻和关节肿胀等症状，最后以菌血症死亡。严重的病兔肺实质病变较严重，但可能没有呼吸困难的表现，发病和死亡的时间间隔很短，发现时已经死亡。

3. 败血症型　最急性的病兔，未见有临床症状就突然死亡。生产中以鼻炎和肺炎混合发生的败血症最为多见，病兔可表现为精神萎靡不振，食欲减退但没有废绝，呼吸急促，体温升高，鼻腔流出浆液性、黏液性或脓性鼻液，有时见腹泻、关节肿胀、眼结膜发炎。临死前体温下降，四肢抽搐，有时会有短暂的游泳样症状，病程数小时至 3 天（临床症状和剖检变化与兔病毒性出血症有许多相似处，注意区别）。

4. 中耳炎型　单纯的中耳炎常不表现临床症状，有的病兔因感染扩散到内耳或脑部而发生斜颈，故又称斜颈病，出现头颈歪斜（图 8.12）。但斜颈的程度也不一致，严重的病例，病兔吃食和饮水较困难，兔向着头倾斜的方向翻滚，一直倾斜到抵住圈栏为止，有的鼓室流出白色渗出物。如果感染扩散到脑膜和脑组织，就可能出现运动失调和其他神经症状。

5. 结膜炎型　主要发生于未断奶的仔兔及少数老年兔。临床症状主要是流泪，出现明显的泪痕，眼睑肿胀，结膜发红（图 8.13），初期有多量黏性分泌物，后期变为脓性分泌物，常将上下眼睑粘住，慢性者经常流泪，有的导致眼球化脓，有的导致面部脓肿。

6. 脓肿、子宫炎及睾丸炎型　脓肿可以发生在身体各处。肿胀部位前期有红、肿、热、痛症状。后期则形成脓疱、破溃。母兔阴道流出浆性、黏性或黏液脓性分泌物，公兔可见一侧或两侧睾丸肿大坚实，或形成脓肿，配种时受胎率低。

（四）病理变化

1. 败血型　急性的主要表现全身性出血、充血和坏死；鼻黏膜充血并附有黏稠分泌物；喉与气管黏膜充血、出血，其管腔中有红色泡沫；肺严重充血、出血、水肿；心内、外膜有出血斑点；肝肿大、瘀血、变性，并常有许多坏死小点；脾、淋巴结肿大、出血；肠黏膜充血、出血；胸、腹腔有较多淡黄色积液。亚急性的可表现肺炎和胸膜炎病变，肺充血、出血甚至有脓肿形成；胸腔积液，胸膜和肺常有纤维素性渗出物附着；淋巴结肿大、颜色变红。

2. 肺炎型 病变的性质为纤维素性化脓性胸膜肺炎，眼观可见病变多位于尖叶、心叶和膈叶前下部，包括实变、膨胀不全、脓肿和灰白色小结节病灶（图8.14、图8.15），肺胸膜与心包胸膜常有纤维素附着。

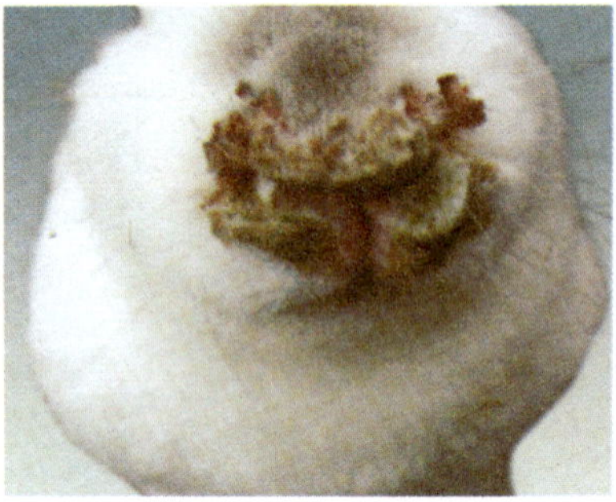

图8.11 分泌物干涸，污染鼻孔周围被毛

图8.12 中耳炎，病兔头颈歪斜

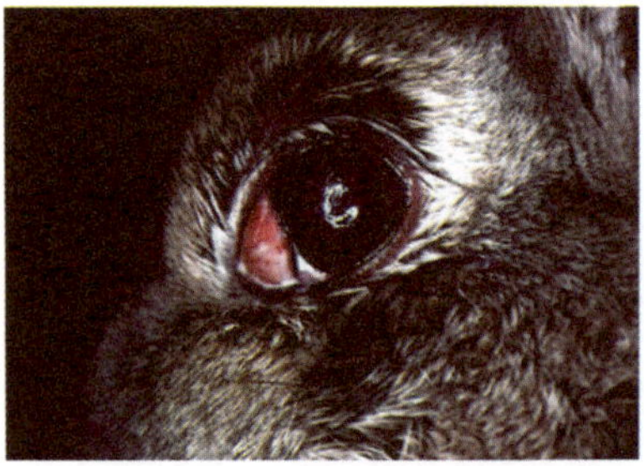

图8.13 病兔眼结膜发炎

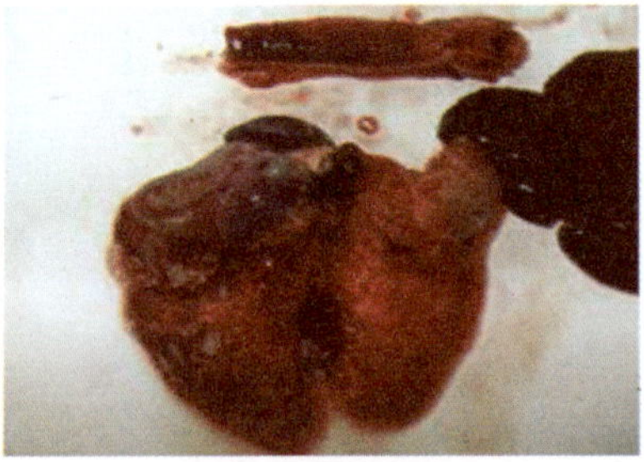

图8.14 肺出血，有脓肿和灰白色结节病灶

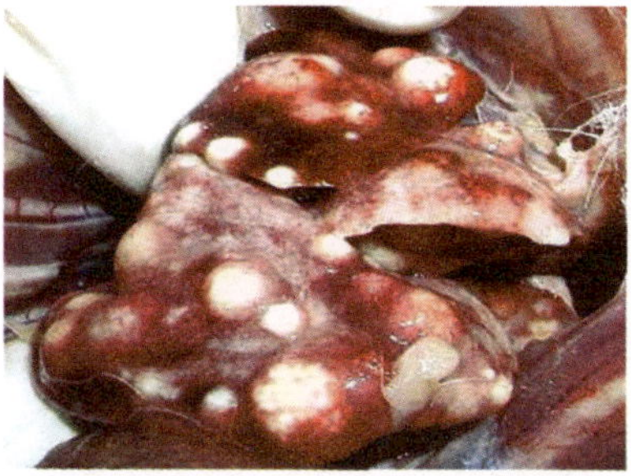
图 8.15 肺表面有大小不等的脓肿

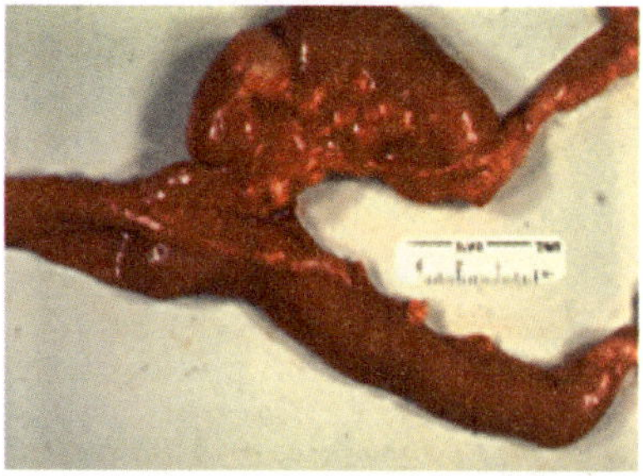
图 8.16 病兔子宫肿大，积脓

3. 鼻炎型 剖检可见鼻黏膜潮红、肿胀或增厚，有时发生糜烂，黏膜表面附有浆液性、黏液性或脓性分泌物。副鼻窦黏膜也充血、红肿，窦内有分泌物积聚。

4. 中耳炎型 剖检可见化脓性鼓室内膜炎和鼓膜炎。一侧或两侧鼓室内有白色奶油状渗出物，时间长的则会结痂；病初鼓膜和鼓室内壁变红。有的鼓膜破裂，脓性渗出物流出外耳道。如炎症由中耳、内耳蔓延至脑部，则可见化脓性脑膜脑炎变化。

5. 脓肿 全身各部皮下、内脏器官有脓肿。子宫内膜炎，一侧或两侧子宫扩张（图 8.16），子宫壁变薄，呈淡黄褐色，子宫内充满黏稠的奶油样脓性渗出物，常黏附于子宫内膜上。

（五）诊断要点

根据该病的流行特点、临床症状、病理剖检可做出初步诊断，确诊则应进行实验室检查。

1. 细菌学检查

（1）涂片检查：对全身性败血症的病例可从心、血、肝、脾或体腔渗出物取病料做菌检。其他病型可分别从病变部位、渗出物或分泌物中做菌检。病料可做抹片或触片，经美蓝或瑞氏染色，在显微镜下能观察到多量两端钝圆，呈两极着色的短小杆菌，即可确诊。

（2）细菌分离培养：将病料接种于血液琼脂培养基，37℃培养 24 小时，见有细小、湿润、圆形、微隆起的露珠状菌落，折光时呈现蓝绿色或橘红色荧光。在普通琼脂平板上形成细小透明露滴状菌落。在麦康凯培养基上不能生长。

2. 血清学试验 检查被检兔的血清是否呈阳性，可用试管法、玻片法、琼脂扩散法，也可用间接荧光抗体法。

3. 动物接种实验 取器官组织剪块，用无菌生理盐水做成1∶5的乳液，吸取上清液0.2毫升，腹腔接种于小白鼠，于18～24小时死亡。再取心、肝等实质器官做涂片镜检，则进一步证实是巴氏杆菌。

（六）鉴别诊断

兔巴氏杆菌病与兔病毒性出血症的临床症状和剖检变化有许多相似处，主要区别点是：

（1）兔巴氏杆菌病类型多，多在应激情况下暴发，仔、幼兔受害较大；兔病毒性出血症病程急，死亡快，主要危害青壮年兔。

（2）气管、支气管和肺均出现出血点和出血斑，但兔病毒性出血症肺无化脓性病变，胸膜无乳白色纤维样物附着。

（3）兔巴氏杆菌病肝表面无淡黄条纹，但有针尖大小的灰白色结节，肾病变不明显，脾不呈蓝紫色；兔病毒性出血症的肝出血点明显，表面呈现淡黄色或灰白色条纹，肾呈花斑肾，脾呈蓝紫色。

（七）防制措施

1. 预防 根据本病的发病原因、流行病学，采取综合预防措施。

（1）加强饲养管理，减少应激因素，注意舍内通风和饮水清洁，经常清扫，保持兔舍清洁干燥，定期消毒。

（2）定期接种疫苗。皮下注射兔巴氏杆菌氢氧化铝菌苗或禽巴氏杆菌菌苗，或兔病毒性出血症、兔巴氏杆菌病二联苗2毫升/兔，每4～5个月免疫一次。

（3）一旦发现病兔，应立即隔离治疗，大剂量紧急接种兔巴氏杆菌氢氧化铝菌苗，兔舍用具充分消毒，饮用葡萄糖盐水。死兔深埋或焚烧，防止病菌的散播。

2. 治疗 选用对本病有效的抗菌药和中草药。

（1）每兔10万～20万单位链霉素、5万～10万单位青霉素，混合，一次肌内注射，1天2次，连用3天。

（2）庆大霉素每兔4万单位，一次肌内注射，1天2次，连用3

天。

(3) 优良种兔可用抗巴氏杆菌高免单价或多价血清，按3~5毫升/千克皮下注射，8~10小时后再重复一次。该血清也可用于预防。

(4) 黄连、黄芪各3克，黄柏6克，水煎服。或用金银花9克、野菊花适量，水煎服。

(5) 鱼腥草10克，金银花10克，菊花3克，栀子3克，大青叶5克，水煎拌料，每天2次，连用5天。

二、魏氏梭菌病

兔魏氏梭菌病又称魏氏梭菌性肠炎，是由A型魏氏梭菌及其外毒素引起的一种死亡率极高的急性胃肠道疾病。以泻出大量黑色水样粪便或带血的胶冻样粪便，盲肠浆膜有出血斑和胃黏膜出血、溃疡为主要特征，发病率和死亡率均较高，如不及时诊治，会造成大批死亡，是危害养兔业的主要疾病之一。

（一）病原

魏氏梭菌即产气荚膜杆菌，一般可分为A、B、C、D、E、F六型。兔的魏氏梭菌病主要由A型引起，少数为E型。A型魏氏梭菌为革兰氏阳性大杆菌，两端稍钝圆，无鞭毛，有荚膜，能形成芽孢，芽孢位于菌体中央或近端，比菌体明显膨大，大小为（1~1.5）微米×（4~8）微米，一般单个或成双存在。在血液琼脂平板上培养的菌落周围有双层溶血环，内层完全溶血，外层不完全溶血，好似靶状。本菌为厌氧菌，可产生多种毒素。能发酵葡萄糖、麦芽糖、乳糖及蔗糖，产酸产气，液化明胶，不产生靛基质，还原硝酸盐为亚硝酸盐。一般消毒药均能杀死本菌的繁殖体，但芽孢的抵抗力较强。95℃需2.5小时才能杀死，必须用强力消毒药如20%漂白粉、3%~5%氢氧化钠进行环境消毒。

（二）流行病学

本病的主要传染源是病兔。魏氏梭菌广泛存在于土壤、粪便和消化道中，寒冷、饲养不当特别是当饲喂过多精料时可诱发本病。消化道是主要传播途径。各品种、年龄和性别的兔皆可感染，尤以幼兔和青年兔发病率较高。其中，膘情好、食欲旺盛的兔以及纯种毛兔和皮兔更易感染。本病一年四季均可发生，以冬、春季节最为常见。兔舍卫生条件不良、过热、拥挤，以及使用磺胺药物均可诱发本病。

（三）临床症状

病兔精神沉郁，食欲废绝，急性下痢，粪便带血或呈黑色胶冻状，有腥臭味。肛门周围、后肢及尾部被毛潮湿，并沾有稀粪（图 8.17）。兔体严重脱水、消瘦，多在出现症状后 12～48 小时死亡，少数病兔可拖至 7 天或更长时间，最终死亡。病兔体温通常不高。养兔生产中发现成年兔第一天精神良好，食欲正常，晚上供给的饲料能吃干净，但拉出的粪便像稀牛粪（图 8.18），第二天早上喂食时发现兔已死在笼内。剖检发现盲肠内容物排空，盲肠壁浆膜下呈严重出血斑。

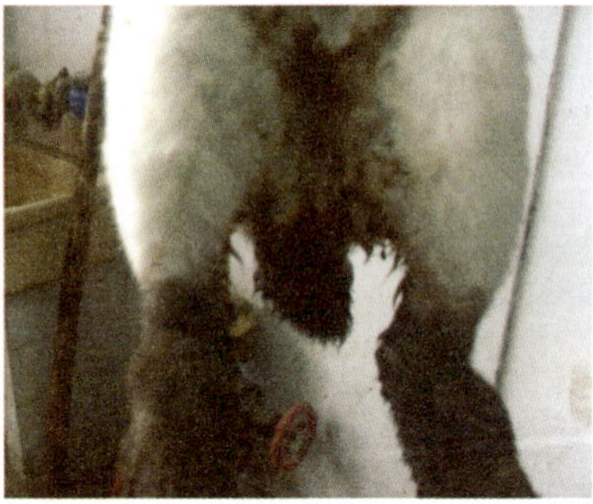

图 8.17　病兔后躯被稀粪污染

图 8.18　粪便像一大堆稀牛粪

（四）病理变化

病死兔腹腔散发特殊的腥臭味。胃膨胀，胃内充满未消化的饲料和气体，胃黏膜脱落尤其胃底部黏膜严重脱落，有大小不等的出血点和黑色溃疡斑点（图 8.19）。脾萎缩呈深褐色，肝脏肿大、质地变脆、充血，有散在的出血斑点。心脏表面血管扩张，呈树枝状，心内、外膜有出血斑点。小肠内充满气体和稀薄胶冻样内容物，肠壁薄而透明。盲肠内充满气体和黑绿色水样粪便，有的完全排空，浆膜及黏膜有弥漫性充血和出血斑（图 8.20），肠系膜淋巴结充血、水肿。膀胱充满茶色尿液。

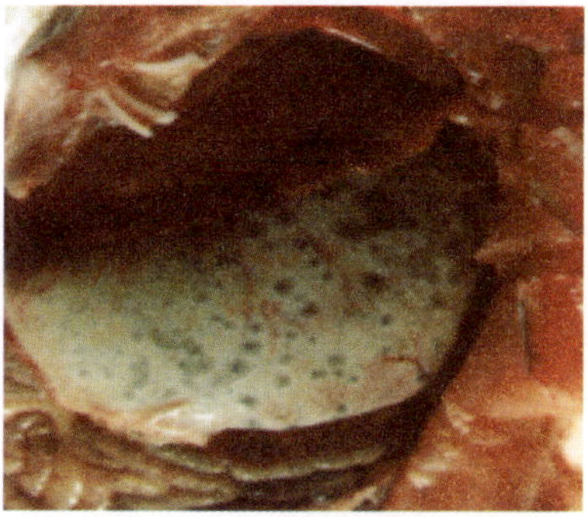

图 8.19　胃黏膜溃疡病灶

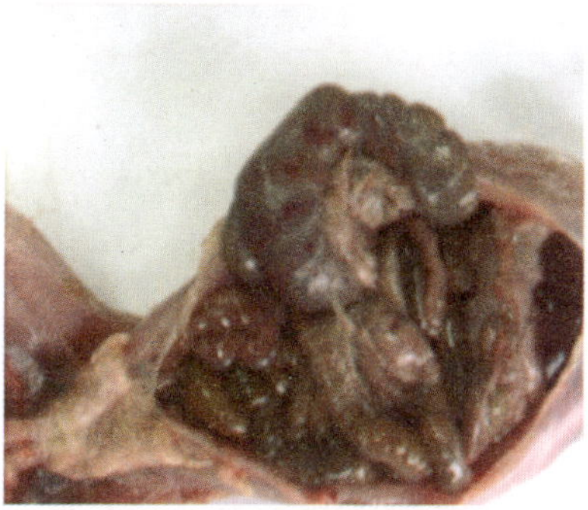

图 8.20　盲肠浆膜下出血斑

（五）诊断要点

根据临床症状、病理变化和流行特点可做出初步诊断。确诊需用肠内容物制成抹片进行革兰氏染色镜检或用肠内容物上清液注射兔或小鼠，检查有无外毒素。

（六）防制措施

1. 预防

（1）平时加强饲养管理，搞好环境卫生，少喂高蛋白饲料，兔舍内避免拥挤，注意灭鼠灭蝇。

（2）严禁引进病兔。发生疫情后，立即隔离或淘汰病兔。兔笼、兔舍用 5% 热碱水消毒，病兔分泌物、排泄物等一律焚烧深埋。

（3）及时进行预防接种。繁殖母兔于春、秋季各注射 1 次 A 型魏氏梭菌氢氧化铝灭活苗，仔兔断奶后立即注射疫苗。

2. 治疗　兔群一旦发生此病，应采取综合治疗措施，方可收到良好效果。

（1）紧急接种疫苗，每兔皮下注射 5 毫升。

（2）对兔场、兔舍、兔笼彻底打扫卫生，连续消毒 5 天。

（3）饲料中添加清温败毒散和适量食母生或胃蛋白酶，连续饲喂 5 天；饮用葡萄糖盐水中添加适量乳酸环丙沙星或恩诺沙星，连续饮水 5 天。

三、大肠杆菌病

兔大肠杆菌病又称黏液性肠炎，是由不同血清型的致病性大肠杆菌及其毒素引起的一种急性、暴发性、死亡率极高的仔幼兔肠道传染病。临床以腹泻为主要特征。

（一）病原

大肠杆菌属于肠杆菌科中的大肠埃希菌属，革兰氏阴性、无芽孢、有鞭毛的短小杆菌，大小为（1～3）微米×（0.4～0.7）微米。该菌血清型较多，引起兔发病的大肠杆菌，主要有30多个血清型。大肠埃希菌为需氧或兼性厌氧菌，最适生长温度为37℃，pH值为7.2～7.4。该菌对营养要求不严格，在普通培养基上生长良好。在普通肉汤中生长呈均匀混浊，能形成浅灰色黏液状沉淀。在普通琼脂培养基上生长，形成光滑、湿润、乳白色、边缘整齐、隆起的中等大菌落。某些致病性菌株在血液琼脂培养基上能产生β型溶血环。在麦康凯琼脂平板上生长形成有黏性的红色菌落；在伊红美蓝琼脂平板上生长，由于发酵乳糖产酸，使伊红和美蓝结合，形成紫黑色带金属光泽的菌落。在SS琼脂平板上一般不生长或生长较差，生长者呈红色。本菌在潮湿、阴暗、温暖的外界环境中存活时间不超过一个月，在寒冷、干燥的环境中存活较久。50℃加热30分钟或60℃加热15分钟可使其死亡。常用消毒药均易杀死本菌，但各地分离的大肠杆菌对抗菌药物的敏感性差异很大，容易产生抗药性。

（二）流行病学

大肠杆菌在自然界分布很广，又是兔肠道内的常在菌，在正常情况下不引起发病，当兔舍环境卫生条件差时，病原菌大量繁殖（条件致病菌），此时常因饲养管理不善或气候环境突变等各种应激因素作用导致兔肠道菌群紊乱，机体抵抗力降低而引起发病。病兔体内排出的大肠杆菌污染了饲料、饮水等又经消化道感染健康兔，可引起流行，造成大批死亡。该病一年四季均可发生。各种年龄和性别的兔均有易感性，尤其以20日龄及断乳前后即1～4月龄的仔兔和幼兔最易感，发病率、死亡率都较高。成年兔发病率较低，群养兔的发病率明显高于笼养兔，高产毛用兔的发病率高于皮肉兔。本病常与球虫病混合感染，此时下痢更为严重，病死率也高。第一胎仔兔的发病率和死亡率高于其他胎次的仔兔。

（三）临床症状

兔感染大肠杆菌在临床上主要表现为腹泻，分最急性型、急性型和亚急性型三种病型。最急性型常未见明显症状即突发死亡。急性型病程短，常在1～2天死亡。亚急性型一般经过7～8天死亡。发病初期病兔体温正常或稍低，精神不振、食欲减退、被毛粗乱、腹部膨胀，常常有大量明胶样黏液排出（图8.21）。有的病兔发病初期排出细小、呈串、外包有透明胶冻样黏液的粪便或呈两头尖的干粪，稍后出现剧烈腹泻，排出稀薄的黄色乃至灰褐色、黑色、棕色水样粪便，沾污肛门周围和后肢被毛。有的病兔肛门周围干净，但用手挤压会挤出少量黏液。病兔流涎、磨牙、四肢发凉。由于严重脱水，体重迅速减轻、消瘦，最后发生中毒性休克，很快死亡。

（四）病理变化

腹膜腔内有积水，胃膨大，充满大量液体和气体，胃壁水肿，胃黏膜脱落并有出血点。十二指肠通常充满气体和染有胆汁的黏液。空肠扩张，充满气体及淡黄色胶样液体（图8.22）。回肠内容物呈胶样，结肠扩张，有透明样黏液。盲肠内有少量内容物呈水样并有气体（图8.23），结肠和直肠常充满胶冻样黏液（图8.24）。粪球细长，两头尖，外面包有黏液，也有的包有一层灰白胶冻样分泌物。病程长者可见结肠和盲肠的浆膜和黏膜充血，或有出血点（斑）。肝呈铜绿色或暗褐色，胆囊扩张，黏膜水肿。有些病例的心脏和肝局部有针尖样坏死病灶。肾肿大，呈暗褐色或土黄色，表面和切面有大量出血点。膀胱内因充满尿液而极度膨大。肺充血或出血。

（五）诊断要点

1. 现场诊断 根据流行特点、临床症状及病理变化可做出现场诊断。

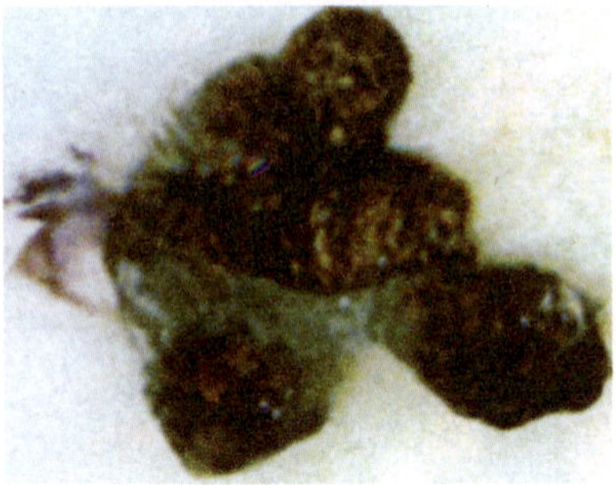

图 8.21　黏液性粪球外附着透明黏液

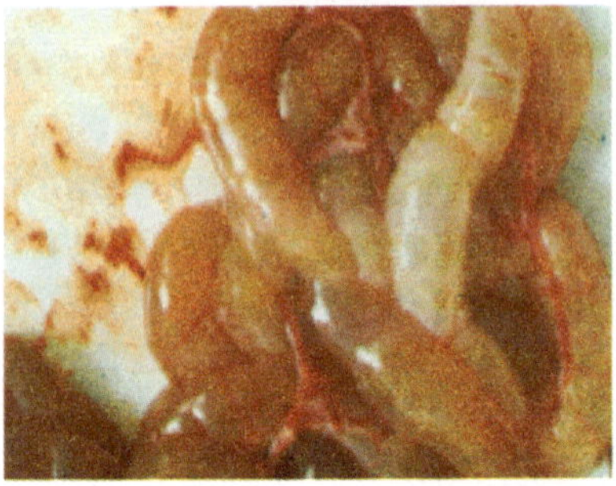

图 8.22　空肠内充满气体及淡黄色透明液体

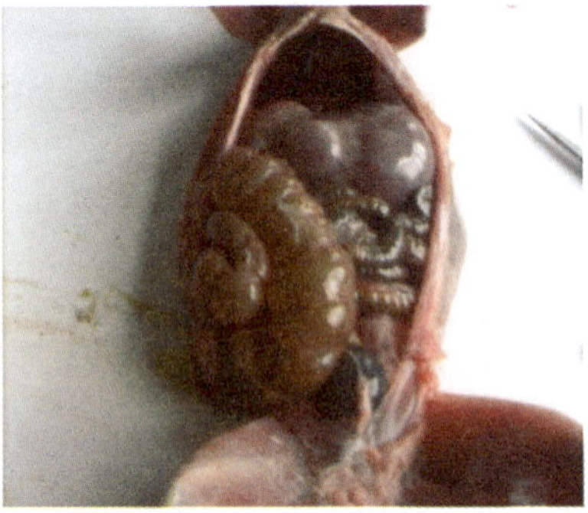

图 8.23　盲肠充气，有少量水样内容物

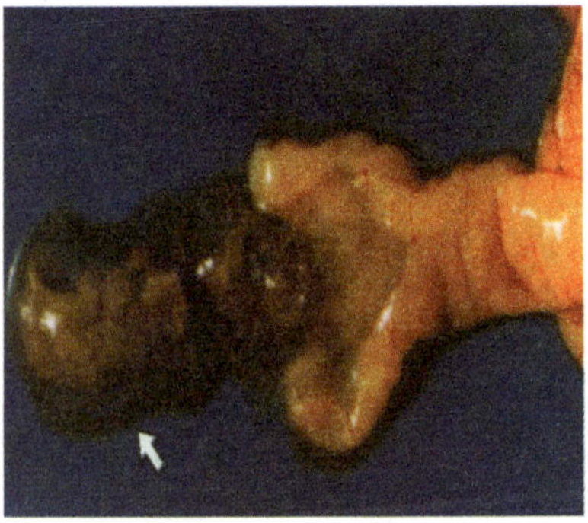

图 8.24　结肠有大量胶样物，粪便被胶样物包裹

2. 实验室诊断　确诊需进行病原学检查和血清学试验。

（1）病原学检查：采取病、死兔的心、血、肝、脾、肠内容物等，涂片、染色后直接镜检，观察是否有大肠杆菌。可用麦康凯培养基从结肠和盲肠内容物中分离、纯化大肠杆菌，进行生化鉴定、动物试验，必要时可做血清分型鉴定。

（2）血清学试验：可用凝集试验、酶联免疫吸附试验等方法进行诊断。

（六）防制措施

1. 预防

（1）加强饲养管理，搞好兔舍卫生，兔舍和笼具定期消毒，注意通风换气，尽量保持室内清洁干燥和空气新鲜。

（2）常发生本病的兔场，可用从本场病兔中分离出的大肠杆菌制成灭活疫苗，每年进行2~3次预防接种，有一定疗效。

（3）减少应激因素，特别是在断奶前后不能突然改变饲料，以免引起仔兔肠道菌群紊乱。

（4）注意哺乳母兔乳房的清洁卫生，定期用0.1%的高锰酸钾溶液清洗乳头，以免仔兔吃乳时感染大肠杆菌。

（5）刚断奶的仔兔不宜饲喂过饱，并定期投放抗菌药，一旦发现病兔，应立即隔离治疗或淘汰，死兔应焚烧深埋。

2. 治疗　兔群发生大肠杆菌病时，淘汰病兔，防治大群兔，必须采取综合防制措施，方可收到良好效果。

（1）紧急接种疫苗，每兔皮下注射3~5毫升。

（2）对兔场、兔舍、兔笼彻底打扫卫生，连续消毒5天。

（3）饲料中添加清温败毒散和适量食母生或胃蛋白酶，连续饲喂5天；饮用葡萄糖盐水中添加适量乳酸环丙沙星或恩诺沙星，连续饮水5天。

（4）中药治疗。①口服大蒜酊，2~3毫升/只，每天2次，连用3天。②穿心莲6克，金银花6克，香附6克，水煎服，每天2次，连用7天。③丹参、金银花、连翘各10克，加水1 000毫升，煎至300毫升，口服，每天2次，每次3~4毫升，连用3~4天。④郁金45克，双花45克，连翘45克，大黄50克，栀子20克，诃子35克，黄连20克，白芍20克，黄芩20克，黄柏20克，水煎服，每兔2~4毫升，连用3天。

四、葡萄球菌病

葡萄球菌病是由溶血性金黄色葡萄球菌引起的兔的一种常见传染病。其特征是致死性败血症和各器官的化脓性炎症。当发生菌血症时，可引起败血症，并可转移至内脏，引起脓毒血症；成年兔和大体型兔易引起脚皮炎；繁殖母兔引起乳房炎和外生殖器炎症；初生兔引起仔兔黄尿病。这些疾病的发展取决于病变过程的局限化和家兔的年龄。

（一）病原

本病病原是金黄色葡萄球菌，为革兰氏阳性球菌，具有溶血性，广泛分布于自然界，如饮水、土壤、灰尘、物体表面，在动物的皮肤、黏膜、肠道、扁桃体和乳房等处常有该菌寄生。该菌对外界环境的抵抗力较强，但对龙胆紫、结晶紫很敏感。金黄色葡萄球菌能产生效价很高的凝固酶、溶血素、杀白细胞素等有毒物质，对家兔的致病力特别强。葡萄球菌能从原发病灶进入血流，在急性败血症的情况下，还能在血流内繁殖，并进入其他部位。

（二）流行病学

各种动物对本病都有易感性，但家兔最敏感，各年龄段的兔都可感染，长毛兔、成年肉兔和皮兔多见，在抵抗力降低时更易发病。本菌可通过各种途径感染，常经皮肤、伤口感染，也可通过呼吸道、消化道等途径感染，哺乳母兔的乳头是本菌进入机体的重要门户。

（三）临床症状

葡萄球菌感染的潜伏期为 2 ~5 天。由于兔的年龄、抵抗力、病原侵入的部位和在体内继续扩散的情况不同，常表现以下几种病型。

1. 转移性脓毒败血症　在头、颈、背、腿等部位的皮下或肌肉、内脏器官形成一个或几个脓肿。一般脓肿常被结缔组织包围起来形成囊状，手摸时感到柔软而有弹性。脓肿的大小不一，一般有豌豆至鸡蛋大。患有皮下脓肿的病兔，一般精神和食欲不受影响。皮下脓肿经 1 ~2 个月后可自行破裂，流出浓稠、乳白色或乳油样的脓液。由伤口流出的脓液污染并刺激皮肤，引起家兔瘙痒而损伤皮肤，脓液中的葡萄球菌又进入抓伤处，或通过血流转移到别的部位形成新的脓肿，甚至发生全身性感染，呈现脓毒血症，病兔迅速死亡。

2. 脓肿　可发生于全身各组织器官。原发性脓肿常位于皮下或某一脏器，病变初期红肿、硬实，后形成脓肿，大小不一，数量不等。皮下脓肿经 1～2 个月可自行破溃，流出乳白色、油状、黏稠、无味的脓汁，破口经久不愈合。当脏器或浆膜脓肿破裂时则引起胸腔或腹腔积脓；有时引起全身性感染即脓毒败血症，病兔很快死亡。

3. 仔兔脓毒败血症　多因脐带感染所致。仔兔出生后 2～3 天，在多处皮肤，尤其以腹部、胸部、颈、颌和腿部内侧的皮肤出现粟粒大白色脓疱，多数在 2～5 天因败血症死亡，个别病例可自行痊愈。

4. 乳房炎　常见于母兔分娩后的头几天，往往因乳头和乳房皮肤损伤而感染。急性乳房炎时病兔体温升高，精神沉郁，食欲不振，乳房肿胀呈紫红色或蓝紫色；乳汁中有脓液、凝乳块或血液。慢性乳房炎时乳头或乳房实质形成大小不一、界线明显的硬块（图 8.25），以后软化变为脓肿。

5. 仔兔黄尿病　多因仔兔吃了患乳房炎母兔的乳汁所致。一般全窝发生，病兔肛门周围及后肢被稀粪污染而有腥臭味（图 8.26），病兔昏睡，体弱发软，病后 2～3 天死亡，死亡率很高。

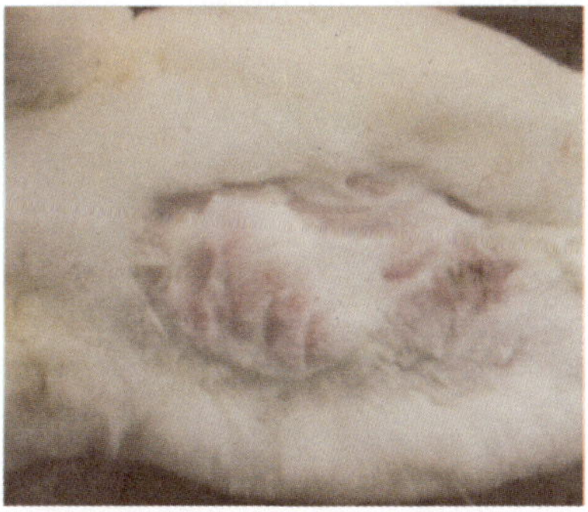

图 8.25　乳头周围发生肿块

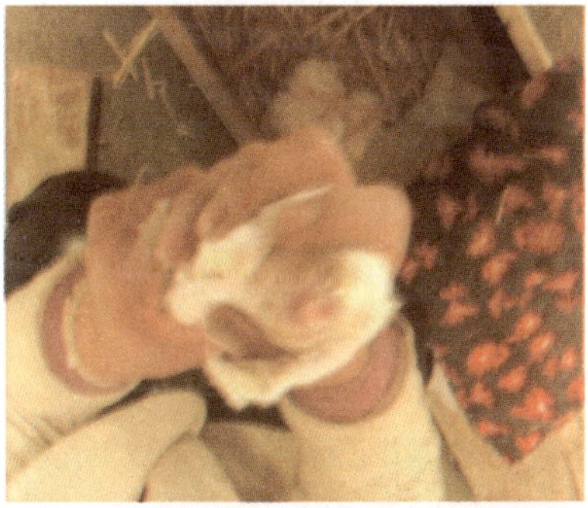

图 8.26　仔兔肛门周围被毛被黄尿污染

6. 脚皮炎　常见于前、后脚掌下皮肤，前脚掌发病轻。初期充血、肿胀、脱毛，继而化脓，破溃并形成经久不愈的易出血的溃疡。病兔不愿走动，食欲减退，消瘦。有时转化为全身败血症而死亡。

7. 外生殖器炎　繁殖母兔多见。主要表现为阴门周围和阴道溃烂，或有大小不一的脓肿，可从阴道内流出或挤出黄白色脓性分泌物或脓液，孕兔感染后常发生流产。公兔主要是发生在包皮上的小脓肿、溃烂或结棕色痂皮。

8. 鼻炎 病兔常打喷嚏，鼻中流出大量浆液性或黏脓性分泌物，并在鼻孔周围结成痂；严重时发生呼吸困难，病兔常用前爪抓鼻，使鼻部周围被毛脱落。常并发或继发肺脓肿、肺炎和胸膜炎。

（四）病理变化

1. 转移性脓毒败血症 病兔和死兔的皮下、肌肉及心、肺、肝、脾等内脏器官，以及睾丸、附睾和关节有脓肿。在多数情况下，内脏脓肿常由结缔组织构成包膜（图8.27、图8.28）。皮肤脓肿常形成结节，结节内脓汁呈乳白色乳油状（图8.29、图8.30）。有些病例引起骨膜炎、脊髓炎、心包炎和胸腹膜炎等。此外，还可引起胆囊脓肿、胃外脓疱等。

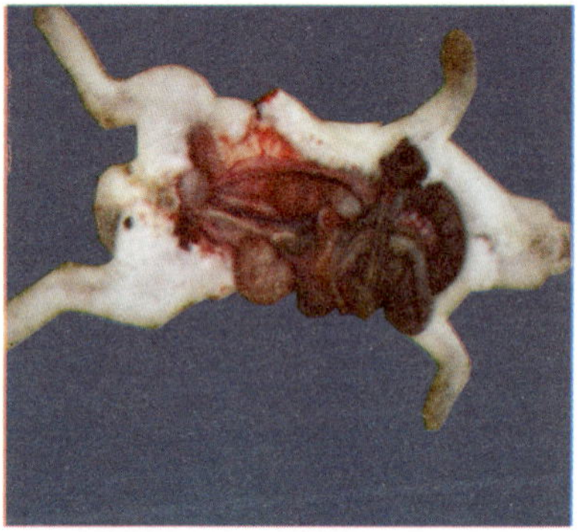

图8.27 肾脓肿严重

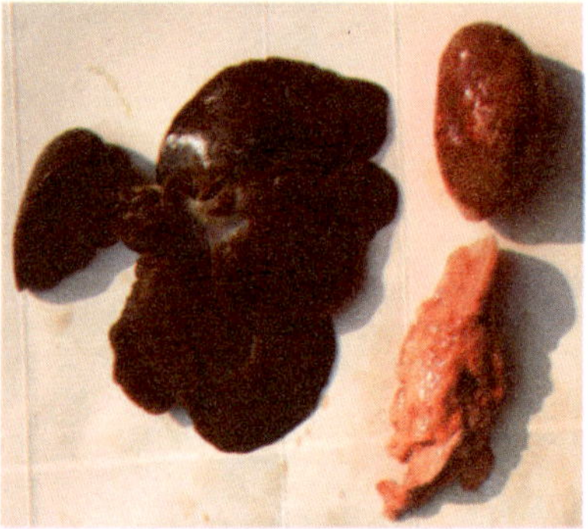

图8.28 肝、肾脓肿

图8.29 皮肤化脓结节

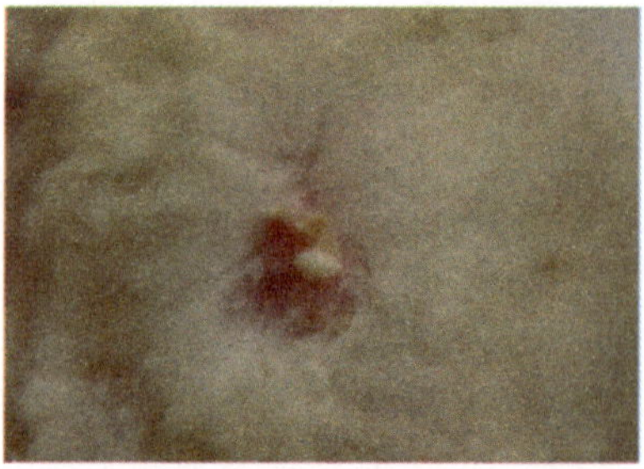

图8.30 皮肤化脓结节内白色脓液

2. 化脓性脚皮炎　患部皮下有较多乳白色乳油样脓液。

3. 乳房炎　病兔全部乳腺呈紫红色结缔组织，质地较硬，无脓性分泌物，乳腺内无乳汁分泌。

4. 外生殖器官炎症　脾脏呈草黄色，质脆；肝脏质脆；膀胱内积有多量的块状脓液，阴道充血并积有白色黏稠的脓液。

5. 仔兔脓毒败血症　患部的皮肤和皮下出现小脓疱为最明显的变化，脓汁呈乳白色乳油状，多数病例的肺和心脏上有很多白色小脓疱。

6. 仔兔黄尿病　病兔肠黏膜（尤其是小肠）充血、出血，肠腔充满黏液。膀胱极度扩张并充盈尿液。

（五）诊断要点

1. 现场诊断　根据病兔不同组织和脏器有数量不等、大小不一的脓肿，脓肿含有浓稠、乳白色的脓汁等可做出初步诊断，确诊则需进一步的实验室检查。

2. 实验室诊断　病料接种于鲜血琼脂平板时，菌落呈金黄色，有溶血环。以该菌培养物给健康兔皮下注射 1 毫升，能引起局部皮肤溃疡与坏死灶。

（1）显微镜检查：无菌采取病兔脓肿内脓液或小肠内容物做涂片，染色镜检可见革兰氏阳性、圆形或卵形葡萄状和短链状的球菌。

（2）细菌分离培养：取待检脓液接种绵羊鲜血琼脂平皿，37℃温箱培养 24 小时，挑取金黄色、具有溶血性的菌落做纯培养，供进一步做生化反应和凝固酶等试验。如病料已被污染，可用却浦曼培养基进行分离培养，致病性葡萄球菌菌落较小，菌落周围培养基为黄色。

（3）生化试验：常用甘露醇发酵试验和凝固酶试验。①甘露醇发酵试验：将分离到的葡萄球菌菌株接种于甘露醇培养基，置 37℃温箱培养 24 小时，致病性葡萄球菌能发酵甘露醇，使培养基变为黄色。②凝固酶试验：致病性葡萄球菌能产生一种凝血浆酶，具有凝固兔和人血浆的特性，是鉴定本菌的方法之一。用 3.8% 灭菌枸橼酸钠液 1 毫升，吸取家兔新鲜血液 9 毫升，混合后离心沉淀，取上层血浆供试验用。玻片法：取清洁玻片一块，用记号笔分成2格，一格加血浆1滴，另一格加生理盐水1滴，然后将待测的24小时细菌纯培养物分别混于血浆和生理盐水中，经1～2分钟观察。如血浆凝固成颗粒状，而生理盐水无凝固现象，即为阳性反应；如两者均不凝固，即为阴性。

（4）动物接种：家兔皮下接种1.0毫升24小时细菌纯培养物，致病性葡萄球菌可引起局部皮肤溃疡坏死。方法是耳外静脉注射0.1～0.5毫升肉汤培养物，致病性葡萄球菌于24～48小时使家兔死亡。剖检可见浆膜出血，肾、心脏、心肌及其他器官组织有大小不一的脓肿病变。

（六）鉴别诊断

致病性葡萄球菌除引起外观可见的皮肤脓性溃疡和不同部位的皮下脓肿外，内脏的病变仅在剖检后才能发现。皮下和肌肉的化脓灶是本病的特征性病变。但是内脏器官（尤其是肺）的化脓灶还可能由多杀性巴氏杆菌、支气管败血波氏杆菌和绿脓假单孢菌所致，故应与兔巴氏杆菌病、兔波氏杆菌病、兔绿脓杆菌病相区别。

1. 与多杀性巴氏杆菌病鉴别诊断 多杀性巴氏杆菌病能引起家兔胸膜炎、胸腔蓄脓和脓肿等病灶。从病灶取脓液进行涂片镜检，可检出多杀性巴氏杆菌。将待检病料接种于鲜血琼脂培养基，多杀性巴氏杆菌呈露珠状、淡灰色、不溶血的菌落；而葡萄球菌则呈稍大、凸起、不透明、周围有溶血圈的金黄色菌落。

2. 与绿脓假单孢菌病鉴别诊断 绿脓假单孢菌感染可引起内脏器官、皮下或肌肉出现脓性病灶，而脓疱膜的颜色和脓液呈黄绿色、蓝绿色或棕色，在普通培养基上的菌落周围也呈上述相同的颜色，脓液涂片镜检可见革兰氏阴性杆菌。

3. 与兔波氏杆菌病鉴别诊断 兔波氏杆菌病是由支气管败血波氏杆菌引起的兔常见的呼吸道传染病。兔波氏杆菌病的自然病例仅能引起肺、肝组织和胸腔的化脓病灶，而极少引起其他器官发生化脓灶，这种化脓灶常由结缔组织形成包囊，独立存在。从病灶中取脓性分泌物做涂片，支气管败血波氏杆菌为革兰氏阴性、多形态小杆菌，纯培养物接种于葡萄糖发酵管为阴性；而葡萄球菌为革兰氏阳性的球菌，葡萄糖发酵管为阳性反应。

（七）防制措施

1. 预防

（1）保持兔笼、产箱与运动场的清洁卫生。清除所有的锋利物品如钉子、铁丝头、木屑尖刺等，以免引起兔的创伤。笼饲不能拥挤，把喜欢咬斗的兔分开饲养。一旦发现皮肤损伤，及时用5%碘酊或5%龙胆紫乙醇涂擦，防止葡萄球菌感染。

（2）观察母兔的泌乳情况，适当调整精料与多汁饲料的比例，防止母兔发生乳房炎。

（3）刚产出的仔兔用3%碘酒、5%龙胆紫乙醇或3%结晶紫、苯酚溶液等涂擦脐带开口部，防止脐带感染。发现皮肤与黏膜外伤时，应及时进行外科处理。

（4）在母兔分娩前3～5天，饲料中添加土霉素粉20～40毫克/千克体重，或磺胺嘧啶0.5克/兔，可预防本病的发生。

（5）对病兔要及时隔离治疗。患病兔场的健康兔可用金黄色葡萄球菌灭活苗，皮下注射2毫升，可预防本病的流行；也可采用药物预防，抗生素和磺胺药如庆大霉素、青霉素、四环素、长效磺胺等都可应用。但要注意，金色葡萄球菌可产生抗药性，有条件时可做抑菌试验，以确定最敏感药物。

2. 治疗　对化脓性创伤、脓肿、皮肤坏死等可施以外科治疗法，患部用3%龙胆紫乙醇或苯酚溶液等涂擦，也可用青霉素软膏、红霉素软膏等药物。全身感染时可用下面的药物治疗：

（1）肌内注射卡那霉素15毫克/千克体重，每天2次，连用4天。

（2）静脉注射红霉素4～8毫克/千克体重，用5%葡萄糖溶液稀释，每天2次。

（3）乳房炎病兔可肌内注射青霉素，每天2次，每次10万单位；严重病兔可用2%普鲁卡因2毫升，青霉素20万单位，加注射用水8毫升，乳房基部分点注射。

（4）仔兔黄尿病，可向口腔内滴注庆大霉素、氯霉素、黄连素等2~3滴，每天2~3次。

五、波氏杆菌病

兔波氏杆菌病又称支气管败血波氏杆菌病，是由支气管败血波氏杆菌引起兔的一种以慢性鼻炎、支气管炎及咽炎为特征的呼吸道疾病。

（一）病原

支气管败血波氏杆菌是一种细小的杆菌，革兰氏染色阴性，α-溶血，有周身鞭毛，能运动，不形成芽孢，多形态，卵圆形至杆状，大小为（0.5~1.0）微米×（1.5~4.0）微米，常呈两极着染。严格需氧菌，在普通琼脂培养基上生长后，形成光滑、湿润、烟灰色、半透明、隆起的中等大菌落。在麦康凯培养基上生长良好，能形成圆形、光滑、突起、不透明的乳白色大菌落。在鲜血培养基上一般不溶血，但有些菌株具有溶血能力。本菌抵抗力不强，一般消毒药均可杀死。

（二）流行病学

本病多发于气候易变化的春秋两季，主要经呼吸道感染。病菌常存在于家兔的呼吸道中，因气候突变、感冒、寄生虫病等因素影响使仔兔感染，或母兔本身患有此病而传染。或其他诱因如灰尘、强烈刺激性气体刺激上呼吸道黏膜时，都易引发此病。鼻炎型常呈地方性流行，而支气管肺炎型多呈散发性。成年兔常为慢性，仔兔与青年兔多为急性。本病也可和巴氏杆菌病或李氏杆菌病并发。

（三）临床症状

1. 鼻炎型 比较常见，呈地方性流行。多数病例鼻腔流出浆液性或黏液性分泌物，通常不变为脓性，发病诱因消除后，症状可很快消失，但常出现鼻中隔萎缩。仔兔多呈急性经过，初期刚见鼻炎症状后，即表现呼吸困难，迅速死亡，病程2~3天。

2. 支气管肺炎型 常见于成年兔，多呈散发性。其特征是病兔鼻炎长期不愈，鼻腔流出多量浆液性、黏液性分泌物，打喷嚏，呼吸加快，食欲不振，逐渐消瘦，一般在几天至数月内死亡。

（四）病理变化

1. 鼻炎型　鼻黏膜潮红，附有浆液性或黏液性分泌物，鼻孔周围被分泌物污染（图 8.31）。

2. 支气管肺炎型　支气管黏膜充血、出血，管腔内有黏液性或脓性分泌物。肺有大小不等、数量不一的脓肿，小如粟粒，大如乒乓球，脓疱内积满黏稠乳白色的脓汁（图 8.32）。有时胸膜及肝、肾、睾丸等有豆状至蚕豆大的脓疱。此外尚可见胸膜炎、心包炎、胸腔积脓和肌肉脓肿。

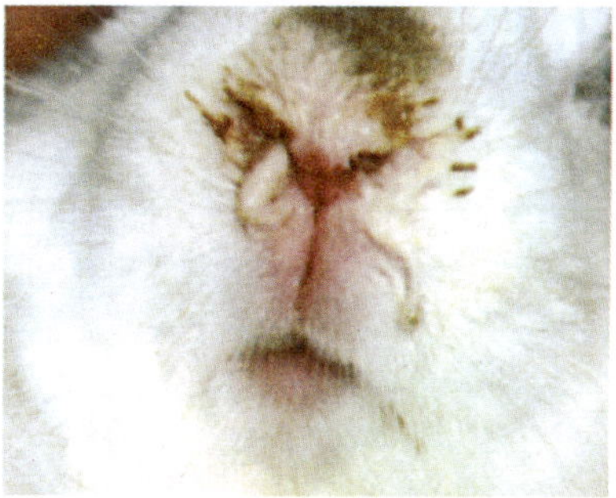

图 8.31　鼻孔周围被鼻液污染

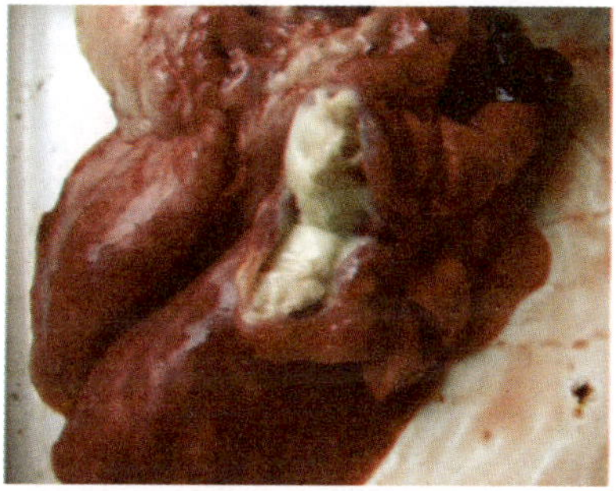

图 8.32　肺脓肿，有乳白色脓汁流出

（五）诊断要点

根据临床症状和病理变化可做出初步诊断，确诊则需进行实验室检查。

1. 涂片镜涂　取鼻咽部黏液、分泌物及病变器官脓疱的脓液涂片，自然干燥后火焰固定，革兰氏染色。波氏杆菌为革兰氏阴性、多形态小杆菌，而葡萄球菌为革兰氏阳性的球菌。美蓝染色，波氏杆菌为多形态两极着染的小杆菌，与巴氏杆菌极为相似，难以区分。

2. 分离培养　病料接种于绵羊鲜血琼脂平板和改良麦康凯平板上，如在两种培养基上都能生长，且不发酵葡萄糖，即为波氏杆菌。如仅在鲜血琼脂平板上生长，不能在改良麦康凯平板上生长，则为巴氏杆菌。

3. 动物试验 取病料接种豚鼠和小鼠，如其在48小时内死亡，剖检呈现腹膜炎病变，并能分离出支气管败血波氏杆菌，则可诊断为本病。

4. 血清学反应 常做凝集试验。

（六）防制措施

1. 预防

（1）建立无波氏杆菌病的兔群。坚持自繁自养，避免从不安全的兔场引种。从外地引种时，应隔离观察一个月以上，确认无病后再混群饲养。

（2）加强饲养管理，消除外界刺激因素。保持通风，减少灰尘，避免异常气体刺激，保持兔舍适宜的温度和湿度，避免兔舍潮湿和寒冷。

（3）定期消毒，保持兔舍清洁。搞好兔舍、笼具、垫料等的消毒，及时清除舍内粪便、污物。平时消毒可使用3%来苏儿、1%～2%氢氧化钠液、1%～2%福尔马林液等。

（4）可用分离到的支气管败血波氏杆菌制成蜂胶或氢氧化铝灭活菌苗，进行预防注射，每只兔皮下注射2毫升，每年2～3次。也可用兔巴氏杆菌、波氏杆菌二联疫苗。

2. 治疗

（1）肌内注射卡那霉素，每只兔每次20～40毫克；或庆大霉素，每只兔每次1万～2万单位；或链霉素，每只兔每次每千克体重1万～2万单位，每天2次。

（2）鼻炎型病例也可用链霉素滴鼻，每天2次，连用3天。

（3）2%的氧氟沙星50克加水50千克，连饮5～7天。

六、沙门杆菌病

兔沙门杆菌病又名兔副伤寒，由鼠伤寒沙门杆菌和肠炎沙门杆菌引起，主要侵害幼兔和怀孕母兔，以发生败血症、急性死亡、腹泻和流产为特征。

（一）病原

病原是鼠伤寒沙门杆菌和肠炎沙门杆菌，革兰氏阴性，卵圆形，不形成芽孢，无荚膜的需氧和兼性厌氧小杆菌，大小为（2～4）微米×0.5微米，大多数菌株有鞭毛，能运动。该菌在普通培养基上生长良好，可形成中等大小、圆形、湿润凸起、表面光滑、无色半透明、边缘整齐的菌落；在肉汤培养基中均匀混浊；SS培养基上培养形成黑色菌落；麦康凯培养基上培养大多形成无色菌落；在三糖铁琼脂上常产生硫化氢，不产生吲哚；V－P试验阴性，M.R试验阳性。沙门杆菌对热、消毒药和外界环境的抵抗力大小同大肠杆菌相似，对热抵抗力不强，60℃经15分钟即被杀死，数分钟内可被5%石炭酸、2%氢氧化钠溶液等灭活。

（二）流行病学

本病一年四季均可发生，各种年龄的家兔、野兔均可感染，但以断奶幼兔和怀孕25天后的母兔最易发病。病兔和带菌兔是主要的传染源。主要传播途径是消化道，幼兔也可经母兔子宫内膜及脐带感染。健康兔常因吃了被污染的饲料、饮用了被污染的水而发病。健康兔肠道内在正常情况下也寄生有沙门杆菌，在管理条件不善，气候变化大，卫生条件差，兔机体抵抗力下降时，病原体可大量繁殖，也会引发本病。此外，鼠类、鸟类及苍蝇也能传播本病。

（三）临床症状

少数兔发病呈最急性型，不出现症状而突然死亡。一般表现为急性型和慢性型，主要特征为幼兔腹泻和败血症死亡，怀孕母兔主要表现为流产。病兔精神沉郁，食欲废绝，体温升高，呼吸困难，腹泻，排出有泡沫的黏液性粪便，有恶臭味。母兔从阴道内排出脓性或黏性液体，阴道黏膜潮红、水肿。孕兔发生流产后多数死亡，少数康复兔不易再受孕。流产胎儿多数已发育完全，胎儿体弱，皮下水肿，很快死亡，也有的胎儿木乃伊化或腐烂。哺乳幼兔发病后常突然死亡。

（四）病理变化

突然死亡的病兔呈败血症病变，多数病兔内脏器官充血或有出血斑，胸、腹腔有大量积液和纤维素性渗出物。病程较长的，可见气管黏膜充血和出血、有红色泡沫，肺水肿、实变，脾肿大呈暗红色，肾肿大，肝表面有灰黄色坏死灶（图 8.33），部分兔胆囊外表呈乳白色，较坚硬，内为干酪样坏死组织。胃黏膜出血，肠黏膜充血、出血。圆小囊和蚓突有弥漫性针尖状至粟粒状大小灰白色坏死病灶，肠系膜淋巴结充血、水肿，局部坏死形成溃疡，溃疡表面附着淡黄色纤维素性坏死物。流产病兔的子宫粗大，子宫腔内有脓性渗出物，子宫壁增厚（图 8.34），黏膜充血，有溃疡，其表面附着纤维素性坏死物。未流产病兔的子宫内有木乃伊或液化的胎儿。阴道黏膜充血，表面有脓性分泌物。

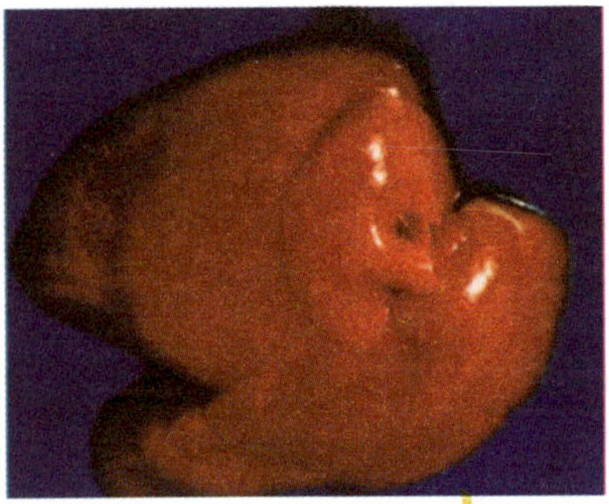

图 8.33　肝表面有灰黄色坏死灶

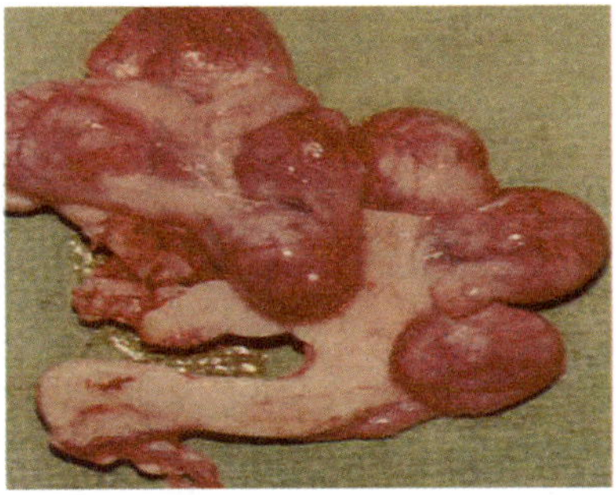

图 8.34　子宫壁增厚，子宫腔有脓性渗出物

（五）诊断要点

根据临床症状、病理变化和流行特点可做出初步诊断。确诊需做细菌学检查，用内容物直接涂片镜检，分离、纯化、生化鉴定证实为沙门杆菌感染而确诊。

（六）防制措施

1. 预防

（1）搞好日常环境卫生，做好灭蝇、灭鼠工作，定期消毒，防止孕兔及幼兔与传染源接触。

（2）定期用鼠伤寒沙门杆菌诊断试剂盒普查兔群，检出的阳性兔隔离治疗。

（3）孕前与孕初母兔皮下或肌内注射鼠伤寒沙门杆菌灭活菌苗，

每兔 2 毫升；疫区兔场也注射这种菌苗，每兔每年 2 ~3 次。

2. 治疗

（1）肌内注射卡那霉素 20 ~40 毫克/千克体重；或庆大霉素 10 毫克/千克体重；或链霉素 3 万 ~5 万单位/千克体重，每天 2 次，连用 3 ~5 天。

（2）大蒜 200 克、60℃白酒 500 毫升，浸泡 7 天后过滤，内服，每只 5 ~8 毫升，1 天 3 次，连用 2 ~3 天。

七、李斯特杆菌病

兔李斯特杆菌病是由李氏杆菌引起的一种散发性传染病。由于病兔的单核细胞增多，又称为单核细胞增多症。主要表现为幼兔突然发病、死亡，母兔流产、出血性子宫炎和结膜炎等症状。

（一）病原

李氏杆菌为革兰氏阳性细小杆菌，大小为 0.5 ~1 微米，直或稍弯，两端钝圆，常呈 V 字形排列，偶有球状、双球状，兼性厌氧、无芽孢，一般不形成荚膜，但在营养丰富的环境中可形成荚膜，在陈旧培养物中的菌体可呈丝状及革兰氏阴性。该菌对营养要求不高，在 20 ~25℃培养时即可生长，穿刺培养可见倒立伞状生长，肉汤培养物在显微镜下可见翻跟斗运动。该菌最适培养温度为 35 ~37℃，在固体培养基上，菌落初始很小，透明，边缘整齐，呈露滴状。刺种血平板培养后可产生窄小的 β－溶血环。

本菌在 pH 值 5 以下缺乏耐受性，pH 值 5 以上才能繁殖。在含 10% 食盐溶液的培养基中能生长，在 20% 食盐溶液内能长期存活。常规巴氏消毒法不能杀灭，65℃经 30 ~40 分钟才能杀灭。一般消毒药都易使之灭活。

（二）流行病学

患病和带菌动物是主要的传染源。污染的水和饲料是主要传播媒介。可通过消化道、呼吸道、眼结膜和破损的皮肤感染，冬季缺乏青饲料、天气骤变、内寄生虫等均可成为致病因素。各种动物均可感染，兔对本病的易感性较高。本病多为散发，有时呈地方流行性。

（三）临床症状

本病潜伏期为 2 ~8 天。可表现以下几种类型：

1. 急性型 多见于幼兔，体温可达 40℃以上，精神沉郁，食欲废绝。鼻黏膜发炎，流出浆液性、黏液性、脓性分泌物，几个小时或 1 ~2 天死亡。

2. 亚急性型 主要表现脑膜脑炎症状。精神不振，食欲废绝，呼吸加快，中枢神经功能障碍，做转圈运动，头颈偏向一侧，全身阵颤，运动失调。孕兔流产，胎儿皮肤出血（图 8.35）。一般经 4 ~7 天死亡。

3. 慢性型 病兔主要表现为子宫炎，分娩前 2 ~3 天发病。精神沉郁，拒食，流产，并从阴道内流出红色或棕褐色分泌物。有的出现头颈歪斜等神经症状，对流产康复后的母兔常造成不孕。

（四）病理变化

1. 急性或亚急性 肝、肾、脾、心肌有散在或弥漫性针尖大的淡黄色或灰白色坏死点（图 8.36）；淋巴结肿大或水肿；皮下水肿；胸膜腔、腹膜腔和心包腔内有多量清澈的液体。肺出血性梗死或水肿。病兔的粪、尿、乳汁、精液以及眼、鼻、生殖道分泌物，均可分离到李氏杆菌。

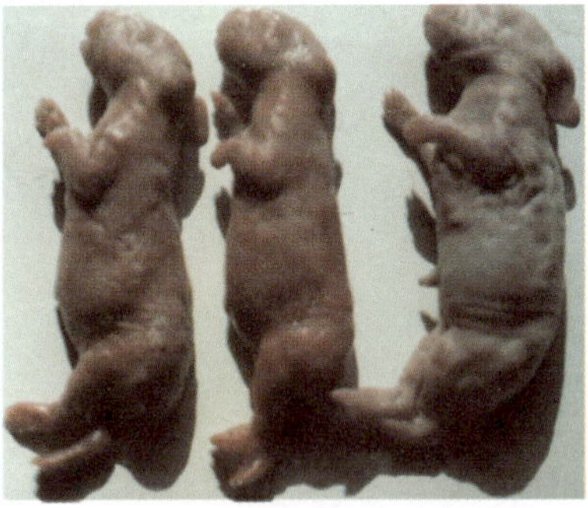

图 8.35 母兔流产的胎儿皮肤充血、出血

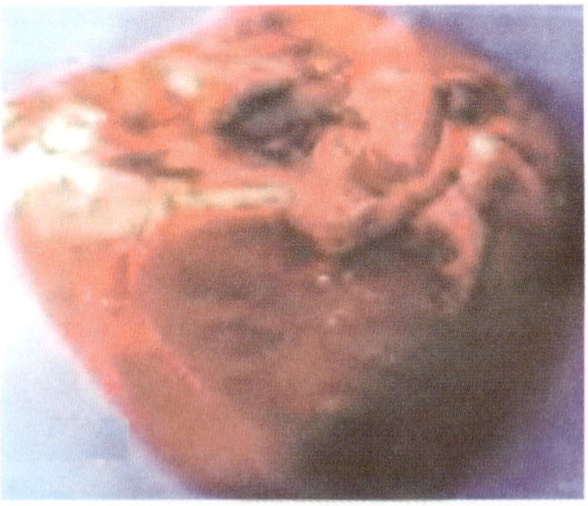

图 8.36 心壁有多发性灰白色坏死病灶

2. 慢性型 除上述变化外，子宫内可见有脓性渗出物或暗红色液体，子宫壁增厚并有坏死灶，有时在子宫内可见变性胎儿或灰白色

凝块。有神经症状的病例，脑膜和脑组织充血水肿。脑组织切片用H. E. A染色，可见脑组织中有单核细胞和中性粒细胞积聚灶，血管周围也有较多单核细胞。

（五）诊断要点

根据临床症状、病理变化和流行特点可以做出初步诊断。确诊需做实验室诊断。

1. 血象检查　病兔血象检查，单核白细胞显著增加，可占白细胞总数的30%～50%。

2. 涂片镜检　无菌采取急性死亡兔的肝、心血触片，自然干燥后，进行革兰氏染色镜检，如发现革兰氏阳性球杆菌，菌体呈散在或呈V形，菌端钝圆，有时呈弧形。

3. 分离培养　病料接种于2%葡萄糖鲜血琼脂培养基，可生长出溶血的小菌落。

4. 动物试验　家兔、小鼠和豚鼠均有易感性，以病料稀释液或被检菌株的培养物接种于家兔或豚鼠，家兔于1～5天死亡，病变与自然感染的病例相似。豚鼠于24～48小时死亡，呈败血症变化。病料悬液接种于兔或豚鼠的结膜囊内，1天后发生结膜炎，并呈败血症死亡。

5. 血清学方法　可用凝集反应或补体结合反应测定。

（六）鉴别诊断

由李氏杆菌引起的家兔疾病，其临床症状和病理变化表现多种多样，有些变化与其他疾病较为相似，因此，还需要与下列几种病加以鉴别：如出现神经症状需与兔巴氏杆菌引起的斜颈病鉴别诊断；流产需与兔沙门杆菌性流产、布氏杆菌病流产、外生殖器官炎、霉变饲料中毒性流产相区别；内脏器官的病变还需与野兔热鉴别诊断。

（七）防制措施

1. 预防

（1）严格执行兽医卫生防疫制度，搞好环境卫生，消灭老鼠及其他啮齿类动物。定期消毒，淘汰病兔，管好饲草、水源，防止污染。

（2）病兔肉及其产品应做无害化处理。有关工作人员应注意个人防护，以防感染。

2. 治疗 兔患病初期治疗有一定效果，一旦出现神经症状，药物就难以奏效了。

（1）肌内注射青霉素 10 万～20 万单位／兔，或青霉素 10 万单位和庆大霉素 4 万单位／兔，每天 2 次，连用 4 天。

（2）金银花 3 克、板蓝根 3 克、野菊花 3 克、钩藤 3 克、茵陈 3 克、车前子 3 克，水煎内服或拌料喂服，2～3 次/天，1 剂/天。在临床应用中惊厥抽搐严重者可再加蜈蚣、地龙；结膜炎者用金银花制眼药水滴眼，每次 2～3 滴，每天 2～4 次，连用 4 天。

八、野兔热

野兔热又称土拉热，是由土拉热弗朗西斯杆菌引起的一种急性人畜共患传染病。其特征为体温升高，肝和脾脏肿大、充血和多发性灶性坏死或粟粒状坏死，淋巴结肿大并有针头大干酪样坏死灶。

（一）病原

病原为土拉热弗朗西斯杆菌，革兰氏染色阴性，为细小点状杆菌，用美蓝染色呈明显的两极着染。在患病动物血液中为球形，在培养基上则呈多形性，如球形、杆状、长丝状等。不形成芽孢，无鞭毛和荚膜。本菌为需氧菌，对营养要求较高，在普通培养基上不能生长，在含有胱氨酸、血液或蛋黄的培养基上生长良好，经 3～5 天培养，生长出灰白色、黏稠而似露珠状的小菌落。本菌对外界环境抵抗力较强。对热与化学药物敏感，56℃经 30 分钟即可死亡，煮沸立即死亡。在直射日光下经 30 分钟死亡。一般消毒药物都能很快将其杀死。

（二）流行病学

本病的传染源为病畜和带菌动物。主要通过吸血昆虫叮咬传播，已发现有 83 种节肢动物能传播该病，常见的有蜱、螨、牛虻、蚊、虱、吸血蝇类等。被污染的饲料、饮水也可成为本病的传染源。本菌感染谱很广，野兔和其他野生啮齿类动物是主要易感动物及自然宿主，已发现有136种啮齿动物是本菌的自然宿主。猪、牛、山羊、骆驼、马、驴、犬和猫及各种毛皮兽均易感。人也可感染。本病常呈地方性流行，洪灾或其他自然灾害可促使本病流行，多发生于春末夏初啮齿动物与吸血昆虫繁殖滋生的季节。

（三）临床症状

急性病例多无明显症状而呈败血症死亡。多数病例病程较长，兔体消瘦、衰竭，颌下、颈下、腋下和腹股沟淋巴结肿大、质硬，鼻腔发炎，流浆液性鼻液，偶尔伴咳嗽，体温升高1～1.5℃。发病率较高、死亡率高。

（四）病理变化

急性死亡者，无特征病变。如病程较长，淋巴结显著肿大，色深红，切面见大头针头大小的淡黄灰色坏死点；淋巴结周围组织充血、水肿；脾肿大、色深红，表面与切面有灰白色或乳白色的粟粒至豌豆大的结节状坏死（图8.37）；肝肿大，有散发性针尖至粟粒大的坏死结节（图8.38）；肾的病变和肝的相似。

图8.37　脾肿大，表面有灰白色结节状坏死灶

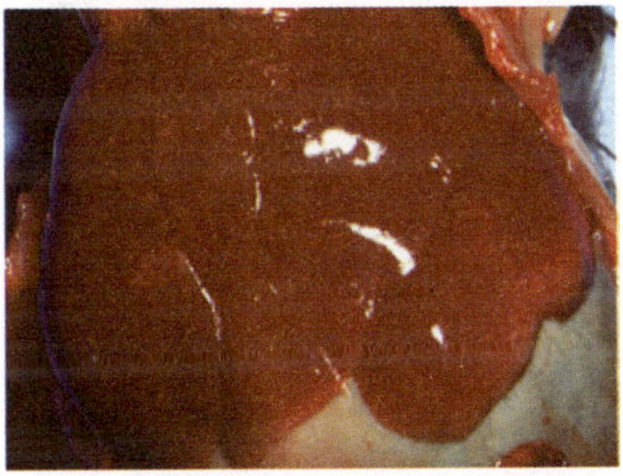

图8.38　肝肿大，表面有灰白色结节状坏死灶

（五）诊断要点

根据临床症状和病理变化可做出初步诊断，确诊需进一步做实验室诊断。

1. 病原分离与鉴定　采集淋巴结、肝、肾和胎盘等病灶组织进行压片、固定切片或血液涂片检查细菌。也可进行免疫荧光抗体试验鉴定。还可通过接种豚鼠或鼠进行病原的分离和鉴定。

2. 血清学检查　可采用试管凝集试验、酶联免疫吸附试验、土拉热弗朗西斯杆菌皮内试验进行检查。

（六）鉴别诊断

1. 与伪结核耶新杆菌病鉴别诊断 由伪结核耶新杆菌所致的家兔伪结核耶新杆菌病，主要病变在蚓突和圆小囊浆膜，有弥漫性或散在性灰白色、粟粒大的结节；而土拉热弗朗西斯杆菌病在上述两个器官无明显的变化，可作为鉴别诊断之一。伪结核耶新杆菌病和土拉热弗朗西斯杆菌病（野兔热）的脾脏病变较为相似，因此需做微生物诊断才能加以鉴别；将伪结核耶新杆菌病病料接种于普通培养基和麦康凯培养基上，有菌落生长，而土拉热弗朗西斯杆菌不能在此培养基上生长，可作为主要鉴别诊断之二。

2. 与李氏杆菌病鉴别诊断 首先，野兔热病兔呈慢性消瘦症状，体表淋巴结肿大而硬；李氏杆菌病兔常呈神经症状，体表淋巴结无明显变化。其次，前者淋巴结肿大，呈深红色，并有坏死病灶，后者淋巴结水肿性肿大。再次，前者脾脏肿大，呈深红色，并有坏死病灶，后者脾脏虽然有坏死病灶，但一般不肿大，也不呈深红色。除上述不同点外，其他实质性器官的病变不易区别。因此，要确诊必须进行镜检及生化反应。病料触片革兰氏染色，前者为阴性、多形态的小杆菌，后者为阳性小杆菌。

（七）防制措施

1. 预防 严防野兔进入兔场，按防疫规定引进种兔。消灭鼠类、吸血昆虫和体外寄生虫。病兔及时治疗，对病死兔应采取烧毁等严格处理措施。剖检病尸时要注意防止感染人。

2. 治疗

（1）肌内注射链霉素 20 ~ 40 毫克/千克体重，1 天 2 次，连用 4 天。

（2）肌内注射卡那霉素 10 ~ 30 毫克/千克体重，1 天 2 次，连用 3 ~ 4 天。

九、兔伪结核病

兔伪结核病是由兔伪结核耶尔森杆菌引起的兔的一种慢性消耗性疾病。病理剖检特征为肠道、肝、脾、肾、淋巴结等器官有粟粒状干酪样坏死性结节，与结核分枝杆菌形成的结节相似，因此称为伪结核病。

（一）病原

病原为伪结核耶尔森杆菌，革兰氏阴性，常呈球状的短杆菌，或呈多形态性，无荚膜，不产生芽孢，美蓝染色时多呈两极染色。本菌对营养的要求不高，在普通培养基、鲜血琼脂以及麦康凯琼脂上均可生长，并且生长适应的温度范围较广，在不同温度条件下长出的菌落有所不同，22℃培养24小时，长出的菌落湿润、黏稠、光滑；37℃培养24小时，长出的菌落细小，表面干燥，边缘不整齐，带灰黄色；在肉汤培养基中形成轻微的混浊，表面有一层黏性薄膜。本菌抵抗力不强，一般消毒药均能杀死。在80℃、5%的石炭酸溶液中5～10分钟死亡，若在0.1%升汞溶液中15～20分钟即能杀死此菌。

（二）流行病学

本菌在自然界分布甚广，主要经消化道感染，也可由皮肤伤口、交配和呼吸道而感染。啮齿类动物是本菌的自然宿主，故兔很易自然感染发病。本病多呈散发，偶尔为地方性流行。

（三）临床症状

本病为慢性消耗性疾病，病兔不表现明显的临床症状，一般表现为食欲不振，精神沉郁，腹泻，进行性消瘦，被毛粗乱，最后极度衰弱而死，多数病兔有化脓性结膜炎，腹部触诊可感到有肿大的肠系膜淋巴结和肿大坚硬的突起。少数病例呈急性败血性经过，体温升高，呼吸困难，精神沉郁，食欲废绝，很快死亡。

（四）病理变化

病变和结核病相似，但并不相同。病兔尸体消瘦，被毛蓬乱，回圆小囊和蚓突壁肿大、肥厚，有粟粒状灰白色坏死结节；肠系膜淋巴结肿大，有灰白色的坏死灶。肝、肺有无数灰白色干酪样小结节。脾肿大最大可达5倍，表面有粟粒状结节。肠黏膜也可增厚，起皱，表面似脑回。因急性败血症死亡者，肝、脾、肾严重瘀血肿胀，肠壁血管极度扩张，肺和气管黏膜出血，肌肉呈暗红色。组织学上，伪结核病结节主要由中心部的干酪样坏死和外围部的上皮样细胞组成。

（五）诊断要点

一般依靠发现典型的病变做出初步诊断。对临诊病例，病料也可用麦康凯培养进行病原分离鉴定，必要时可用凝集反应或绵羊红细胞间接凝集试验确诊。

（六）鉴别诊断

1. 与兔结核病鉴别诊断 兔结核病内脏可出现结节性病变，通常为增生性结核和渗出性结核，发展缓慢，结核病灶钙化坚硬，病料涂片镜检为革兰氏阳性菌，具有抗酸染色的特性。而伪结核病的病灶主要由组织细胞和淋巴细胞组成，后期以白细胞为主，病灶干酪化，极少钙化，涂片镜检为革兰氏阴性菌。

2. 与兔球虫病鉴别诊断 肠道或肝脏也可出现淡黄色或灰白色的结节，但病灶组织压片镜检，可出现大量的球虫卵囊，且盲肠蚓突不肿大，脾肾和淋巴结一般无结节性病灶。

3. 与兔沙门杆菌病鉴别诊断 沙门杆菌病兔在盲肠和结肠黏膜及肝脏上有弥漫性灰白色、粟粒大的结节。将病料接种于麦康凯琼脂培养基，可见光滑、圆形、半透明的灰白色小菌落。以沙门杆菌多价血清和“O”因子血清与病料培养物做凝集试验为阳性，可与兔伪结核病相区别。

（七）防制措施

1. 预防

（1）加强饲养管理，定期消毒、灭鼠，防止饲料、饮水及用具污染。

（2）免疫接种伪结核耶尔森杆菌多价灭活菌苗，每只兔颈部皮下注射 2 毫升，免疫期 6 个月，每年注射 2 次。

2. 治疗 由于本病活体难以确诊，又无特效药物治疗，同时，本病亦可引起人的急性阑尾炎、肠系膜淋巴结炎和败血症，所以对患病动物一般不做治疗，予以淘汰。如有必要治疗时，可用链霉素、卡那霉素，但效果不佳。

十、坏死杆菌病

兔坏死杆菌病是由一种革兰氏阴性的多形态坏死杆菌引起的，以皮肤和皮下组织尤其是面部、头部、颈部、舌和口腔黏膜坏死、溃疡和脓肿为特征的散发性传染病。

（一）病原

病原为坏死杆菌，为拟杆菌科、丝杆菌属的革兰氏阴性菌，无运动性，不形成芽孢，多形性，小者呈球杆状；从病灶新分离的为长丝状，染色时因原生质浓缩而呈串珠状，在多次培养后细菌才成为长的杆菌。本菌是严格厌氧菌，一般难以从体表坏死灶中分离出来，而容易从内脏病料中分离出来。在血清琼脂平板上，经 48 ~ 72 小时培养，形成表面有条纹、边缘呈波状的小菌落。在血液琼脂平板上呈 β – 溶血。本菌能产生外毒素，可引起组织水肿。本菌广泛存在于自然界，也是健康动物扁桃体和消化道黏膜的常在菌。

（二）流行病学

病兔的分泌物、排泄物所污染的外界环境是主要的传染源。主要通过损伤的皮肤、口腔和消化道黏膜而感染，潮湿、闷热、昆虫叮咬、营养不良等可诱发本病。各种年龄的兔均可发病，而幼龄兔比成年兔易感性高，长毛兔较皮肉兔易发。本病一年四季均可发生，以多雨、潮湿、炎热季节多发，冬季很少发生且呈现较轻的病症。本病常为散发，偶呈地方性流行或群发。

（三）临床症状

病兔停止采食、流涎，体重迅速减轻。在唇部、口腔黏膜、齿龈、颈部、头面部及胸部等处出现坚硬肿块，随后出现坏死、溃疡，形成脓肿。病原也可在病兔腿部和四肢关节的皮肤内繁殖，发生坏死性炎症，或侵入肌肉和皮下组织形成蜂窝织炎。坏死病变具有持久性，可连续存在数周或数月，病灶破溃后散发恶臭气味，病兔体温升高，最后衰竭死亡。

（四）病理变化

病兔口腔、齿龈、颈部和胸前皮下组织及肌肉组织有坏死、溃疡与化脓等病变（图 8. 39）。淋巴结（尤其是颌下淋巴结）肿大，并可能有干酪样坏死灶。多数病兔在肝、脾、肺等处有坏死或化脓灶，并伴有心包炎、胸膜炎、腹膜炎甚至乳房炎。腿部有深层溃疡病变。皮下肿胀，内含黏稠脓性或干酪性物质。坏死组织有特殊臭味。

（五）诊断要点

根据流行特点、临床症状、病理变化一般可做出初步诊断。确诊需做实验室诊断。

1. 直接镜检 病料涂片、染色、镜检，根据病原的形态及染色特性可做出初步诊断（图 8. 40）。

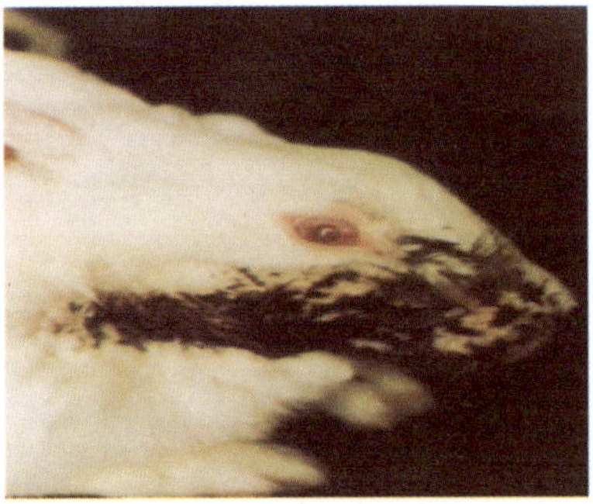

图 8. 39 病兔口腔周围皮肤坏死

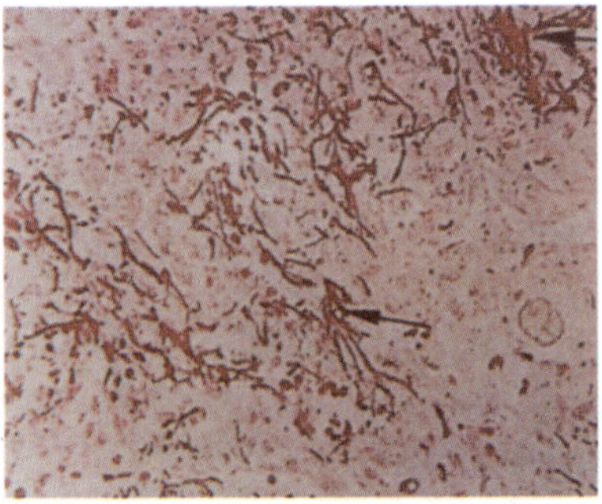

图 8. 40 切片可见长丝状红染的坏死杆菌

2. 动物试验 病料制成乳剂后，注射 0. 5 ~ 1. 0 毫升于兔的耳外侧，或注射 0. 2 ~ 0. 4 毫升于小鼠尾部皮下，2 ~ 3 天后，在接种部位出现坏死，并逐渐扩大，8 ~ 10 天后接种动物死亡，说明患有此病。

3. 血清学方法 可用荧光抗体技术检查病变组织中的坏死杆菌。

（六）鉴别诊断

本病在诊断时注意和兔葡萄球菌病、兔绿脓杆菌病进行区别。另外也要注意与传染性水疱口炎相区别。

1. 与兔葡萄球菌病鉴别诊断 兔葡萄球菌病的化脓性炎症以形成有包囊的脓肿为特征，脓肿虽多位于皮下或肌肉，但局部皮肤常不坏死和形成溃疡，脓液无恶臭气味。病料涂片镜检可见革兰氏阳性卵圆形的球形菌，可以此进行区别。

2. 与兔绿脓杆菌病鉴别诊断 兔绿脓杆菌病常在肺等内脏和皮下形成脓肿，脓液呈淡绿色或褐色，有芳香气味。

3. 与传染性水疱口炎鉴别诊断 传染性水疱口炎虽有流涎症状和口膜炎变化，但口膜炎的病变表现为水疱、糜烂和溃疡。其他组织器官常无病变。

（七）防制措施

1. 预防

（1）兔舍要清洁，干燥，光线充足，空气流通。除去兔笼、兔舍内尖锐物，以避免兔体皮肤、黏膜损伤。

（2）从外地引进种兔时，必须隔离检疫一个月，确定无病时方可入群。

（3）兔群一旦发病，要及时进行隔离治疗，淘汰病、死兔。彻底清扫兔舍并进行消毒。

2. 治疗

（1）肌内注射青霉素，每只20万单位，1天2次，连用3天。

（2）进行局部治疗时，首先除去坏死组织，以0.1%高锰酸钾溶液或3%过氧化氢溶液冲洗口腔，然后涂擦碘甘油，1天1~2次。在皮肤炎症的肿胀期，可用5%来苏儿溶液或3%过氧化氢溶液冲洗，然后涂擦5%鱼石脂乙醇溶液或鱼石脂软膏；如局部有溃疡形成，清理创面后涂以抗生素软膏（如青霉素软膏）。

（3）若兔的食欲下降，可灌硫酸钠导泻或灌大黄苏打片健胃。

十一、绿脓假单胞菌病

兔绿脓假单胞菌病又名兔绿脓杆菌病，是由绿脓杆菌引起的兔的一种散发性传染病。临床上以出血性肠炎、肺炎和皮下脓肿为主要特征。

（一）病原

病原为绿脓假单胞菌，革兰氏阴性，不形成芽孢，能运动，有时形成荚膜。在普通培养基上生长良好，形成光滑、闪光、湿润、带毛缘的扩散菌落。能在广泛的培养温度范围（4~42℃）中生长。在有氧条件下，本菌能产生亮绿色色素。能在培养基中扩散，细菌在固体培养基中生长时表现最明显，可作为识别绿脓杆菌的依据。本菌对外界环境的抵抗力较强，55℃经1小时才能杀死。本菌对一般消毒剂较敏感，0.05%新洁尔灭、洗必泰溶液在5分钟内可将其杀灭，0.5%石炭酸和氢氧化钠溶液、0.25%福尔马林溶液、1%～2%来苏儿溶液均可迅速将其杀灭。本菌对磺胺药、青霉素等不敏感，而对多黏菌素B、多黏菌素E、庆大霉素、金霉素、链霉素、新霉素、土霉素和四环素敏感。

（二）流行病学

绿脓杆菌种类繁多，有140余种，其中能经常引起动物与人类发病的有20多种，广泛存在于自然界，在人、畜的肠道、呼吸道和皮肤上也可发现，属于动物偶然寄生菌。本病广泛分布于世界各国。病兔及带菌动物的粪便、尿液和分泌物所污染的饲草、饲料和饮水等是本病的主要传染来源，对多种家畜、实验动物、野生动物及人类致病作用很强，可经消化道、呼吸道及伤口感染。有时当不合理使用抗生素预防和治疗兔病时也可诱发本病。多为散发，无明显季节性。

（三）临床症状

患兔突然发病，精神委顿、昏睡、发热，从鼻腔和眼流出不同性状的分泌物，呼吸困难，气喘，不食，下痢，排血样稀粪。最急性病例在数小时或十余小时内死亡，慢性病例的病程为1周左右，一般经1～3天死亡。有的生前无任何症状，死后剖检才见有病理变化。

（四）病理变化

全身广泛瘀血，皮下脓肿，胸腔、腹腔和心包内积有清亮带血样的液体。小肠严重鼓胀，充满血样内容物，大肠内充满褐色胶样内容物，黏膜充血和出血，盲、结肠浆膜出血（图8.41）。肠系膜淋巴结髓样肿胀。脾肿大，表面有出血。肺和肝肿大、瘀血，质地脆弱，可见白色化脓灶（图8.42）。心肌质脆弱，心内膜出血。

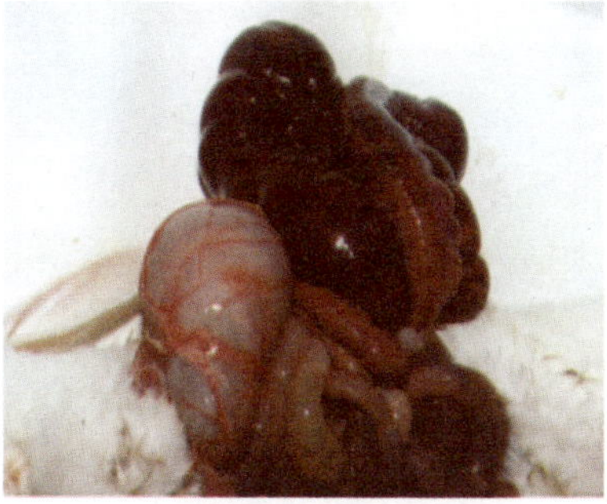

图 8.41 肠道内充满血样内容物

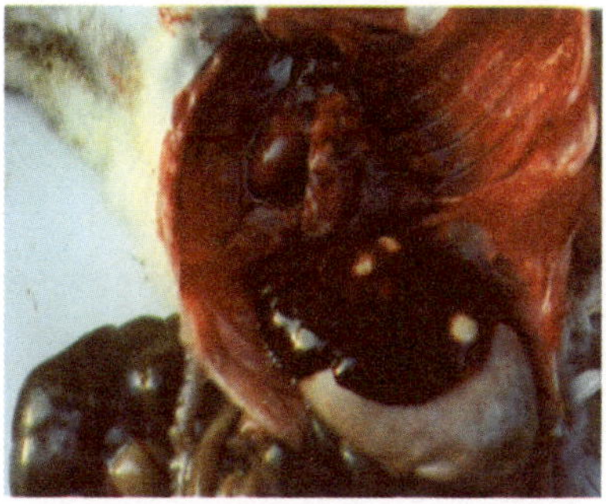

图 8.42 肝、肺表面有白色化脓灶

（五）诊断要点

1. 现场诊断 根据流行特点，临床上表现为出血性肠炎、肺炎及败血症特征，结合病变即可做出初诊。

2. 实验室诊断 要进一步确诊需采取粪便、呼吸道分泌物及病变器官等病料，接种于普通琼脂培养基和麦康凯培养基上进行细菌学分离，并以纯培养物做生化鉴定及动物试验，予以确诊。必要时，可用多价血清进行沉淀试验，以鉴定菌株。

（六）防制措施

1. 预防 平时要加强饲养管理，搞好饮水和饲料卫生，防止水源及饲料被污染。做好防鼠与灭鼠工作。严禁其他动物进入兔场。发生本病时立即隔离病兔进行治疗，无治疗价值的坚决淘汰。兔舍、兔笼及用具等要进行彻底消毒，死亡兔及污物一律烧毁或深埋，以防疫病扩大蔓延。污染兔场可用绿脓杆菌多价灭活菌苗进行免疫预防。每只兔皮下或肌内注射 1 毫升，免疫期为半年，每只兔每年接种 2 次，可控制本病的发生。

2. 治疗 由于绿脓杆菌菌株易产生抗药性，进行药物治疗时，应先进行药敏试验，选择杀菌效果好的药物进行治疗，方可收到满意的疗效。

（1）多黏菌素 2 万单位/千克体重，加磺胺嘧啶 0.2 克/千克体重，混于饲料内饲喂，每天 1 次，连喂 5 天。

(2) 肌内注射新霉素2万~3万单位/千克体重，或庆大霉素2万单位/只，每天2次，连用5天。

十二、泰泽病

兔泰泽病是由毛样芽孢杆菌引起的急性传染病，以严重下痢，脱水并迅速死亡为特征，死亡率达95%，对养兔业威胁很大。

(一) 病原

本病的病原为毛样芽孢杆菌，为严格的细胞内寄生菌，形体细长，革兰氏阴性多形性杆菌，能形成芽孢，周身有鞭毛，能运动，过碘酸希夫染色，着色清楚。本菌可在鸡胚卵黄囊中生长繁殖，接种鸡胚6~9天死亡，取卵黄囊上皮细胞涂片，用姬姆萨染色，可见到病原体。在人工培养基上不能生长。本菌对外界环境抵抗力较强，在土壤中可存活1年以上。

(二) 流行病学

家兔和其他多种动物均可发病。本病经消化道感染，6~12周龄的兔最易感。当拥挤、过热、运输及饲养管理不良等应激因素存在时，可诱发本病，秋末至春初多发。

(三) 临床症状

本病发病急，发病率和死亡率较高。主要症状为严重水泻，粪便呈褐色糊状至水样，精神沉郁，食欲废绝，迅速脱水，常于发病后12~48小时死亡。

(四) 病理变化

尸体严重脱水，后肢沾染大量粪便。盲肠内有水样褐色内容物，并充满气体，肠壁水肿、充血、出血，黏膜坏死、粗糙或呈细颗粒状，蚓突部有暗红色坏死灶（图8.43）。回肠后段与结肠前段也可见上述病变。慢性病例，肠壁因严重坏死与纤维化而增厚，肠腔狭窄，肠系膜淋巴结水肿。肝脏肿大，有许多灰白色坏死点，胆囊充盈。心肌有灰白色条纹、斑点或片状坏死区（图8.44）。

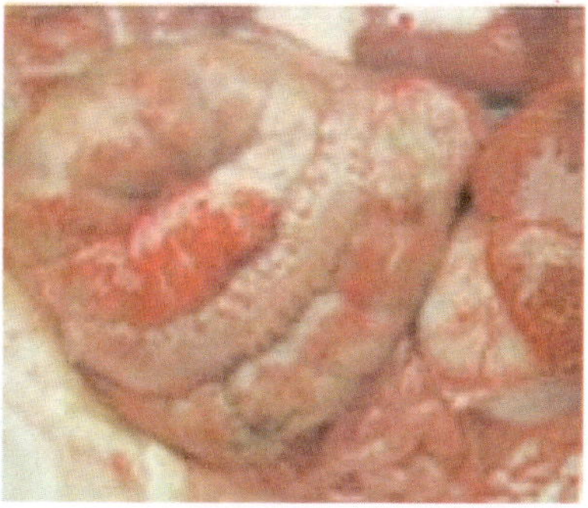

图 8.43　盲肠、结肠壁水肿，浆膜下出血

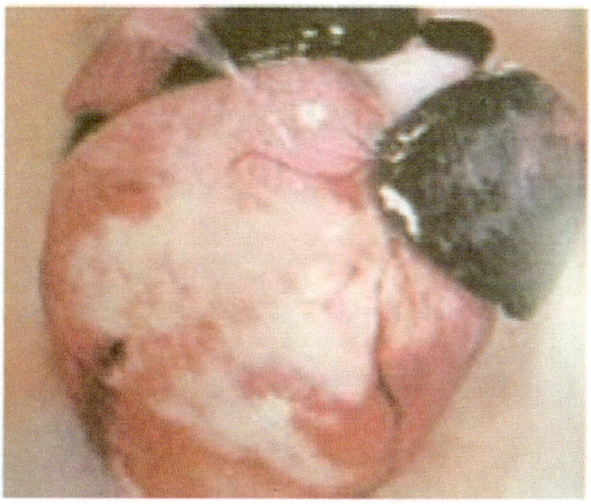

图 8.44　心肌有灰白色坏死灶

（五）诊断要点

根据病变和流行特点等可做出初步诊断。确诊需做实验室诊断。

1. 直接镜检　以肝坏死区、病变心肌或肠道病变部位做病料涂片，姬姆萨或镀银法染色，镜检，若在病变组织细胞浆中发现毛样芽孢杆菌，即可确诊。

2. 血清学检查　有条件的可用荧光抗体试验、补体结合试验以及琼脂扩散试验等进行诊断。

（六）鉴别诊断

1. 与魏氏梭菌性肠炎鉴别诊断　魏氏梭菌性肠炎病兔拉带血胶冻样或黑色、褐色稀粪，胃黏膜多处有溃疡斑，盲肠浆膜有出血斑等特征性临诊症状及病变；通过肠内容物涂片、革兰氏染色镜检可见有革兰氏阳性大杆菌，鲜血琼脂厌氧培养呈双溶血圈菌落。

2. 与兔沙门杆菌病鉴别诊断　由沙门杆菌引起的腹泻，病兔肝脏有针头大、散在性或弥漫性灰白色病灶，以及蚓突黏膜有弥漫性淡灰色、粟粒大的结节为特征性病变，泰泽病不具上述病理变化。肝脏和肠内容物接种于 SS 培养基或麦康凯培养基，菌落具有沙门杆菌特征，并为沙门杆菌多价血清所凝聚，为沙门杆菌；将肝脏等病料触片，用雪夫高碘酸染色或姬姆萨染色镜检，如在细胞浆内或肌纤维中找到毛发状成束的杆菌，即为毛样芽孢杆菌；如在细胞外见有卵圆形的小杆菌，即为沙门杆菌。

3. 与埃希大肠杆菌病鉴别诊断 由毛样芽孢杆菌引起断奶前后仔兔的腹泻，粪便呈褐色水样；而大肠杆菌引起的腹泻，粪便是淡黄色水样，并常伴有明胶样黏液和两头尖的干粪。肝脏，尤其在肝门脉区附近肝小叶和心肌有灰白色针头大或条纹的病灶是泰泽病特征性病变，而大肠杆菌病无此病变。将病料接种于麦康凯培养基，泰泽病为阴性，大肠杆菌呈红色菌落。将病料切片或触片、姬姆萨染色，在上皮细胞的细胞浆中可找到成丛的毛样芽孢杆菌。

（七）防制措施

1. 预防 加强饲养管理，改善环境条件，定期进行消毒，消除各种应激因素。隔离或淘汰病兔，防止病原菌扩散。对兔排泄物发酵处理或烧毁。

2. 治疗 肌内注射青霉素 2 万 ~4 万单位/千克体重；或链霉素 20 毫克/千克体重，每天 2 次，连用 3 ~5 天。青霉素和链霉素联合使用，效果更明显。

十三、链球菌病

链球菌病是由溶血性链球菌引起兔的一种急性败血性传染病。

（一）病原

本病的病原为溶血性链球菌，为革兰氏染色阳性球形或椭圆形菌。需氧或兼性厌氧菌，不形成芽孢，呈链状排列，长短不一，多数菌株在血清肉汤中培养 2 ~4 小时易形成透明质酸的荚膜，继续培养后消失。对营养要求较高，普通培养基上生长不良，需补充血清、血液或腹水。最适生长温度为 37℃，在 20 ~42℃能生长，最适 pH 值为 7.4 ~7.6。在血清肉汤中易呈长链，管底呈絮状或颗粒状沉淀生长。在血平板上形成灰白色、半透明、表面光滑、边缘整齐的细小菌落。本菌对外界环境的抵抗力较强。

（二）流行病学

链球菌在自然界中分布很广，溶血性链球菌存在于健康兔体内，当饲养管理不当、天气剧变、长途运输等应激因素使机体抵抗力降低时，可诱发本病。病兔和带菌兔是主要的传染源，污染的饲料、饮水、用具及环境等，经上呼吸道黏膜或扁桃体可传染健康兔。本病一年四季均可发生，但以春秋两季多见。各年龄兔都可发生，但对幼兔的危害更大。

（三）临床症状

病兔主要表现为体温升高、不食、精神沉郁、呼吸困难、间歇性腹泻、排带黏液或血液的粪便，有的可有神经症状，表现为歪头、滚转，有的有鼻漏、眼结膜化脓、生殖道肿胀等症状。病程短，死亡快。

（四）病理变化

皮下组织出血、水肿，脾肿胀，肝、肾呈脂肪性变性，出血性肠炎。

（五）诊断要点

根据临床症状和病理变化可做出初步诊断，确诊需依靠实验室诊断。

1. 染色镜检　用病变的组织、化脓灶、鼻咽内容物、肠道内容物等作为被检材料。将被检材料做涂片或触片，待自然干燥后用火焰固定，做革兰氏染色，镜检可见到革兰氏阳性短链状球菌；如脓灶涂片即可见到较长链。

2. 分离培养　无菌取病料接种于鲜血琼脂培养基，或血清琼脂平皿培养基，于37℃培养24～28小时，挑取细小、圆整、凸起、光滑、灰白色的菌落做纯培养以及镜检。鼻咽腔分泌物和肠道内容物应先接种增菌液12～18小时，再接种鲜血或血清琼脂培养基。

3. 动物接种　被检菌株的血清肉汤培养物，每只鼠皮下或腹腔注射0.2毫升，一般于24～72小时死亡。脾肿大，有小出血点；肝肿大，有粟粒大的散在性坏死灶；肾肿大，有出血点或瘀血斑，或有小化脓灶；肠道黏膜充血、出血；淋巴结肿大，有出血点；肺卡他性炎症；气管黏膜有出血点；心外膜有出血点。

用上述培养物每只豚鼠皮下或腹腔注射0.5毫升，一般于48～72小时死亡。病变与小白鼠相似。

上述两种动物呈败血性死亡，从内脏器官易分离到纯菌株。

（六）鉴别诊断

与肺炎链球菌的区别：链球菌病临床症状有咳嗽，流鼻涕，突然死亡，妊娠母兔流产；剖检皮下组织出血、水肿，有出血性肠炎病变。肺炎链球菌临床症状除有咳嗽，流鼻涕，突然死亡外尚有间歇性腹泻、粪便带黏液或血液；剖检肺水肿，有大片出血斑，心包胸膜与肺胸膜粘连。

（七）防制措施

1. 预防

（1）加强饲养管理，定期消毒，防止兔受凉感冒，减少应激因素。

（2）定期服用磺胺类药物预防，按50～100毫克/只，每天2次，连用5天。

2. 治疗

（1）肌内注射青霉素10万单位/只，或先锋霉素Ⅱ20毫克/千克体重，或红霉素50～100毫克/只。每天2～3次，连用3～5天。

（2）如有脓肿，应切开排脓，用2%洗必泰冲洗，涂碘酒，1天1次。

十四、肺炎球菌病

兔肺炎球菌病是由肺炎链球菌引起兔的一种呼吸道疾病，病兔肺部的病变最明显，主要以体温升高、咳嗽、流鼻涕和突然死亡为特征。

（一）病原

病原为肺炎链球菌，革兰氏阳性，具有明显的荚膜。典型的肺炎链球菌为双排列，宽端相对，尖端向外。在痰、脓液中可呈单个或短链状。有的毒株在体内形成荚膜。普通染色时荚膜不着色，表现为菌体周围有透明环，无鞭毛，不形成芽孢。本菌在普通培养基中生长不良，血液及血清培养基中生长良好，能引起溶血。最适温度37.5℃。本菌的抵抗力不强，对一般消毒剂敏感。有荚膜的菌株对干燥的耐受力较强。许多消毒药如5%石炭酸、0.01%高锰酸钾溶液等能很快使细菌死亡。

（二）流行病学

各品种、日龄、性别的家兔对本病菌都易感，但感染后以仔兔和妊娠兔症状严重，能够引起肺炎、败血症，以及妊娠母兔流产，幼兔可呈地方性流行，成年兔一般散发。发病有季节性，以春末夏初和秋末冬初气候多变时发病较多，病死率也高。由于本菌是兔呼吸道的常在菌，当机体的抵抗力下降或者是出现一些严重的应激，如气候突变、长途运输等，可导致细菌大量繁殖，致使兔发病。

（三）临床症状

病兔主要表现为精神沉郁、食欲下降、体温升高、咳嗽、流鼻涕，妊娠母兔可能发生流产，或产弱仔兔，仔兔成活率低，产仔率和受孕率下降。有些兔可发生中耳炎，表现歪头、滚转等症状。

（四）病理变化

气管黏膜充血、出血，气管内有粉红色黏液和纤维素性渗出物。肺水肿，有大片出血斑，有些病例出现脓肿，或者整个肺化脓坏死。有纤维素性胸膜炎、心包炎，心包胸膜与肺胸膜常发生粘连。肝肿大，发生脂肪变性，脾肿大，子宫和阴道黏膜出血，兔的两耳也可发生化脓性炎症。新生仔兔常呈败血症死亡。

（五）诊断要点

1. 现场诊断　依据流行特点、临床症状和剖检病变做出诊断。

2. 实验室诊断　将脓性分泌物涂片，革兰氏染色，镜检，如发现革兰氏染色阳性的矛状双球菌或短链状球菌则为肺炎链球菌。

（六）鉴别诊断

本病应与支气管败血波氏杆菌病、多杀性巴氏杆菌病、溶血性链球菌病等进行区别诊断。

1. 与支气管败血波氏杆菌病鉴别诊断　支气管败血波氏杆菌病以引起肺部和肝脏脓疱为特征，脓疱常由结缔组织形成包囊，有些病例还引起胸腔蓄脓和胸膜炎等病理变化。肺炎球菌病病变主要在呼吸道，多以肺脓肿、纤维素性胸膜炎、心包炎为特征。鉴别诊断时可从病灶中取脓性分泌物涂片，革兰氏染色镜检，支气管败血波氏杆菌为革兰氏阴性、多形态小杆菌；而肺炎球菌的菌落形态较扁平，呈绿色溶血（α溶血），为革兰氏阴性、两端尖的双球菌。

2. 与溶血性链球菌病鉴别诊断　溶血性链球菌病剖检可见皮下组织呈出血性浆液性浸润，脾脏肿大，出血性肠炎，肝和肾脏脂肪变性；而肺炎球菌病多以肺脓肿、纤维素性胸膜炎、心包炎为特征。将被检病料接种于鲜血平皿，溶血性链球菌呈细小、圆整、凸起、光滑、灰白色的菌落，呈短链状球菌；而肺炎球菌的菌落形态较扁平，呈绿色溶血（α溶血）、两端尖的双球菌。进一步鉴别可通过抑菌试验、胆汁溶菌试验，以及菊糖发酵试验等做鉴别。

3. 与多杀性巴氏杆菌病鉴别诊断　可取病灶涂片、革兰氏染色镜检将其区分，多杀性巴氏杆菌为革兰氏阴性、两端钝圆、呈卵圆形的短小杆菌，组织病料涂片，经姬姆萨或瑞特斯法染色，菌体两极着色较深；肺炎球菌为革兰氏阴性、两端尖的双球菌。

（七）防制措施

1. 预防　加强饲养管理，防止冷凉等不良应激因素的发生，发现病兔应立即隔离，加强消毒，未发病兔可以用磺胺类药物或者氟哌酸预防。

2. 治疗

（1）肌内注射青霉素或新霉素4万~8万单位/兔，1天2次，连用3~5天。

（2）内服磺胺二甲基嘧啶0.03~0.1克/兔，1天2次，连用3~5天。

（3）静脉注射高免血清10~15毫升/兔，1天1次，连用2~3天。如在血清中加入青霉素可提高治疗效果。

十五、布氏杆菌病

兔布氏杆菌病简称布病，是由布氏杆菌引起的以侵害生殖器官为主的一种人畜共患的传染病。临床上以母兔生殖道发炎、流产，公兔睾丸炎等为主要特征。

（一）病原

布氏杆菌是一种革兰氏阴性、球杆状或短杆状细菌。不形成芽孢和荚膜，无鞭毛，不能运动。最适生长温度 37℃，最适 pH 值为 6.6～7.4。在肝汤琼脂或胰蛋白胨琼脂上，菌落圆形、光滑、湿润、稍隆起、均质而中央常有细微颗粒，初无色透明，后渐混浊而带灰白甚至灰黄色。

布氏杆菌在自然界存活力较强，皮毛上存活 1～4 个月，干燥土壤中存活 20～40 天，冷暗处流产胎儿内可存活 6 个月。巴氏消毒法可杀死该菌，0.1% 的升汞溶液、1% 的来苏儿溶液、1% 的福尔马林溶液、5% 的生石灰溶液为有效的消毒药。本菌对链霉素、四环素及磺胺类药物敏感。

（二）流行特点

各品种兔都有易感性，性成熟的兔更易感，野兔高于家兔。本病主要经消化道传播，也可经皮肤、结膜及交配感染。一年四季均可发生，一般为散发。降低兔抵抗力的各种因素，如兔与羊、牛、猪混养，野兔进入兔场，吸血昆虫大量滋生，环境污染以及卫生条件差等均可促进本病的发生。

（三）临床症状

病兔体温升高，精神沉郁。孕兔流产、子宫炎，从阴道排出大量分泌物，甚至脓性或血样分泌物。公兔的附睾和睾丸肿胀，有时会出现脊椎炎，造成后肢麻痹。一般全身反应不明显。

（四）病理变化

病死母兔子宫内蓄脓，其黏膜溃疡或坏死。有时在完整的绒毛尿囊膜上出现浅表的化脓性渗出液或膜的纤维化和坏死。肝、脾、肺和腋淋巴结发生脓肿。

（五）诊断要点

1. 现场诊断　根据流行特点、临床上出现孕兔流产、子宫炎，公兔睾丸炎和附睾炎等特征，结合剖检变化可做出现场诊断。

2. 实验室诊断　为了进一步确诊应采取子宫内容物、脾脏及淋巴结等病料进行细菌学分离培养。或采取血液分离血清进行凝集试验等。

（1）病原学检查：可采集血液及流产胎儿、胎盘组织、阴道分泌物、脓肿脓汁、病变组织等作为病料。标本涂片经革兰氏染色，布氏杆菌呈革兰氏阴性，多呈球杆状，常散在排列；标本经柯兹罗夫斯基等鉴别染色法染色，布氏杆菌呈红色，其他细菌或细胞呈绿色。病料接种于含5%～10%马血清的营养琼脂或胰蛋白胨琼脂进行培养。若病料污染，可用布氏杆菌选择性培养基分离培养。通过接种实验动物豚鼠再行分离培养，可提高分离率。

（2）血清学诊断：可检测血清中布氏杆菌抗体和病料中布氏杆菌。用已知抗体可检查病料中是否存在布氏杆菌，或分离培养物是否为布氏杆菌，比细菌学检查法简便快速，因而具有较大实用价值。常用方法有荧光抗体技术、反向间接血凝试验、间接炭凝集试验以及免疫酶组化法染色等。

（六）防制措施

1. 预防 无疫病地区，坚持自繁自养，严防本病传入。不从疫区引种、购入饲料及污染的畜产品。新引进的兔要严格检疫，隔离观察，证明无病后方可入大群饲养。本病流行区，搞好检疫消毒工作，淘汰病兔，建立无病新兔群，严格隔离饲养，防止与其他家畜混群或接触。

2. 治疗

（1）肌内注射链霉素20毫克/千克体重，或土霉素20毫克/千克体重，或磺胺嘧啶0.15～0.2克/千克体重，每天2次。连用3～5天。

（2）内服金霉素50～100毫克/兔，每天2次，连用3～5天。

（3）子宫炎时选用0.1%高锰酸钾溶液冲洗，放入金霉素胶囊。睾丸炎可局部温敷，涂搽消炎软膏等。

十六、兔炭疽

兔炭疽是由炭疽杆菌引起的急性、热性、败血性传染病。其特征是败血症变化，脾显著肿大，皮下及浆膜下有出血性胶样浸润，血液凝固不全，呈煤焦油状。

（一）病原

炭疽杆菌是需氧或兼性厌氧、无鞭毛的粗大杆菌。菌体两端平削呈竹节状长链排列，革兰氏染色阳性。在普通培养基中易繁殖。最适温度为37℃，最适pH值为7.2～7.4，在琼脂平板培养菌落呈毛玻璃状，边缘不整齐，呈卷发状，有一个或数个小尾突起。在血琼脂平板上不溶血。炭疽杆菌繁殖体于56℃经2小时或75℃经1小时即可被杀灭，常用浓度的消毒剂也能迅速杀灭。在体外不适宜的环境下可形成卵圆形的芽孢，芽孢的抵抗力极强，在自然条件或在腌渍的肉中能长期生存，在土壤里可存活数十年，在皮毛中能存活数年。经直接日光暴晒100小时、煮沸40分钟、140℃干热3小时、高压蒸汽熏蒸60分钟、10%甲醛溶液浸泡15分钟、5%新配石炭酸溶液或20%含氯石灰溶液浸泡数日以上，才能将芽孢杀灭。

（二）流行病学

消化道与呼吸道是本病的传播途径，也可由吸血昆虫的叮咬经皮肤传染。各品种、年龄的兔均有易感性，但纯种兔发病率和死亡率高于杂种兔。本病一年四季均可发生，多见于炎热的夏季。在雨水多、吸血昆虫多、洪水泛滥等条件下，易引起本病发生。

（三）临床症状

本病潜伏期为10～12小时。体温升高，精神沉郁，缩成一团，呈昏睡状态，呼吸困难，黏膜发绀，食欲不振，步态不稳，战栗，血尿和腹泻，在粪便中常混有血液和气泡。口、鼻流出清稀的黏液，颈、胸、腹下严重水肿。病程稍长，病兔的喉部、头部可发生水肿，导致呼吸极度困难，水肿一侧眼球突出。发病后2天左右死亡，死后天然孔出血。

（四）病理变化

死兔尸僵不全，颈、胸、腹及臀部水肿，水肿部位切开后可见流出微黄白色胶冻样水肿液，血液凝固不良，有时可见天然孔出血。心肌松软，心尖有出血点，心血呈酱油色。肝充血、肿大。胆囊肿大，充满黏稠胆汁。脾脏显著肿大。气管严重出血，肺轻度充血。

（五）诊断要点

根据流行特点、临床症状和病理变化可做出初步诊断，确诊需做实验室检查。

1. 涂片镜检 可采取血液、水肿液或脾脏等病料涂片进行荚膜染色，镜检可见带荚膜的革兰氏阳性大杆菌。或者用病料进行炭疽沉淀试验及荧光抗体试验（抗菌体、抗荚膜、抗芽孢、抗噬菌体等）予以确诊。

2. 分离培养 将病料分别接种于血琼脂平板、普通琼脂平板或碳酸氢钠平板，如见可疑菌落，则根据生物学特征及动物试验进行鉴定。

3. 动物接种 取病兔的分泌物、组织液或所获得的纯培养物接种于小白鼠或豚鼠等动物的皮下组织，如注射局部 24 小时出现典型水肿、出血则为阳性反应。动物大多于 36 ~ 48 小时死亡，在动物内脏和血液中有大量具有荚膜的炭疽杆菌存在。

（六）防制措施

1. 预防

（1）平时要加强预防措施，消灭吸血昆虫，严禁野生动物及其他家畜进入兔场，不喂污染的饲料和饮水，兔舍、兔笼及用具定期进行消毒。

（2）未出现症状的兔群用药物进行预防。工作人员接触病兔及污染物时注意自身防护，以免感染。因无毒炭疽芽孢苗给家兔注射也易引起兔死亡，故目前还没有能用于兔免疫预防的炭疽疫苗。

（3）兔场发生本病时，要立即向上级有关兽医和卫生防疫部门报告，同时采取有效的封锁、消毒措施，防止本病传播、蔓延。严格遵守兽医卫生制度，对病兔要彻底烧毁或深埋。被污染的场地和用具等，要用 4% 氢氧化钠溶液、20% 漂白粉或 0.1% 升汞进行彻底消毒，每天 2 次。

2. 治疗

（1）血清疗法：肌内注射抗炭疽血清 4 ~ 6 毫升/兔，每天 1 次，连用 2 ~ 3 天。

（2）抗生素疗法：肌内注射青霉素5万~10万单位/兔，或链霉素0.1~0.2克/兔，甲砜霉素50~100毫克/兔，每天2次，连用5天。

（3）磺胺疗法：肌内注射磺胺嘧啶0.15~0.2克/千克体重，每天2次，连用4天。同时注意强心、补液、解毒等对症治疗。局部水肿部位先切开，排除异物及水肿液，再用0.1%高锰酸钾或3%过氧化氢液冲洗干净，然后撒上青霉素粉末，每天处理1次。

第三节　其他传染病

一、密螺旋体病

兔密螺旋体病又称兔梅毒病，是由兔梅毒密螺旋体引起兔的生殖器官的一种慢性疾病，以侵害外生殖器，发生炎症、结节和溃疡为主要特征。

（一）病原

兔密螺旋体，呈纤细的螺旋状构造，通常用姬姆萨或石炭酸复红染色。本菌着色力差，通常用暗视野显微镜检查，可见到旋转运动，呈细长、弯曲状。主要存在于病兔的外生殖器官的病灶中。螺旋体的致病力不强，一般只引起兔局部病变而不累及全身。抵抗力也不强，3%来苏儿溶液、2%氢氧化钠溶液和2%甲醛溶液均能杀死该菌。

（二）流行病学

本病的易感动物是家兔和野兔，其他动物和人不感染。传染源主要是病兔。传染途径主要是通过交配感染，其次是通过生殖器外部接触传染或通过病兔排出的病原体污物（如笼舍、垫料、饲料、用具等）经局部损伤而传染。本病在兔群中一旦发生，发病率很高，绝大多数发生于成年兔，8月龄以下未交配的兔极少发病。育龄母兔的发病率比公兔高，一般呈良性经过，几乎没有死亡。

（三）临床症状

潜伏期14~70天。发病后呈慢性经过，可持续数月。病初可见公兔的睾丸肿大，包皮、阴囊及龟头皮肤红肿。母兔的阴门边缘和肛门周围皮肤黏膜红肿，形成粟粒大小结节（图8.45）。以后结节和红肿表面渐有浆液渗出物变得湿润，继而形成红紫色或棕色屑状痂皮（图8.46）。剥下痂皮，露出边缘不整、稍凹陷、容易出血的溃疡面，其周围常伴有轻重不一的水肿。由于痛痒，病兔摩擦、抓搔而造成自身感染，蔓延至面部、下颌、鼻部和爪等，使被毛脱落，但在愈后会很快长出。慢性病变多呈干燥的、鳞片状稍突起，容易被忽视。腹股沟淋巴结和颈淋巴结可能肿大。本病无明显全身症状，精神、食欲、大小便、体温均无异常，多可康复。对公兔性欲影响不大，母兔繁殖能力受影响较大，主要是受孕率下降，发生流产、死胎，所生仔兔生活力差等。

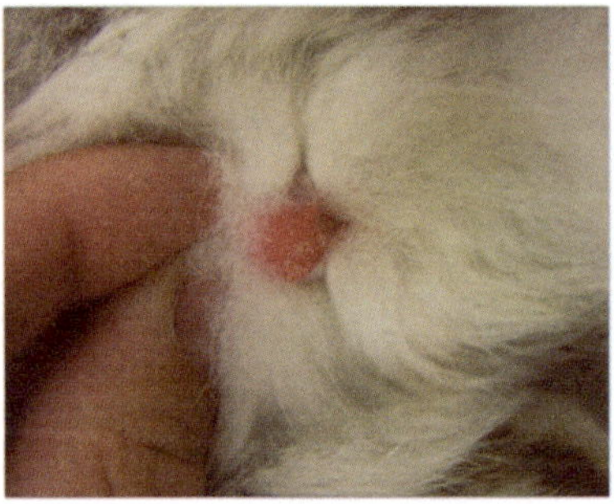

图8.45　阴门红肿，有结节

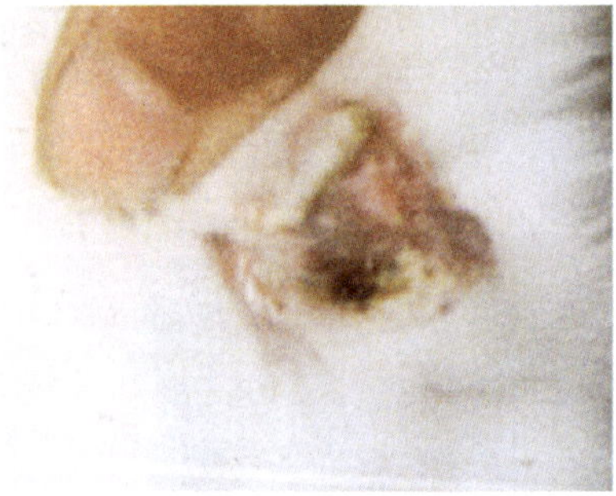

图8.46　阴门周围有屑状痂皮

（四）病理变化

外生殖器和肛门周围黏膜红肿，有粟粒大小结节和痂皮。腹股沟和腘淋巴结的病料切片可见生发中心增生，其中有许多不成熟的淋巴网状细胞。

（五）诊断要点

1. 直接镜检　将病灶部渗出液或淋巴液涂片固定，姬姆萨染色。组织切片可用银染法。用暗视野显微镜可清楚地观察到密螺旋体的形态和运动，即可确诊本病。也可用印度墨汁染色观察病原体形态。

2. 动物试验　小鼠或豚鼠等实验动物人工接种病原体后均不感

染，但对兔人工接种则发生病变，出现与自然感染相同的病灶。

（六）鉴别诊断

1. 与外生殖器官炎症鉴别诊断 由金黄色葡萄球菌引起各种年龄的家兔外生殖器官炎症，怀孕母兔发生流产，仔兔发生死亡，阴道流出黄白色黏稠脓液，阴户和阴道溃烂，常形成溃疡面，形状如花菜样或有大小不一的脓疱，死后剖检，脾脏呈草黄色、质脆；膀胱内积有多量的块状脓液。而兔螺旋体病除了外生殖器官有类似病变外，不发生流产、死亡，无脓疱以及阴道无脓性分泌物，内脏器官亦无肉眼可见病变。用病兔患部分泌物和阴道黏液做涂片，革兰氏染色镜检，如为阳性葡萄状和链状的球菌，即为葡萄球菌，兔螺旋体病病料无细菌出现。将病料接种于绵羊鲜血琼脂培养基，37℃温箱培养 24 小时，如见有溶血、金黄色的菌落，即为葡萄球菌病。

2. 与疥螨病鉴别诊断 由疥螨所引起的皮肤损害多发生于无毛或少毛的鼻端、口腔周围、足趾，以及耳壳内侧和耳尖等部位的皮肤。患病部位的皮肤充血、出血、肥厚、脱毛，有淡黄色渗出物、皮屑和干涸的结痂，严重者常由于消瘦、虚弱而导致死亡。即使严重疥螨病的病例，外生殖器部位的皮肤和黏膜也无病理变化。严重时，即使口腔和鼻端周围皮肤有病变，但耳部的皮肤绝对不会出现病灶。另外，可采取新鲜病灶处的病料，在低倍镜下进行检查，如见有疥螨虫体，可诊断为疥螨病。

（七）防制措施

1. 预防

（1）兔场要严防引进病兔。新引进的兔必须隔离观察 30 天，确定无病时方可入群。配种时要详细检查有无此病。

（2）兔群中发现此病，应立即隔离治疗，病重者应淘汰。彻底清除污物，用 1% ～2% 氢氧化钠溶液或 2% ～3% 的来苏儿严格消毒兔笼和用具。

2. 治疗

（1）肌内注射青霉素 10 万单位/千克体重，或链霉素 15～20 毫克/千克体重，每天 2 次，连用 5 天。

（2）患部用硼酸水或0.1%高锰酸钾溶液或肥皂水洗涤后，再涂擦青霉素软膏或碘甘油，每天1次，20天可痊愈。

（3）芫荽2克，枸杞根3克，洗净切碎，加水煎10分钟，再加少许明矾洗患处，每天1次，12天好转。

二、支原体病

支原体病是由支原体引起兔的一种慢性呼吸道传染病。临床上以呼吸道和关节炎症反应为主要特征。

（一）病原

支原体无细胞壁，只有三层极薄的膜组成细胞膜，形态多样，有环状、球状、点状、杆状和两极状。本菌不易着色，可用姬姆萨或瑞特斯染色。支原体专用培养基上呈荷包煎蛋状菌落。支原体广泛存在于土壤、污水和组织培养物中，是一种呼吸道寄生菌。目前已发现的支原体有90多种，其中有32种对人、动物和昆虫有致病作用。对外界抵抗力不强，1～4℃可存活4～7天，但耐低温，冻干保存于－25℃可存活2年以上。常用消毒剂均能很快将其杀灭。对家兔危害严重的主要是肺炎支原体和关节炎支原体，可造成15%的家兔发生死亡。支原体对青霉素、先锋霉素有抵抗力，对四环素、强力霉素、红霉素、螺旋霉素、链霉素较敏感。

（二）流行病学

本病主要经呼吸道传播，各品种、年龄的兔均易感，幼兔发病率最高，长毛兔易感性最强。一年四季均可发生，多发于早春和秋冬寒冷季节。兔舍、空气及环境污染，天气突变，受寒感冒，饲养管理不良等均可诱发本病。

（三）临床症状

病兔流黏液性或浆液性鼻液、打喷嚏、咳嗽、呼吸促迫、喘气、食欲减少、精神沉郁、不愿活动。有的病兔可见中耳炎症状，表现为斜颈、转圈，有的病兔四肢关节肿大，屈曲不灵活。

（四）病理变化

支气管黏膜充血、出血，管内有带泡沫的黏液。肺水肿、气肿，继而肝变。肘关节、腕关节、膝关节和跗关节肿大。

（五）诊断要点

根据临床症状和病理变化可做出初步诊断，确诊需做微生物学检查。可采取病兔呼吸道分泌物及肺部病变组织，进行支原体分离培养，或做免疫荧光抗体试验和间接血凝试验等，可以确诊。

（六）防制措施

1. 预防　加强饲养管理，搞好兔舍与环境卫生，消除各种应激因素。不从疫区引进种兔，对引进的种兔要严格检疫，隔离观察30天，健康无病方可混群饲养。兔舍、兔笼、用具等用0.3%过氧乙酸溶液或2%氢氧化钠溶液全面消毒。死亡兔及其排泄物一律烧毁，或消毒后深埋，兔肉不得食用。未发病兔群可用治疗药物拌料内服或饮水，进行药物预防。

2. 治疗

（1）肌内注射卡那霉素10～20毫克/千克体重，或四环素30～50毫克/千克体重，每天2次，连用5天。

（2）也可选用泰乐菌素、林可霉素、恩诺沙星、环丙沙星等药治疗。

（3）清温败毒散拌料喂兔，有协助治疗作用。

三、放线菌病

本病是以放线菌引起家兔的骨髓炎和皮下脓肿为特征的疾病，引起家兔疾病的主要是牛放线菌。

（一）病原

放线菌形似一团缠结的菌丝，围有一团嗜酸性的包膜物质。本菌为革兰氏阳性染色。当将压碎颗粒染色镜检时，菌体为多形态，呈球状的或大小不同的杆状、分支及螺旋形。本菌可在10%～15%二氧化碳的密闭容器中生长。将菌体在固体培养基内做震荡培养时，该菌不在培养基表面生长，其最适宜生长层是在表面下约1毫米处，但在整个培养基中常见分散的菌落。如果试管密封，使内部空气中二氧化碳浓度增加，本菌有时也会在培养基表面生长。

（二）流行病学

放线菌属于口咽和消化道的正常寄生菌，当齿槽和齿龈受到各种损伤后，放线菌可乘机进入组织内繁殖，引起骨髓炎和软组织的炎症。

（三）症状

放线菌可侵袭下颌骨、鼻骨、跗关节、腰椎骨，造成骨髓炎。病兔表现下颌骨或其他部位骨骼的肿胀，甚至形成脓肿或囊肿，随着病程的延长，结缔组织内出现增生形成致密的肿瘤样团块。病变的组织中可充满脓汁，最后由于组织破溃形成瘘管，使脓汁从瘘管内排出。主要的病变多见于头、颈部骨骼。

（四）病理变化

受害的骨骼出现单纯性骨髓炎，周围软组织也形成化脓性炎症。病变部位的脓汁无特殊的臭味，黏液样、坚韧。脓汁内含有直径为3～4毫米的干酪样颗粒，它是放线菌的集落，通常称为“硫黄颗粒”，在显微镜下可见辐射状的、肥大的棍棒样菌丝。在结缔组织内不但含有特征性的肉芽组织，而且也含有这种颗粒。

（五）诊断要点

本病的诊断主要依据临床症状，病变和病变组织中“硫黄颗粒”的染色，可做出初步诊断。

取病变部位的脓汁，从中选出颗粒，洗涤，放在清洁载片上压碎，做革兰氏染色，可见革兰氏阳性的短杆状、菌状和分支状的放线菌。

（六）防制措施

1. 预防　加强饲养管理，搞好兔舍与环境卫生，消除各种应激因素，定期进行消毒。

2. 治疗　静脉注射碘化钠，或肌内注射青霉素，或口服土霉素，均对放线菌病有一定的疗效。

四、秃毛癣

秃毛癣是由秃毛癣真菌引起的一种传染病，多发生于长毛兔。

（一）临床症状

在长毛兔的大腿两侧先发，严重的扩展到两侧肩胛及全身。患部被毛脆弱易断，看上去如同剪过毛后的秃面，患部皮肤上常见到大小不等的结节和鳞片，病兔的体况一般来说不受损害，但影响产毛量。

（二）诊断要点

根据临床症状即可确诊。

（三）防制措施

1. 预防 注意环境卫生，保持清洁干燥，定期对兔笼消毒。

2. 治疗 拔掉患部被毛（显现皮肤），用2%来苏儿或温肥皂水清洗患部，再涂擦10%碘酊，或10%水杨酸软膏，或10%木馏油软膏，或2%甲醛软膏。或用乌洛托品10片，加入75%乙醇20毫升，装瓶溶化24小时，涂擦患部，每天1次，连用3～4天。或用百部156克，浸泡于75%乙醇500毫升内15天，涂擦患部。或用大蒜切面涂擦患部，效果良好。

五、兔流行性腹胀病

兔流行性腹胀是兔消化道疾病的一种常见临床症状，多种因素均可引起，可造成大批死亡。

（一）病因

1. 饲料质量差 规模化、集约化兔场由于饲料用量大，解决起来比较困难，特别是草粉更难解决，部分兔场所用的草粉质量不过关，存在着土质大（粉碎时带有土）、霉变多（草料本身就有霉变或存放时湿水返潮）、营养差（花生壳粉、麦秸粉、玉米秸粉）等诸多问题，影响饲料品质。

2. 饲料原料不稳定 部分兔场购进的饲料原料不稳定，使兔的消化功能难以适应饲料更换的速度，这样兔就很容易发生此病。

3. 环境条件差 目前许多兔场，仔、幼兔育成舍环境条件差，致使仔兔断奶后生活条件恶劣，导致该病的发生。

4. 饲养管理不到位 部分规模化、集约化兔场雇佣的饲养员，责任心不强，往往是刚断奶的仔兔喂量过大，饥一顿、饱一顿的现象时常存在。在饲料生产过程中，有好的配方不一定有好的饲料，原料配比不合理，营养不均衡。突然换料现象严重，兔舍空气污浊、卫生不洁、消毒不及时等，都是诱发此病的因素。

5. 乱用药物防病 为防止兔患传染病、寄生虫病和普通病，养兔者在饲料或饮水中盲目地加入抗菌药和抗球虫药，致使兔产生了抗药性，扰乱了胃肠道内正常菌群的平衡，进而引起此病。

6. 患有其他疾病 如皮肤真菌病、豆状囊尾蚴病、呼吸道病等慢性疾病，使兔体抵抗力下降，一旦遇到应激状况（如转群、打疫苗、天气突变等）很容易诱发此病。

（二）流行病学

30～90 日龄兔易发，有的兔场也波及 120 日龄兔。本病一年四季均可发生，季节交换时多发。发病率在 30% 左右，死亡率在 80% 以上，有的兔场可达 100%。

（三）临床症状

全群仔、幼兔一切正常，突然在某一笼或几笼内有一只或几只精神不佳，扎堆不吃食，但有饮欲，继而发病兔只数不断增加。起初粪便有一定的变化，继而拉黄白色胶冻样黏液（图 8.47），随后肚胀如鼓（图 8.48），一点粪便不拉。手呈八字形触摸腹部，手指用适当力度紧捏盲肠，感到有粪块（但也有的兔摸不到粪块），肚皮胀感明显。摇动兔体有响水音（这是腹膜腔积水和胃内容物呈水样所致），磨牙声明显。病兔体温并不升高，死前下降至 38℃ 以下。病程一般 3～5 天，绝大部分肚胀如鼓，呼吸困难，衰竭而亡。耐过 7 天不死的，排出少量粪便后，又开始吃料和草，2 天后基本恢复正常。

（四）病理变化

胃鼓胀，胃内容物稀薄，有的呈水样，部分病兔胃黏膜出血、溃疡、脱落（图 8.49）。小肠充气，内容物黄色，部分有胶冻样白色黏液，肠壁出血（图 8.50）。盲肠壁薄，大多有出血现象（图 8.51），肠内充气严重，内容物干硬成块，与肠壁粘连较紧（图 8.52）。结肠内多数充满胶冻样黏液，剪开肠管，胶冻样物呈半透明状流出。部分气管环状充血、出血，肺有局部出血，心脏表面血管怒张，膀胱充盈，胆囊充满，心、肝、脾、肾等未见明显变化。

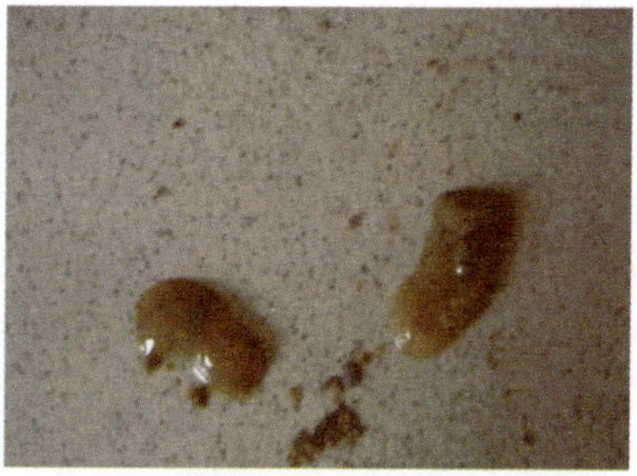

图 8.47 病初拉黄白色胶冻样粪便

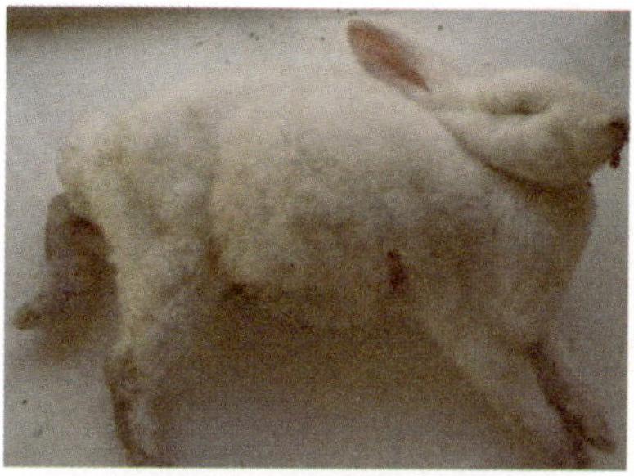

图 8.48 病兔肚胀如鼓

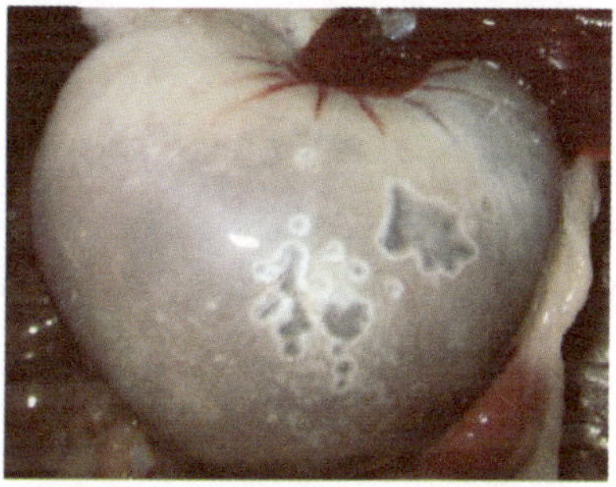

图 8.49 胃内容物水样，黏膜溃疡

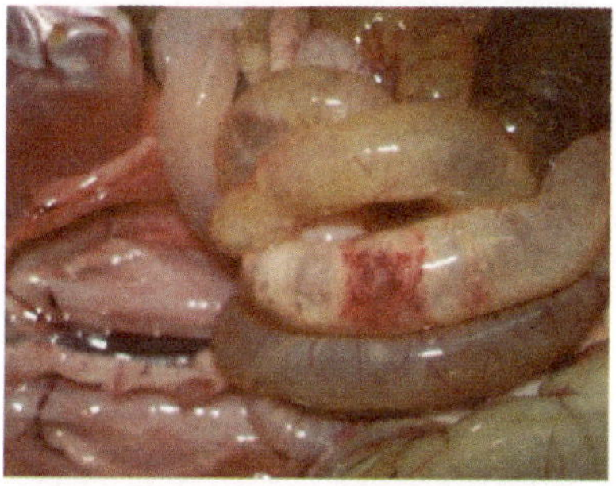

图 8.50 小肠充气，肠壁出血

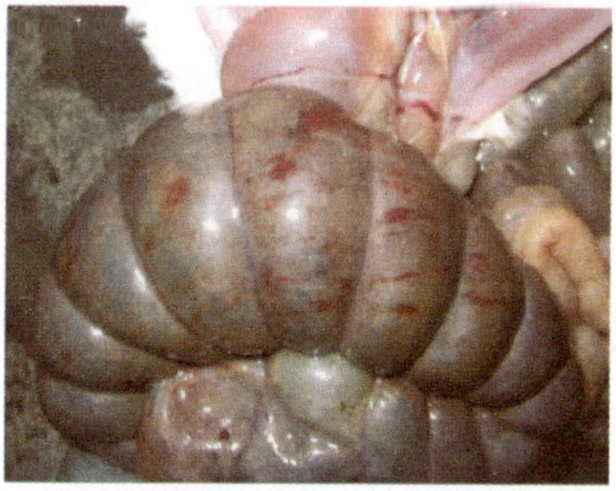

图 8.51 盲肠壁出血明显

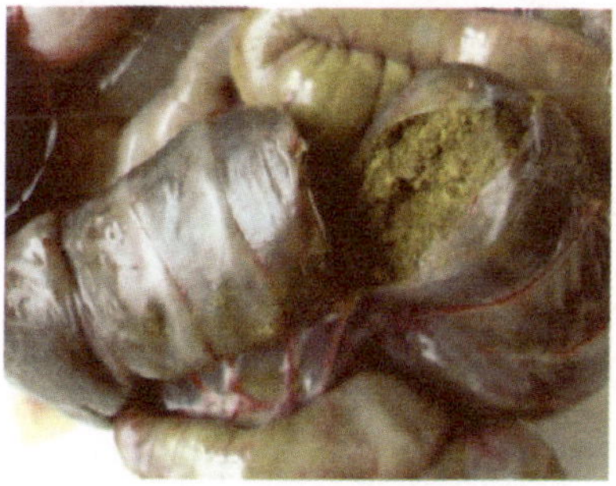

图 8.52 盲肠内容物干硬成块

（五）防制措施

该病的治疗意义不大。兔场一旦发生此病，可将病兔放到运动场或草坪让其自由奔跑，放足饮水，禁食，可投入适量具有清热解毒、抗菌消炎的野草（如苦苣菜、蒲公英、抱茎苦荬菜、山苦荬、泽漆、葎草等）任其自由采食。有 20% ~30% 自行痊愈。对那些不发病兔采取有效措施进行预防，这是控制本病的最好方法。

1. 预防 在保证饲料原料质量好、配比准确、营养平衡全面，控制饲喂次数和用量，供给清洁饮水的基础上，进行合理用药预防。

2. 治疗

（1）选用胀必 100 克，拌料 200 千克，30 ~90 日龄期间，每 20 天用药 7 天。发病期间胀必 100 克，拌料 100 千克，连用 7 天，隔 7 天再用 7 天；或选用复方新诺明原粉 100 克，拌料 100 千克，用药时间同前。该方对此病有较理想的预防效果。

（2）选用中药白头翁汤 200 克或清瘟败毒散 200 克拌料 50 千克。30 ~90 日龄期间，隔 1 天喂 1 天或隔 2 天喂 1 天。发病期间用量加倍。该方具有清热解毒、抗菌消炎、帮助消化和促进胃肠蠕动的作用，对预防此病有较好的效果。

（3）发病期间，配合上述任何一种方法，50 千克水内加 2 500 克葡萄糖、30 克电解多维、20 克乳酸环丙沙星或恩诺沙星，饮水 2 天，隔 7 天，再饮水 2 天。对增强兔体抵抗力和排除体内有害物质有帮助。

（4）发病期间，一定要严格消毒，连续进行 5 ~7 天，能较快地控制此病扩散。

六、附红细胞体病

兔附红细胞体病是由附红细胞体引起的人畜共患传染病。临床上以发热、贫血、黄疸、消瘦和脾脏、胆囊肿大为特征。

（一）病原

附红细胞体是一种多形态微生物，多数为环形、球形和卵圆形，少数为顿号形和杆状。附红细胞体对干燥和化学药物比较敏感，常用的消毒药可在几分钟内将其杀死。我国于 1981 年首先在家兔中发现附红细胞体病后，现已分布于全国各地。据甘肃省 1997 年对家兔调查证实，兔附红细胞体平均感染率高达 81.5%。

（二）流行特点

本病可经直接接触传播。如通过注射、打耳号、剪毛及人工授精等经血源传播，或经子宫感染垂直传播。吸血昆虫如扁虱、刺蝇、蚊、蜱等以及小型啮齿动物是本病的传播媒介。各种年龄、各种品种的家兔都有易感性。此外，我国也先后查到了马、骡、猪、牛、羊、兔、鸦、骆驼和鼠等感染附红细胞体病例。本病一年四季均可发生，但以吸血昆虫大量繁殖的夏秋季节多见。兔舍与环境严重污染、兔体表患寄生虫病、吸血昆虫滋生等条件下，可促使本病的发生与流行。

（三）临床症状

病兔精神不振，食欲减退，体温升高，结膜淡黄，贫血，消瘦，全身无力，不愿活动，俯卧。呼吸加快，心力衰弱，尿黄，粪便时干时稀。有的病兔出现神经症状。

（四）病理变化

病死兔的血液稀薄，结膜苍白，腹膜腔积水，脾肿大，胸膜脂肪和肝黄染，胆囊胀满。

（五）诊断要点

根据贫血、消瘦等临床症状和病理变化做出初步诊断。确诊需做实验室检查。方法是：采病兔耳外静脉血 1 滴，滴于载玻片上，加等量生理盐水稀释，盖上盖玻片，在高倍镜和油镜下观察。或用血液 1 滴滴于载玻片上，用另一个玻片轻推或拉而制成涂片，用瑞特斯或姬姆萨染色，油镜下检查可见附红细胞体呈环形、蛇形、顿点形或杆状等。多数聚集在红细胞周围或膜上，被感染的红细胞失去球形形态，边缘不整而呈齿轮状、星芒状、不规则多边形。此外，还可应用补体结合试验、间接血凝试验、酶联免疫吸附试验与 DNA 技术进行确诊。

（六）防治措施

1. 预防　加强饲养管理，搞好环境卫生，定期消毒，消除污水、污物及杂草，使吸血昆虫无滋生之地。消除各种应激因素对兔体的影响，夏秋季节可对兔体喷洒药物，防止昆虫叮咬，并内服抗生素，进行药物预防。饲养管理人员接触病兔时，注意自身防护，以免感染本病。

2. 治疗

（1）新砷凡钠明40～60毫克/千克体重，以5%葡萄糖溶液溶解成10%注射液，静脉缓慢注射，每天1次，隔3～6天重复用药1次。

（2）肌内注射四环素40毫克/千克体重，或土霉素40毫克/千克体重，每天2次，连用7天。

（3）血虫甲（贝尼尔）、黄色素及氯苯胍等，也可用于本病的治疗。

第四节　寄生虫病

一、球虫病

（一）病原

寄生于兔的艾美耳球虫有16种。除斯氏艾美耳球虫寄生于胆管上皮之外，其余各种均寄生于肠黏膜上皮。常见的有10种，分别是斯氏艾美耳球虫、黄艾美耳球虫、穿孔艾美耳球虫、大型艾美耳球虫、中型艾美耳球虫、无残艾美耳球虫、梨形艾美耳球虫、盲肠艾美耳球虫、肠艾美耳球虫及小型艾美耳球虫。致病性较强的是肠艾美耳球虫和黄艾美耳球虫及斯氏艾美耳球虫。

兔球虫病是一种或多种球虫寄生于兔的肝、胆管和肠黏膜上皮的最常见的寄生虫病，对养兔业危害极大。

（二）流行病学

各种品种、性别和年龄的兔均可感染球虫，但以30～90日龄的幼兔感染率、发病率和死亡率最高，死亡率可达70%，耐过的病兔生长发育和生产性能受到严重影响。成年兔为带虫者，对幼兔危害严重。本病的感染途径主要是采食或饮水引起感染，仔兔主要是哺乳引起感染。本病多流行于温暖多雨季节，兔舍内温度保持在10℃以上时随时可发生本病。

（三）致病机制

球虫破坏大量的上皮细胞，使正常的消化过程陷于紊乱，从而造成机体的营养缺乏、水肿等。由于肠上皮细胞的大量崩解，形成有利于细菌繁殖的环境，导致肠内容物中产生大量的有毒物质，被机体吸收后发生自体中毒，临床上表现痉挛、虚脱、肠膨胀和脑贫血等。因此，球虫对上皮细胞的破坏、有毒物质的产生及肠道细菌的综合作用而引起机体发病。

（四）临床症状

按球虫的种类和寄生部位的不同，可将兔球虫病的症状分为肠型、肝型和混合型，但临床所见多为混合型。其典型症状是被毛粗乱，食欲减退或废绝，精神沉郁，动作迟缓，伏卧不动（图 8.53），眼、鼻分泌物增多，口腔周围被毛潮湿，腹泻或腹泻与便秘交替。病兔由于肠鼓胀、膀胱积尿和肝肿大而致腹围增大，肝区触诊有痛感，病兔虚弱消瘦，结膜苍白，可视黏膜轻度黄染；在病后期，幼兔常出现神经症状，四肢痉挛、麻痹，多因极度衰弱而死亡。

（五）病理变化

肝球虫病时，肝表面和实质内有许多白色或淡黄色结节，呈圆形，如粟粒至豌豆大（图 8.54），沿胆小管分布。在慢性肝球虫病时，胆管周围和小叶间部分结缔组织增生，使肝细胞萎缩，肝体积缩小（间质性肝炎）；胆囊黏膜有卡他性炎症。肠球虫病时，肠壁血管充血，十二指肠扩张、肥厚，黏膜发生卡他性炎症。小肠充气，黏膜充血，上有出血点。在慢性病例，肠黏膜呈淡灰色，上有许多小的白色球虫结节（图 8.55）和小的化脓性、坏死性病灶。

（六）诊断要点

根据流行病学资料、临床症状和病理剖检结果，可做出初步诊断，确诊需查病原体。其方法是：用饱和盐水漂浮法检查粪便中的卵囊，或将肠黏膜刮取物及肝病灶刮屑制成涂片，置显微镜下检查裂殖体、裂殖子及卵囊。如果在粪便中发现大量卵囊或在病灶中发现大量不同发育阶段的球虫，即可确诊为球虫病。兔的艾美耳球虫卵囊呈卵圆形或长椭圆形（图 8.56），无色或淡黄色，未孢子化卵囊内含 1 团卵囊质，孢子化卵囊内含4个孢子囊，每个孢子囊内含2个子孢子。

图8.53　病兔被毛粗乱，伏地，消瘦

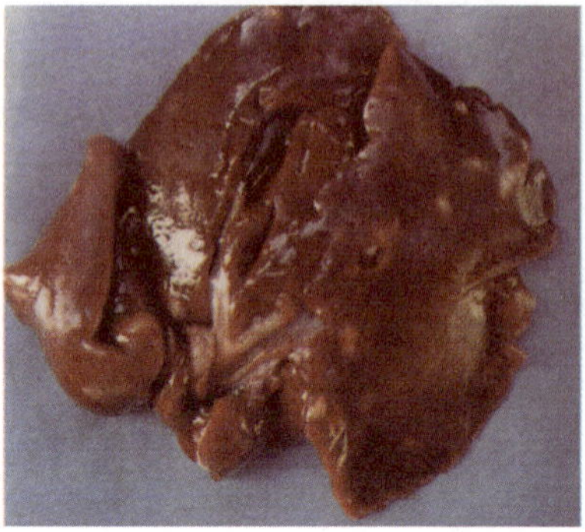

图8.54　肝表面有许多淡黄色结节

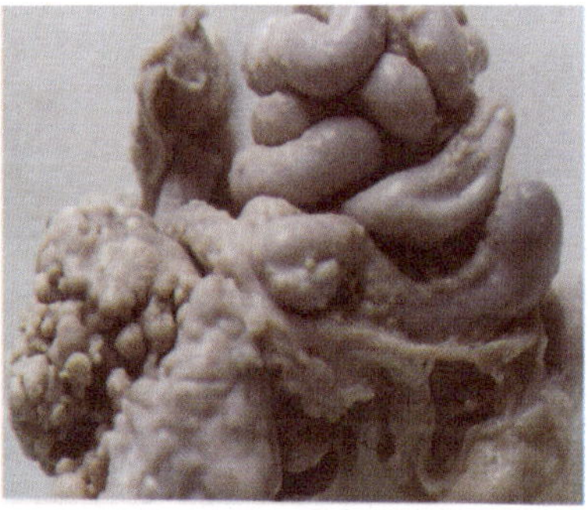

图8.55　小肠壁上有许多灰白色小结节

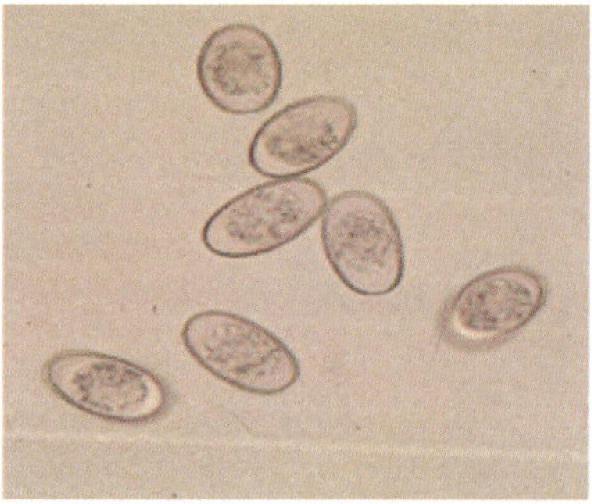

图8.56　显微镜下球虫卵囊（×100）

（七）防制措施

1. 预防

（1）经常打扫兔舍卫生，定期消毒，保持兔舍清洁干燥是预防球虫病的根本。

（2）根据各自兔场实际，选用适宜本场的有效抗球虫药，按说明加大一定剂量拌料和饮水。一般来说，幼兔每15天喂药料和饮药水5~7天；后备兔和成年兔每30天喂药料和饮药水5~7天。有计划地使用球虫药是预防球虫病的关键。

2. 治疗 兔场一旦确诊暴发球虫病，应采取综合治疗措施。

（1）球速杀50克，配伍乳酸环丙沙星20克，兑水50千克，连续饮水7天，或地克珠利配伍抗菌药按比例饮水或喂料，结合加强饲养管理，能很好地控制球虫病。

（2）磺胺二甲氧嘧啶具有较强的抗球虫作用。常用于治疗暴发性球虫病。按0.1%浓度混饲，连用5~7天，停10天后再用1个疗程。

（3）磺胺二甲基嘧啶，治疗按0.5%浓度混饲，连用7天。

二、弓形虫病

弓形虫病是由刚地弓形虫寄生于多种动物体内引起的一种人畜共患原虫病。

（一）病原

弓形虫的终末宿主为猫，寄生于猫的肠上皮；中间宿主包括人、猪、犬、兔等。带有孢子化卵囊（感染性卵囊）的猫粪或带有其他发育阶段虫体的中间宿主的肉、分泌物、排泄物等污染兔的饲料和饮水，被兔吃入后可引起感染和发病。幼兔发病率和死亡率高，成年兔死亡率较低。

（二）临床症状

急性型病例体温升高，呼吸加快，食欲废绝，精神沉郁，嗜睡，鼻、眼流浆液性或脓性分泌物；几天内出现全身或局部运动失调及后躯麻痹等神经功能障碍；常在发病后2~8天死亡。慢性型病例仅表现食欲减退，消瘦，贫血，后躯麻痹；发病一段时间后突然死亡；但大多数病兔转为隐性感染，呈亚临床过程或无症状。

（三）病理变化

在急性型病兔的肠系膜淋巴结、脾、肝、肺、心可见明显的广泛坏死，肺显著水肿并有粟粒状坏死灶，胸腔、腹腔内有大量黄色渗出液；慢性型病兔主要以肠系膜淋巴结明显肿胀和坏死为特征，肝、脾、肺有白色坏死硬结节，并可查到弓形虫包囊，脾肉芽状肿胀。

（四）诊断要点

根据流行特点、临床症状、剖检变化可做出诊断，确诊需查病原体，方法是：取肝、脾、肺、淋巴结等病变组织或腹腔渗出物涂片，经姬姆萨染色或瑞氏染色或革兰氏染色后在油镜下可检查出虫体。对隐性感染兔，可用间接血凝试验、染色试验或酶联免疫吸附试验等血清学方法进行诊断。

（五）防制措施

1. 预防 及时淘汰病兔，防止猫、狗等有害动物进入兔舍，以免病猫粪便中的弓形虫卵囊污染兔的饲料、饮水。定期用磺胺类药物预防。

2. 治疗 兔场一旦发生此病，选用磺胺类药物进行治疗，其方法有：肌内注射磺胺嘧啶钠注射液0.1克/千克体重，每天2次，连用3~5天；或内服磺胺嘧啶粉剂或片剂0.1克/千克体重，每天2次，连用4~7天；或选用磺胺六甲氧嘧啶、磺胺二甲氧嘧啶、磺胺甲基嘧啶、磺胺二甲基嘧啶均对此病有效，与乙胺嘧啶或抗菌增效剂合用可增强疗效。无论使用哪种磺胺类药，首次用量均应加倍。在使用磺胺类药治疗的同时，应视病情给予对症治疗。

三、蛲虫病

兔蛲虫病又称兔栓尾线虫病，是兔栓尾线虫寄生于兔的大肠内所引起的一种常见线虫病，常大量寄生于家兔的盲肠和结肠。

（一）病原

蛲虫虫体半透明，呈线状，雄虫长4~5毫米，雌虫长8~11毫米，口孔较小，食道中部膨大，有后食道球。虫体尾端尖细，尾约占体长的1/2。虫卵壳薄，一侧扁平，排出后不久即达到感染期。兔食入感染性虫卵而被感染，虫体在盲肠或结肠发育为成虫。

（二）症状

少量感染时，一般不表现临床症状，严重时表现为食欲下降，精神沉郁，被毛粗乱，进行性消瘦、下痢，严重者可导致死亡。在夜间检查，粪球或患兔肛门周围有乳白色似线头样蛲虫爬出（图8.57）。

（三）病理变化

幼虫在盲肠黏膜隐窝内发育，并以肠黏膜为食，使黏膜受损发炎，在盲肠内容物中可见许多线状虫体（图 8.58）。

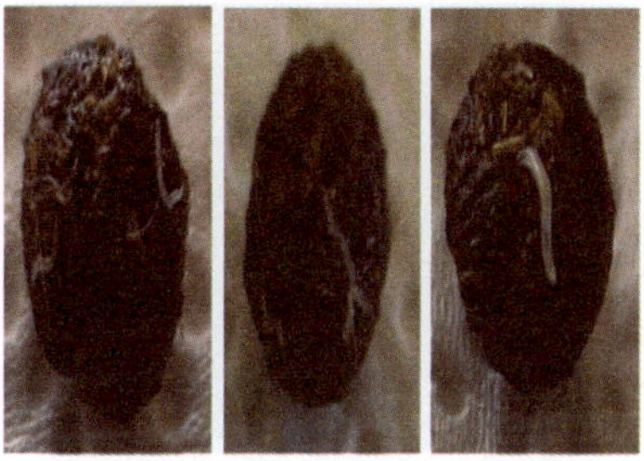

图 8.57　粪球中爬出栓尾线虫

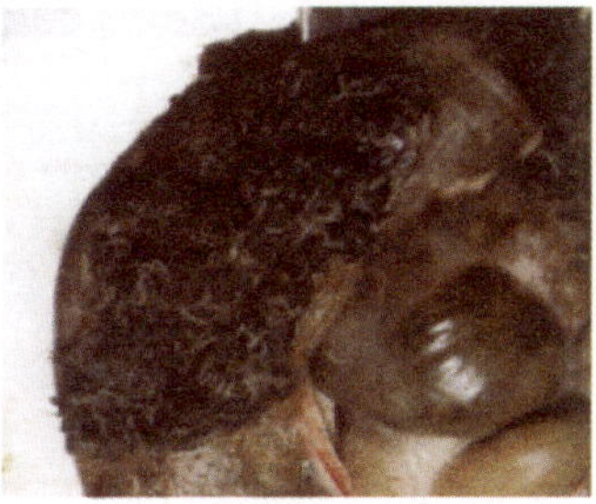

图 8.58　盲肠内容物有许多栓尾线虫

（四）诊断

尸体剖检时可在盲肠黏膜上发现虫体；盐水浮集法检查虫卵。

（五）防制措施

1. 预防　兔蛲虫是土源性寄生虫，因此，应重点加强饮水和饲料的卫生工作，加强兔舍的卫生管理，经常打扫兔舍及兔场，兔粪清理后及时堆肥发酵，杀死粪便中的虫卵；对饲具和饮具等定期消毒，对流行地区的兔，可用丙硫咪唑，5～10 毫克/千克体重，1 次口服，每年定期驱虫 2 次。

2. 治疗　左旋咪唑，5～6 毫克/千克体重，或丙硫咪唑，10 毫克/千克体重，每天 1 次，连用 2 天。

四、肝片吸虫病

肝片吸虫病是由肝片吸虫引起的一种世界性分布的人畜共患寄生虫病。

（一）病原

肝片吸虫为大型吸虫，长 20～35 毫米，宽 5～13 毫米，柳叶状，腹、背扁平（图 8.59）。成虫在肝脏的胆管中产卵，随胆汁进入肠道并随粪便排出体外，在水中孵化出毛蚴，毛蚴钻入中间宿主——椎实

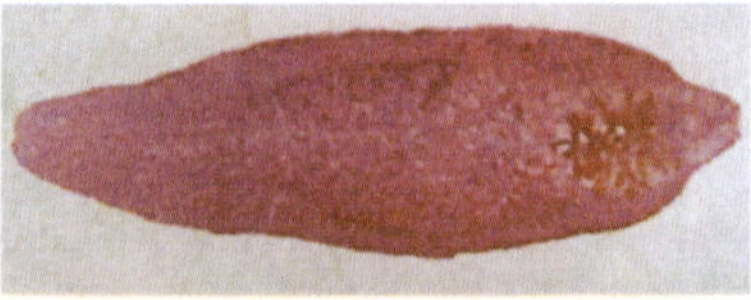

图 8.59 肝片吸虫压片
（伊红染色，×10）

螺体内，经胞蚴、母雷蚴、子雷蚴，最后发育成尾蚴，尾蚴从螺体逸出，附着在水草上形成感染性囊蚴。兔吃了带有感染性囊蚴的草而被感染。幼虫在小肠内脱囊而出，穿过肠壁进入腹腔，然后穿过肝包膜、肝实质进入胆管发育为成虫。自感染到发育为成虫需3～4个月，成虫可寄生3～5年。

（二）流行病学

本病为世界性分布，多见于反刍动物，兔也可被寄生，特别是以青饲料为主的兔发病率和死亡率均高。多发生于低洼与沼泽地区和多雨的年份。囊蚴附着在各种水草叶茎上，以水面附近最多。囊蚴在潮湿的干草和水内能存活3个月以上，在干燥及直射阳光下3～4周死亡。

（三）临床症状

临床表现可分为急性和慢性。急性病例，兔突然发病，开始体温升高，精神沉郁，贫血，腹痛，腹泻，黄疸，很快死亡。慢性病例，主要是消化紊乱，便秘腹泻交替，进行性消瘦，严重贫血，颌下、眼睑、胸下水肿明显，经1～2天病情恶化而死亡。

（四）病理变化

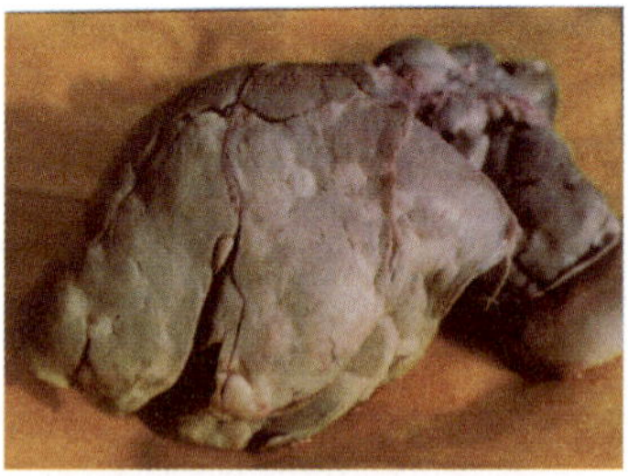

图 8.60 肝表面灰白色结节

肝片吸虫的幼虫在肝组织内移行，可造成肝脏出血和急性炎症。主要表现为胆管壁粗糙增厚，呈绳索样凸出于肝脏表面，内含糊状物和虫体，严重病例可见到肝硬变（图8.60）。胆管内有虫体、虫卵、坏死的细胞等，胆管黏膜上皮增生并坏死、脱落，胆管壁结缔组织增生，其中有不少嗜酸性粒细胞和单核细胞浸润，腺体也增生。

（五）诊断要点

根据消瘦、贫血、黄疸、便秘与下痢交替，眼睑、颌下、胸腹下水肿等临床症状和粪检有虫卵，剖检可见胆管有虫体做出诊断。

（六）防制措施

1. 预防　合理处理水生植物饲料，水生植物饲料可通过青贮发酵杀死囊蚴（青贮 1 个月以上）。不要给兔饮用江河水等地面水，不要从低洼和沼泽地割草喂兔，最好饮用自来水或深井水。定期驱虫，对喂青饲料为主的兔定期驱虫，驱虫后的粪便应集中处理，达到灭虫灭卵的目的。

2. 治疗　内服蛭得净 10 ~ 15 毫克/千克体重，或丙硫咪唑 10 ~ 15 毫克/千克体重，或硫双二氯酚 50 ~ 80 毫克/千克体重，1 天 1 次，隔 3 天再服 1 次，再隔 3 天再服 1 次。有很好的治疗效果，对幼虫、成虫均有效。

五、肝毛细线虫病

肝毛细线虫病是因兔感染毛细线虫引起的一种寄生虫病。

（一）病原

肝毛细线虫属于毛细科，毛线属。虫体非常纤细，白色。虫卵椭圆形，两端具有塞状物，长为 63 ~ 68 微米，宽为 30 ~ 33 微米。成熟的雌、雄虫在宿主肝脏内产卵，虫滞留在肝脏中。仅有少数的虫卵可通过损伤的胆管随胆汁进入肠中，随粪便排出。

（二）流行病学

肝毛细线虫为世界性分布，宿主主要是啮齿类动物，人偶尔也可感染。

（三）临床症状

病兔生前无明显症状，仅表现为消瘦，食欲降低，精神沉郁。

（四）病理变化

肝肿大，肝表面和实质中有纤维性结缔组织增生，肝脏有黄色条纹状或斑点状结节，有的为绳索状。结节周围肝周围组织可出现坏死灶。

（五）病理变化

根据消瘦和精神状况，剖检见肝上有黄色条纹、斑状结节以及虫体和虫卵可做出诊断。

（六）防制措施

1. 预防 消灭老鼠，同时避免老鼠污染饲料和饮水。

2. 治疗 内服甲苯咪唑 100～200 毫克/千克体重，或丙硫苯咪唑 15～20 毫克/千克体重，每天 1 次，连用 4 天。

六、兔豆状囊尾蚴病

兔豆状囊尾蚴病是由豆状带绦虫的中绦期幼虫寄生于兔的肝脏、肠系膜和腹腔内引起的疾病。本病虽很少引起病兔死亡，但可使兔生长发育缓慢和抵抗力减弱。

（一）病原

豆状囊尾蚴成虫寄生于犬科动物的小肠内，幼虫称豆状囊尾蚴。犬、猫和野生肉食动物吞食了带有豆状囊尾蚴的脏器后，在其体内长成绦虫，绦虫成熟后排出含卵节片，兔食入污染有这种节片和卵的饲料后，六钩蚴便从绦虫卵中钻出，进入肠壁血管，随血流到达肝后开始发育，在肝内穿行 15～30 天后，钻出肝被膜，进入腹腔，在网膜和肠系膜等处生长、发育为豆状囊尾蚴。

（二）流行病学

本病呈世界性分布，我国各地均有发生。兔为豆状带绦虫的中间宿主，犬、猫等动物为终末宿主，随着养兔业发展和猫、狗等宠物的增多，形成了家养宠物和兔之间的循环流行。

（三）临床症状

豆状囊尾蚴少量寄生时常无明显症状，仅表现为生长发育缓慢；大量感染则出现肝炎症状，急性发作时可骤然死亡。慢性病例主要表现为消化紊乱，食欲不良，口渴，腹围增大，精神沉郁，逐渐消瘦，体力衰竭，最终死亡。

（四）病理变化

主要病变是肝肿大，表面有大小不等的虫体结节和形成的疤痕条纹（图 8.61），后期实变、硬化。在肠壁、肠系膜、胃网膜等处有多少不一的豆状囊尾蚴（图 8.62），引起肠壁纤维素性渗出和出血。有时囊尾蚴可多达数十个或数百个，状似葡萄串。另外，身体消瘦，皮下常发生水肿，腹腔有较多液体。

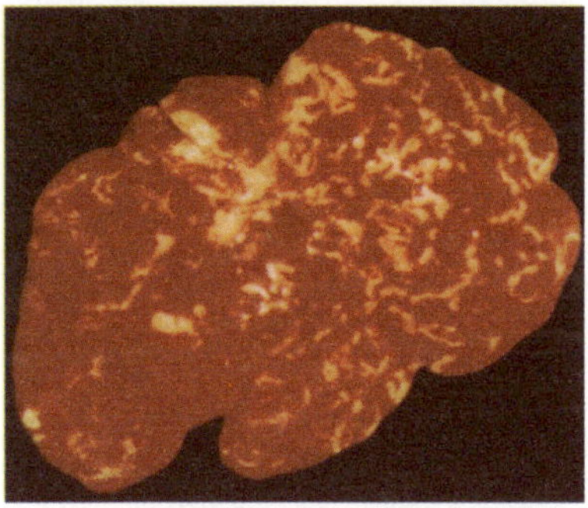

图 8.61　肝表面有许多弯曲淡黄色条纹

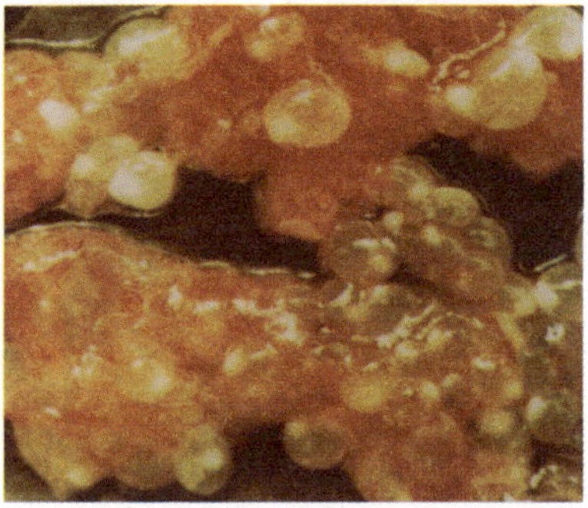

图 8.62　大网膜寄生似葡萄串状豆状囊尾蚴

（五）诊断要点

根据病因、身体状况、粪便性状、剖检有灰白色透明的囊泡可做出诊断。

（六）防制措施

1. 预防　本病应以预防为主。加强管理，防止犬、猫粪便污染兔饲料、饮水，不用有豆状囊尾蚴的兔内脏和肉尸喂犬。兔场最好不养犬。定期对兔群和护场犬进行驱虫。

2. 治疗　兔群一旦发病，选用以下药物进行治疗。

（1）皮下注射吡喹酮 25 毫克/千克体重，每天 1 次，连用 5 天。

（2）内服甲苯咪唑 50 毫克/兔，或丙硫苯咪唑 50 毫克/兔，隔 3 天用药 1 次，连用 10 次。

七、螨病

兔螨病是各种螨虫寄生于兔的皮肤所引起的慢性皮肤病。较为常见的有疥螨科和痒螨科。疥螨是兔的一种慢性皮肤病，由疥螨（图 8.63）或痒螨（图 8.64）寄生而引起。本病可致皮肤发炎、剧痒、脱毛等症状，严重时可造成死亡。

（一）病原

兔疥螨虫体呈圆球形，外观呈龟形，浅黄白色，背部隆起，腹面扁平。躯体的前方为口器，又称假头，由一对螯肢和一对须肢组成。躯体可分为两部分，前面称背胸部，上有第1和第2对足；后背称背腹部，上有第3和第4对足。常寄生于兔的嘴、鼻周围，脚爪部和躯体皮肤。疥螨属不完全变态的节肢动物，其发育过程包括卵、幼虫、若虫和成虫四个阶段。疥螨钻进宿主表面挖凿隧道，虫体在隧道内进行发育和繁殖。在隧道中每隔一定距离即有小孔与外界相通，以通空气和作为幼虫出入的孔道。

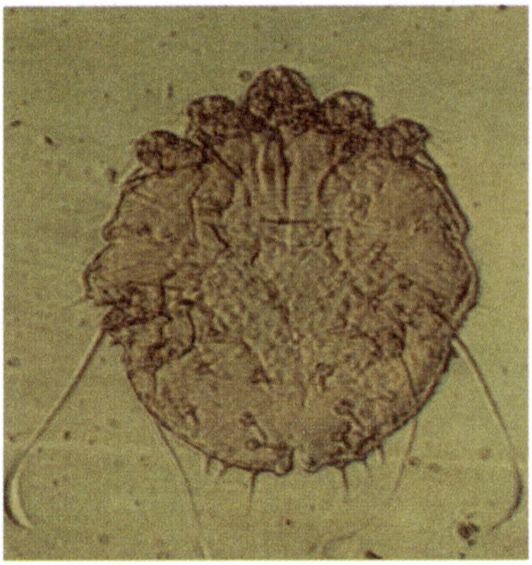

图8.63　兔疥螨

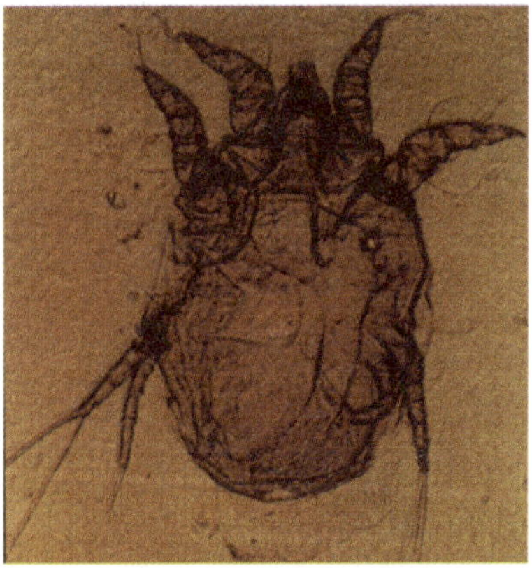

图8.64　兔痒螨

（二）流行病学

疥螨病是由于健康兔接触了病兔或通过有疥螨的兔舍和接触用具而感染。工作人员的衣服和手等也可以成为疥螨的传播工具。疥螨离开兔体后在兔舍内、墙壁和各种工具上的存活期限随温度、湿度及阳光照射的强度等多种因素的变化而有显著的差异，一般仅能存活3周左右。疥螨病多发于冬季和秋末春初。因为在这些季节，日光照射不足，兔毛长而密，空气的湿度较大，最适合疥螨的发育和繁殖。在夏季，兔体绒毛大量脱落，皮肤常受阳光照射，皮温增高，经常保持干燥状态，这些条件不利于疥螨的生存与繁殖，大部分虫体死亡。这时症状减轻或完全康复。但仍有少数疥螨潜伏在耳壳、腹股沟及被毛深处；或在非易感动物体上做短期停留，成为冬季疥螨病复发和传播的根源。幼兔往往易患疥螨，发病也较为严重。随着年龄的增长，即产生免疫力。免疫力的强弱取决于兔的健康状况、营养水平以及有无其他疾病等。

痒螨为接触传染，如病兔和健康兔混在同一舍内即可造成相互感染。也可通过用具、工作人员的衣物和手传播。在冬季，特别是潮湿阴暗又拥挤的兔舍内，传染和发病更为严重。夏季对痒螨的发育不利。特别是在剪毛或换毛后，皮肤表面温度骤降，阳光照射及干燥的空气均对痒螨的发育和生存极为不利，于是它们就潜伏在皮肤的皱襞中和其他阳光照射不到的部位如耳壳、尾根下、会阴、阴囊及爪间隙等处，使病兔转为潜伏型的痒螨病。一旦进入秋、冬季节，它们即重新活跃起来，在一定条件下，引起疾病复发。

（三）临床症状

兔疥螨主要寄生于头部、脚趾和躯体皮肤。一般先由嘴、鼻孔、眼周围和脚爪部发病（图8.65、图8.66），患部奇痒，病兔不停用脚爪搔抓嘴、鼻、眼等处或用嘴啃咬脚部，继而引起炎症，皮肤表面出现脱毛、龟裂、疱疹，严重时可出现用前后脚抓地现象。病变部皮肤增厚，结痂，使患部变硬。并可向鼻梁、眼圈等处蔓延，严重者形成“石灰头”。足部则产生灰白色痂块，并向周围蔓延，呈现“石灰足”。病兔迅速消瘦，常衰弱死亡。

兔痒螨病主要寄生于外耳道及耳郭内面（图8.67），引起严重的外耳道炎，渗出物干燥后形成黄色痂皮塞满耳道，如卷纸样，耳根出血肿胀，耳朵变重下垂，不断摇头和用脚搔抓耳朵。由于耳道被痂皮堵塞听觉不灵，严重者可造成耳朵缺损，病兔出现烦躁不安，严重时蔓延至筛骨及脑部，引起神经症状而死亡。

（四）病理变化

患部出现红肿、疱疹、结痂、脱毛以及皮肤增厚和龟裂等病理变化，皮肤表皮因螨虫寄生而不均匀地增生并突出，角化亢进。

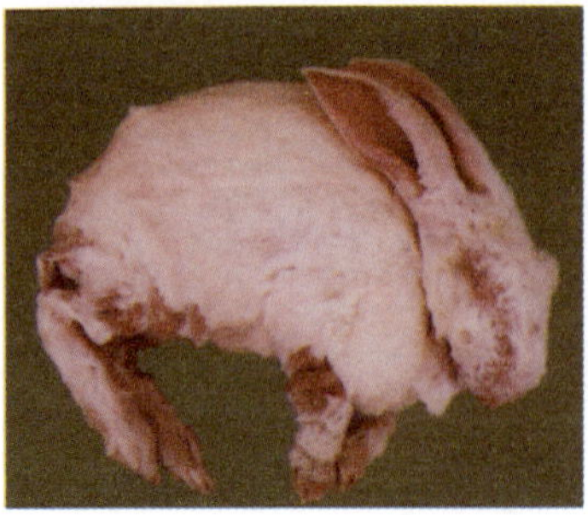

图 8.65　病兔头部及四脚疥螨

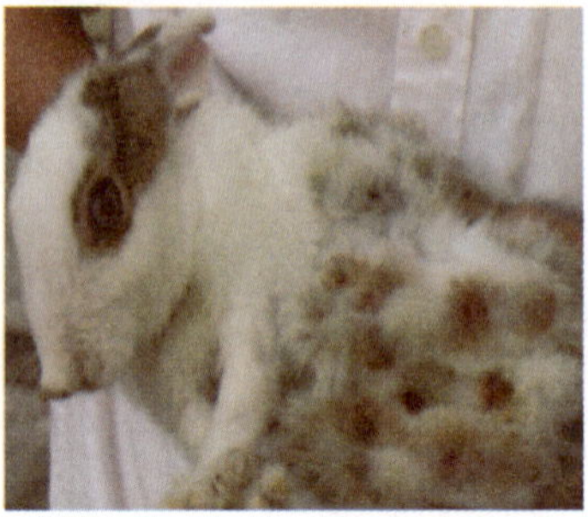

图 8.66　病兔躯体感染疥螨

（五）诊断要点

根据症状与病变可以做出初步诊断，确诊应查出虫体。

螨虫检查法：在病变与健康皮肤交界处用小刀轻刮（以微出血为止）以获取痂皮，刮取物置载玻片上，加 1 滴 50% 甘油水溶液或液体石蜡，再加盖玻片后在低倍显微镜下检查虫体。也可将刮取物放入试管中，加 10% 氢氧化钠（或钾）溶液，浸泡 1 ~ 2 小时或煮沸1 ~ 2 分钟，待痂皮等固体有机物溶化，静置 20 分钟或离心，从管底取沉淀物滴于载玻片上镜检。此外，也可将刮取物放在黑纸上稍加热或置于阳光下，用放大镜或肉眼仔细观察，可见到螨虫在黑纸上爬动。

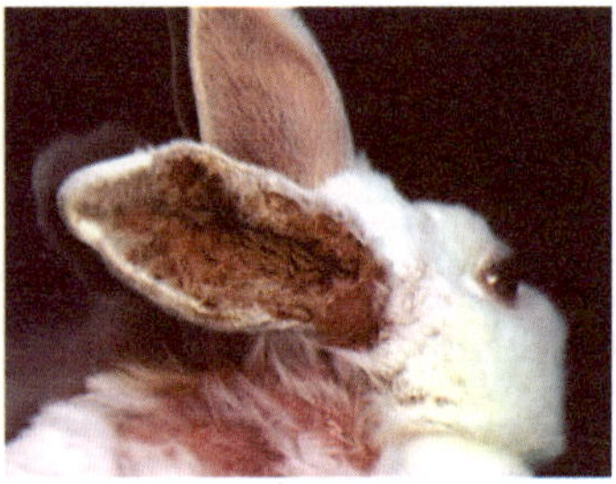

图 8.67　耳郭内面感染痒螨

（六）防制措施

1. 预防　要搞好兔舍卫生，保持清洁干燥，通风良好。多喂一些维生素含量高的饲料。兔群每年预防注射伊维菌素 2 次。

2. 治疗　兔群发生螨病后，应采取综合治疗措施。

（1）兔场兔舍彻底打扫卫生，火焰消毒多次。

（2）全群兔普遍皮下注射伊维菌素 0.02 ~0.04 毫克/千克体重，8 天后再用药 1 次。患部涂擦 2% 敌百虫水溶液。

第五节　营养代谢病

一、维生素 A 缺乏症

维生素 A 缺乏症是因饲料内维生素 A 源或维生素 A 不足或吸收功能障碍引起。临床上以生长迟缓、视力减弱、角膜角化、干眼、生殖功能低下为特征。

（一）病因

维生素 A 缺乏分原发性维生素 A 缺乏和继发性维生素 A 缺乏。原发性维生素 A 缺乏多由饲养管理不当所引起。给兔长期饲喂棉籽饼、米糠、麸皮、劣质干草等缺乏维生素 A 源的饲料，或长期饲喂贮存过久、腐败变质的饲料，或兔舍阴暗潮湿，缺乏日光照射和适当运动，或饲料中缺乏矿物质、微量元素等，均可引发本病。继发性维生素 A 缺乏多是由于患慢性消化系统疾病，对维生素 A 吸收障碍所引起。

（二）临床症状

维生素 A 缺乏能导致兔体上皮组织功能紊乱，皮肤、黏膜上皮发生角质化与变性。病兔典型症状是结膜炎，眼睑潮红、充血、肿胀，有白色脓性眼垢，严重的可导致失明，个别兔呈现典型的“牛眼”症状，若长期不愈易造成两颊绒毛脱落。公兔精子活力严重下降，生殖功能障碍；母兔发生流产、死产，或产出胎儿衰弱，或产出先天性畸形仔兔，并会发生胎盘滞留症。本病也能导致兔中枢神经的损害，共济失调；导致外周神经损害而发生骨骼肌麻痹，使兔不愿运动，有时转圈、摇头，严重者头转向一侧或后仰或头颈缩起，四肢麻痹，发生惊厥；导致兔生长缓慢，消瘦，体重不断减轻，严重者可衰竭而死。

（三）病理变化

泪腺上皮细胞萎缩，角膜上皮层增加，细胞排列紊乱，表层更扁平，翼状细胞形状变扁，基底层增生变厚，细胞核小而染色深。

（四）防制措施

1. 预防 加强兔的饲养管理，科学配制全价饲料日粮。在兔的日粮中，添加富含维生素A源的饲料（如黄玉米、南瓜、胡萝卜、青绿的豆科植物等），或在每千克混合饲料中添加维生素A 50万单位。严禁给兔饲喂久贮的或腐败变质的饲料。预防兔球虫病和慢性消化系统疾病（如慢性胃肠炎等），维持肠、肝对维生素A的正常吸收、转化、利用和贮存的功能。

2. 治疗

（1）内服鱼肝油（每毫升中含维生素A 850单位、维生素D 85单位），每次内服3～5毫升，每天2～3次，连用10～15天；或在每千克饲料中混入维生素A 8万～10万单位，连喂10天以上。重症者可肌内注射AD_3注射液（每毫升中含维生素A 5万单位、维生素D_3 0.5万单位），每次肌内注射0.3～0.5毫升，每天2次。

（2）内服维生素A胶囊，400单位/千克体重，或肌内注射维生素A注射液200单位/千克体重，每天1次，连用5～7天。群体治疗，按0.2毫升/千克饲料添加鱼肝油。

二、维生素E缺乏症

兔维生素E缺乏症，也叫白肌病，是因某种原因导致维生素E缺乏而表现肌肉营养不良（尤其以背部、后躯肌肉消瘦和苍白为特征）、麻痹以及母兔繁殖障碍、流产、死胎等症状的一种营养缺乏病。

（一）病因

饲料中维生素E含量不足、不饱和脂肪酸含量过高，或脂肪酸酸败，破坏了饲料中的维生素E或者是肝病，影响维生素E的贮存和吸收。在饲喂全价配合饲料的日粮中，维生素E的供给量是一个不容忽视的问题。维生素E是一种抗氧化剂，不仅对繁殖产生影响，而且参与新陈代谢的调节，影响腺体和肌肉的活动。维生素E缺乏，可导致营养性肌肉萎缩。

（二）临床症状

常见长毛兔发生此病，病兔肌体发硬，进行性肌肉无力，多卧少动，步态不稳，平衡失调。食欲减退或废绝，急剧腹泻，大小便失禁，体重减轻。有的病兔两前肢或四肢置于腹下。母兔受孕率降低、流产或死胎。最后因全身衰竭而死亡。

（三）病理变化

骨骼肌及心肌、咬肌、膈肌萎缩，极度苍白，呈透明样变性、坏死，肌纤维有钙化现象，尤其以骨骼肌变化明显。其中椎旁肌群、膈肌、咬肌和后躯肌肉有出血条纹和黄色坏死斑。

（四）防制措施

1. 预防　饲料中经常添加维生素 E 类添加剂，尤其是长毛兔更应注意添加。以满足兔对维生素 E 的需求。

2. 治疗　主要是补充维生素 E，由于维生素 E 和硒有协同作用，也可同时补硒。按说明内服或注射维生素 E 类制剂即可。

三、维生素 K 缺乏症

维生素 K 缺乏症是由维生素 K 缺乏所造成的以凝血功能失调和怀孕母兔流产为特征的营养代谢病。

（一）病因

兔肠道能合成维生素 K，合成的数量一般能满足兔生长的需要。但种兔在繁殖时对维生素 K 的需求量较大，易造成维生素 K 的缺乏。饲料中添加抗生素、磺胺药及某些饲料中含有拮抗物如双香豆素以及患肝球虫病时也会引起维生素 K 缺乏。

（二）临床症状

当日粮中维生素 K 缺乏时，会引起妊娠母兔的胎盘出血、流产等，新生仔兔因全身各系统大量出血死亡。维生素 K 缺乏症表现神经过敏，食欲不振，皮肤和黏膜出血，血液色淡呈水样，凝固不良，黏膜苍白，心跳加快。如有外伤则流血不止，有时还可见到皮下、肌肉和胃肠道出血。

（三）防制措施

1. 预防 维生素 K 广泛存在于青绿植物中，所以平时应给兔多吃些青绿饲料，以满足对维生素 K 的需要。及时治疗一些消化道疾病，以便减少维生素 K 的损失。慎用抗生素，如果可以不用，应尽量不用，如果要用也不能长久使用，以减少对肠道菌群的破坏，避免影响到维生素 K 的合成。

2. 治疗 肌内注射维生素 K_1 5 毫克/千克体重，或维生素 K_3 20 毫克/千克体重，每天 1～2 次，连用 3～5 天。

四、维生素 B_6 缺乏症

维生素 B_6 缺乏症是由维生素 B_6 缺乏而导致的一种营养代谢性疾病。维生素 B_6 也称为吡哆醇或抗皮炎素，属水溶性维生素。在生物组织内有吡哆醇、吡哆醛、吡哆胺三种形式，在兔的正常代谢过程中可以相互转换。维生素 B_6 在动物体内与磷酸结合成磷酸吡哆醛和磷酸吡哆胺，都是氨基酸分解代谢中转氨酶的辅酶，当维生素 B_6 缺乏时，许多氨基酸的代谢过程受阻。维生素 B_6 还参与体内糖和脂肪的代谢，当其缺乏时，呈现与某些代谢障碍相关的一系列症状和病理变化。

（一）病因

家兔日粮中维生素 B_6 不足，饲料加工调制不当，使饲料中维生素 B_6 被破坏，肠道疾病使肠道不能合成足量的维生素 B_6 等，均可导致本病的发生。另外，由于饲喂含高蛋白质的饲料导致维生素 B_6 的需要增多，也能引起维生素 B_6 缺乏。

（二）临床症状

轻微缺乏时对兔的影响不大，严重缺乏时引起兔皮肤的损害，兔耳周边出现皮肤增厚和鳞片，鼻端或爪出现疮痂，眼睛发生结膜炎，神经功能紊乱，骚动不安，生长发育受阻，瘫痪，最后死亡。轻度贫血，凝血时间延长，尿中黄尿酸量增多。兔群空怀率增高，死胎增加，妊娠后期出现尿石症。

（三）防制措施

1. 预防　使用全价配合饲料，适当添加鱼粉、肉骨粉、酵母等饲料，或适当加入维生素 B_6 添加剂或复合维生素添加剂。日粮中维生素 B_6 按0.6～1毫克/千克体重添加，可预防本病的发生。

2. 治疗　可用维生素 B_6 制剂，母兔发情期按1.2毫克/千克体重添加，被毛生长前期按0.9毫克/千克体重添加，被毛生长后期按0.6毫克/千克体重添加，可取得良好的治疗效果。也可使用水溶性维生素制剂如速补－14等饮水。

五、维生素 B_{12} 缺乏症

维生素 B_{12} 缺乏症是因维生素 B_{12} 缺乏引起的一种以厌食、生长发育停滞、贫血为特征的营养缺乏症。

维生素 B_{12} 又叫氰钴维生素。维生素 B_{12} 参与体内许多代谢过程中甲基的形成、分解和转移，其中重要的是参与核酸和蛋白质的生物合成，促进红细胞的发育成熟，防止恶性贫血，在血液的形成过程中有很重要的作用。维生素 B_{12} 参与蛋白质、脂肪、碳水化合物的代谢、上皮细胞生长和维持髓鞘神经纤维的完整性。维生素 B_{12} 的主要来源是肝脏，也存在于奶、蛋、肉、鱼中，植物性饲料一般不含有维生素 B_{12}。

（一）病因

兔饲料中不使用动物性饲料，并且未添加维生素 B_{12}，易导致本病的发生。饲料中缺乏微量元素钴、铁时，维生素 B_{12} 合成不足，肠道疾病可阻止微生物合成维生素 B_{12} 或使之吸收利用障碍等，也可诱发本病的发生。

（二）临床症状

病兔表现为厌食，营养不良，贫血，消瘦，黏膜苍白，幼兔、仔兔生长发育停滞，也出现胃肠炎、腹泻、便秘等。

（三）病理变化

血液稀薄，颜色发淡，肝黄色而脆，肝细胞坏死和脂肪变性，全身贫血。

（四）诊断要点

根据临床症状、病理变化特点和日粮的配合进行综合分析确诊。

（五）防制措施

1. 预防 饲料中添加含维生素 B_{12} 及含钴和铁的添加剂，可有效地预防本病的发生。饲料中适当添加动物性饲料和酵母等，能够起到补充维生素 B_{12} 的作用。母兔在妊娠期要注意添加维生素 B_{12}。

2. 治疗

（1）肌内注射维生素 B_{12} 注射液，每天 1 次，连用 5 天。

（2）每千克饲料添加 0.4 毫克维生素 B_{12}，同时添加适量钴和铁。

六、佝偻病

佝偻病是幼兔在生长期由于维生素 D 及钙、磷缺乏或饲料中钙、磷比例失调所致的一种骨营养不良性代谢病，特征是生长骨的钙化作用不足，并伴有持久性软骨肥大与骨骺增大。临床上以消化紊乱、异嗜癖、跛行及骨骼变形为特征。主要发生于幼兔。

（一）病因

佝偻病可分为先天性佝偻病和后天性佝偻病。先天性佝偻病是由于母兔在怀孕期间营养失调或缺乏阳光照射，运动不足，饲料中缺乏矿物质、维生素 D 和蛋白质，导致胎儿发育不良而发病；后天性佝偻病主要是由于母乳或断乳后的饲料中缺乏维生素 D 以及幼兔缺乏足够的光照造成的。在哺乳幼兔，对维生素 D 的缺乏要比成年兔更敏感。如长期给母兔饲喂缺乏维生素 D_2 的干草（未经太阳晒过的干草，其中的麦角固醇不能转化为维生素 D_2），或母兔光照不足，使皮肤中的 7 - 脱氢胆固醇不能转变为维生素 D_3，导致母兔乳汁中维生素 D 严重不足，这是造成哺乳幼兔发生佝偻病的一个主要原因。幼年家兔的佝偻病更常发生于刚断乳之后的一个阶段中。断乳后幼兔的佝偻病，主要是因为幼兔长期采食未经太阳晒过的干草和光照不足，饲料中矿物质缺乏、蛋白质含量不足或比例失当而引起的。当幼兔伴有消化紊乱时，可影响机体对维生素 D 的吸收作用，而铍和锶也能干扰机体对维生素 D 的利用率，并影响骨骼正常的钙、磷沉着作用，促进本病的发生。

（二）临床症状

先天性佝偻病，仔兔表现体质衰弱，肢体异常、变形，四肢向外倾斜，走路不稳，发育迟缓；后天性佝偻病，早期呈现食欲减退，消化不良，精神沉郁，然后出现异嗜癖，舐啃墙壁、石块、泥沙或其他异物。病兔经常卧地，不愿起立和运动。逐渐消瘦，生长发育缓慢。随着病情的发展，下颌骨增厚和变软，出牙期延长，齿形不规则，齿质钙化不足（坑洼不平，有沟，有色素），常排列不整齐，齿面易磨损，不平整。骨骼发育异常，表现弓腰凹背（图 8.68）、四肢关节疼痛，跛行。继续发展为肋骨和肋软骨结合处膨大呈串珠状（图 8.69），长管骨干骺端膨大，在体重的负荷之下，四肢骨骼逐渐弯曲，脊柱变形。由于肋骨内陷，胸骨凸出，形成“鸡胸”。骨质疏松，易发生骨折。最终使面骨、下颌骨以及躯干、四肢骨骼出现变形，间或伴有咳嗽、腹泻、呼吸困难和贫血。严重的病例，由于血钙降低而出现抽搐，随后死亡。

图 8.68 病兔弓腰凹背

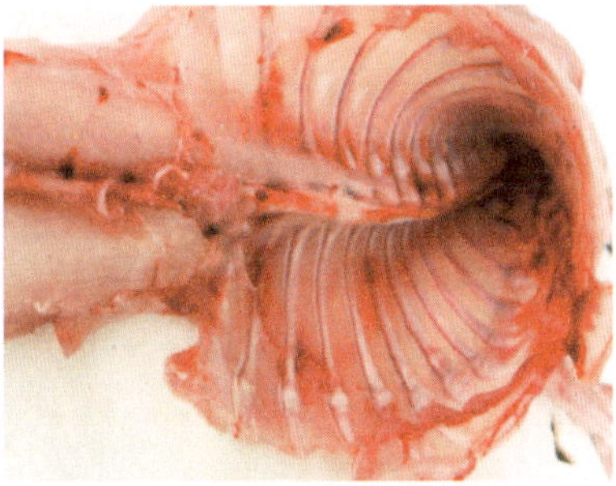

图 8.69 肋骨与肋软骨结合处肿大，呈串珠状

（三）诊断要点

根据兔的年龄、饲养管理条件、生长迟缓、异嗜癖、运动困难以及牙齿和骨骼变化等特征，不难诊断。

（四）防制措施

1. 预防 注意在饲料中添加脱脂脱胶骨粉、磷酸二氢钙、维生

素 D_3，以满足兔对钙、磷的需要。

2. 治疗 肌内注射维生素 AD，或维丁胶性钙注射液，每只兔0.5～1 毫升，每天1 次，连用3～5 天；内服鱼肝油1～2 毫升，连用5～7 天，同时配合内服乳酸钙0.5～2 克。

七、异食癖

在某些营养代谢障碍的情况下，兔除了正常的采食以外，还出现咬食其他物体，如食仔、食毛、食土等，这些现象多为营养代谢病，称之为异食癖。

（一）病因

1. 食仔癖

（1）营养缺乏，尤其是蛋白质和矿物质不足，产后容易出现食仔。

（2）母兔在产前和产后没有得到足够的饮水，舔食胎衣和胎盘，口渴而黏腻容易引起食仔。

（3）产仔期间和产后，母兔受到突然惊吓，精神高度紧张，造成精神紊乱，常出现吃仔、咬仔、踏仔或弃仔等现象。

（4）产仔期间周围环境或垫草有不良气味（如老鼠尿味、发霉味、香水味等），造成母兔的疑惑，从而将仔兔当仇敌吃掉。

（5）母兔一旦吃仔，尝到了吃仔的味道，可能在以后产仔时旧病复发，形成食仔癖。

2. 食毛症 吃毛的主要原因是饲料中含硫氨基酸（蛋氨酸和胱氨酸）不足，忽冷忽热的气候是诱发因素，以断乳至90 日龄的生长兔最易发病。

3. 食足癖 兔患有腿脚部骨折、脚皮炎或脚癣时，由于腿部或脚部肌肉、血管、皮肤和神经受到一定损伤，造成代谢紊乱，使血液循环障碍，代谢产物不能及时排出，脚部末端炎性水肿，刺激家兔痛痒难忍而发生食足现象。

4. 食土癖 因矿物质缺乏所致，如饲料中缺乏食盐、钙、磷及微量元素，容易引起食土现象。

5. 食木癖　饲料中的粗纤维含量不足，饲料的硬度不够，使家兔不断生长的门齿得不到应有的磨损，则容易形成食木症。

（二）临床症状

1. 食仔癖　母兔产仔后，将其仔兔部分或全部吃掉。以初产母兔最多，多发生在产后3天以内（图8.70）。

2. 食毛症　多数情况下病兔没有其他异常现象，开始仅见到个别家兔被毛不完整，后来缺毛面积越来越大，有的整个被毛都被吃掉。吃毛分自吃和他吃，以他吃为主。在群养时，当1只兔子吃毛，诱发其他家兔都来效仿，而往往是都集中先吃同一只兔。有的将兔毛吃光后连皮肤也撕破吃掉（图8.71、图8.72）。

3. 食足癖　即家兔将自己的脚部皮肉吃掉，有时吃到跗关节或腕关节（图8.73）。

4. 食土癖　散养时，发现家兔舔食地上土，特别是喜食墙根土和墙上的碱屑土。

5. 食木癖　家兔啃食笼舍内的木制或竹制的笼底箅、门窗和器具等。

（三）防制措施

1. 预防　保证营养、提供充足的饮水、日粮中添加0.5%的食盐，保持环境安静和防止异味刺激等。母兔在没有达到配种年龄和配种体重时，不要提前交配。对于有食仔经历的母兔，应实行人工催产，并在人工看护下哺乳。一般来说，经过一周的时间，不会再发生食仔现象。食足癖，关键在于预防。应在笼底箅上下功夫，保证竹条平整，间隙适中，防止兔脚卡在间隙里造成骨折损伤。还应积极预防脚皮炎和脚癣。平时在兔笼的草架里放些嫩树枝或剪掉的果树枝，让其自由采食，既可预防异食，又可提供营养。

2. 治疗　对于有食毛癖的家兔，应及时将病兔隔离，减少密度，并在饲料中补充0.1%～0.2%含硫氨基酸，添加石膏粉0.5%，硫黄1.5%，补充微量元素等，一般经过一周左右，即可停止食毛；对于食土家兔，按营养需要，在饲料中补加食盐、骨粉和微量元素等，很快即可停止；对于食木家兔，在配合饲料中应有足够的粗纤维，提倡有条件的兔场使用颗粒饲料。

图 8.70　新生仔兔被母兔残食

图 8.71　全身被毛几乎被啃光

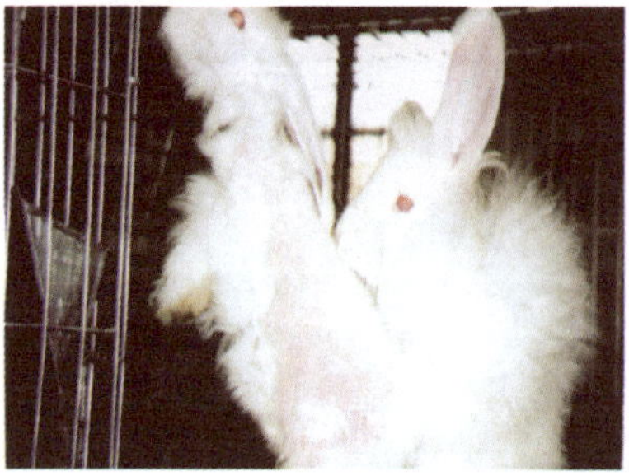

图 8.72　两兔相互啃毛

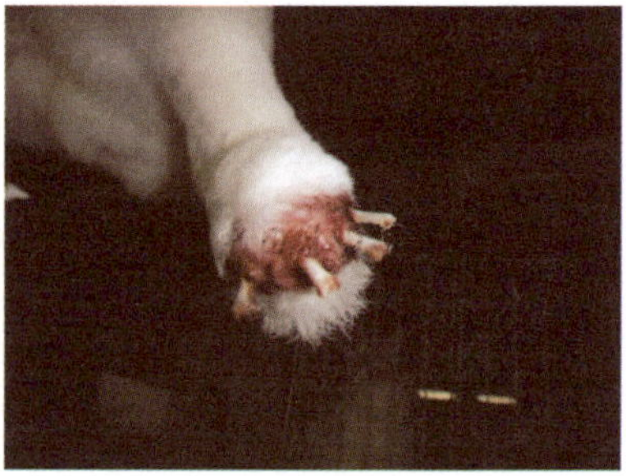

图 8.73　脚趾被啃咬见骨

第六节　中毒性疾病

一、霉菌毒素中毒

家兔霉菌毒素中毒是因采食了被霉菌污染并产生毒素的饲料而引起的一种急性或慢性中毒性疾病。

霉菌在自然界中分布极广，种类繁多。目前有记载的达 35 000 种以上。其中绝大多数是非致病性霉菌，只有少数产毒霉菌在基质（饲料）上生长繁殖过程中产生有毒代谢产物或次生代谢产物，包括某些霉菌使基质成分发霉变质而形成的有毒化学物质，称为霉菌毒素。

（一）病因

由于饲料生产、贮存和保管不当，致使饲料受潮发生霉变。这一类病原都属于中毒性真菌，主要有镰刀霉、黄曲霉、穗状葡萄球菌、甘薯黑斑病霉菌等。

（二）临床症状

病兔食欲减退，精神不振，流涎，口吐白沫。有时，头低下，嘴顶笼底箅（图 8.74）。腹部疼痛，体温不高，喜卧懒动，反应迟钝。随着病情的加重出现呼吸迫促，心跳加快，咽喉麻痹，可视黏膜发绀，耳后、前后肢内侧及胸、腹侧皮肤呈紫红色斑点或斑块。腹泻，粪便恶臭带血（图 8.75），附有黏液，尿液色黄、混浊而浓稠，肌肉痉挛，角弓反张，四肢呈游泳状运动。重者全身瘫痪、麻痹，多数死亡。妊娠母兔流产、早产或死胎，无乳。

图 8.74　食欲废绝，趴伏于地，嘴顶地

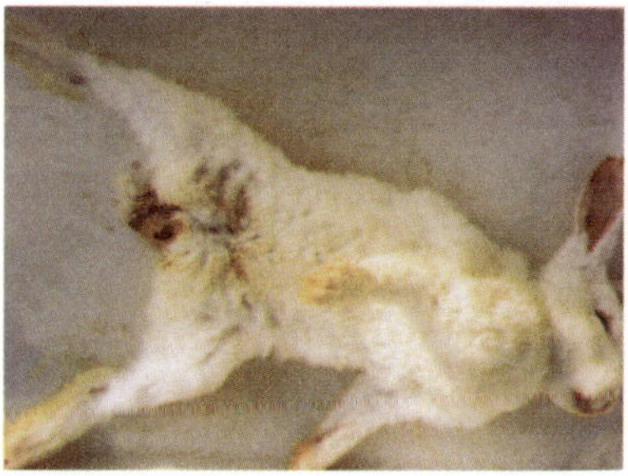

图 8.75　病兔消瘦，被毛干燥，腹泻

（三）病理变化

尸体消瘦，被毛粗乱无光。可视黏膜黄染，口腔内有红色泡沫，肛门有黄色粪便污染。肌肉及脂肪呈黄色，胸膜腔、腹膜腔和心包腔积有黄色液体，胸膜、腹膜均黄染带有出血点。肺脏呈灰白色实质性病变或肝变。肝肿大，色变黄，质硬，有黄色绿豆大小的干酪样病灶，胆囊肿大。肾淡黄，被膜下有出血点，膀胱积尿，壁有出血点。胃黏膜肿胀、充血、出血，有高粱粒大小的坏死灶，糜烂或溃疡。肠黏膜充血、水肿、出血、脱落。

（四）防制措施

1. 预防 加强饲料保管，防止发霉变质。霉变饲料禁止喂兔。

2. 治疗 目前治疗尚无特效药物，发现中毒后，立即停喂发霉饲料。饮用葡萄糖盐水加适量抗菌药，以便排毒消炎。

二、棉籽饼、粕中毒

棉籽饼、粕中毒是因长期或大量摄入榨油后的棉籽饼、粕，引起的以出血性胃肠炎、全身水肿、血红蛋白尿和实质器官变性为特征的中毒性疾病。

（一）病因

棉籽饼、粕是棉籽榨油后的副产品，粗蛋白含量达 36% ~40%，其中赖氨酸 1.59%，蛋氨酸 0.52%，无氮浸出物近 30% 以上，含大量的磷和维生素。其蛋白质的氨基酸组成比较全面，接近于大豆蛋白质的组分，是一种富含营养物质的蛋白质饲料，在畜牧业生产中可作为一种良好的植物蛋白来源用于动物饲料中。然而，棉籽饼中含有游离棉酚等有毒物质，当棉籽饼中游离棉酚的含量达到 0.04% ~0.05%，即可产生毒害作用。如果未经脱棉酚处理或调制不当，长期、大量饲喂可引起家兔中毒甚至死亡，尤其是妊娠母兔和仔兔对游离棉酚特别敏感。棉酚可由乳汁排出，如母兔摄入大量未处理的棉籽饼，不仅易引起母兔中毒，而且可通过乳汁影响哺乳幼兔。兔对棉籽饼中的棉酚非常敏感，所以，尽量不要选用棉籽饼作为兔的饲料。

（二）临床症状

棉籽饼中毒一般呈慢性经过。病兔精神不振，食欲不佳，粪便干燥，有时下痢。被毛粗乱，结膜苍白或轻度黄染。种兔配种受胎率低，性欲不高，产仔数少，孕兔多发生流产，一般流产发生在 18 ~25 天。死产和畸形胎儿增多。母兔泌乳量降低，仔兔发育不良。

（三）病理变化

主要表现为消化道、肺、肝、肾、心等实质器官广泛性充血和水肿，全身皮下组织呈浆液性浸润和胸腹腔积液，尤以水肿部位更明显。胃肠道黏膜充血、出血和水肿，甚至肠壁溃烂。

（四）诊断

根据患病兔场的流行病学调查、临床症状和病理变化，结合饲料中棉酚含量的测定以及动物的敏感性，可以确诊。

（五）防制措施

1. 预防　禁用棉籽饼、粕，选用其他蛋白质饲料。

2. 治疗　一旦发生中毒，应立即停喂含有棉籽饼、粕的日粮。饮用葡萄糖盐水加适量抗生素，以排毒消炎。

三、硝酸盐和亚硝酸盐中毒

硝酸盐和亚硝酸盐中毒是由于饲料或饮水中富含硝酸盐，在饲料加工调制过程中产生大量亚硝酸盐，亚硝酸盐将血红蛋白氧化为高铁血红蛋白，导致机体缺氧而引起的中毒。其临床特点是发病突然，病程短，皮肤、黏膜发绀，血液呈暗褐色，血凝不良，呼吸困难，神经紊乱。本病一年四季都可发生，但以春末、秋冬发病较多。

（一）病因

在自然条件下，亚硝酸盐系硝酸盐在适宜的温度（20～40℃）和湿度条件下，经硝化细菌的作用还原为氨的过程的中间产物，故其发生和存在取决于硝酸盐的数量与硝化细菌的活跃程度。各种鲜嫩青草、农作物幼苗、蔬菜类（如白菜、油菜、菠菜、莴苣）等均富含硝酸盐。尤其是施用硝酸铵、硝酸钠或硝酸钾等化肥，使用除草剂或植物生长刺激剂的植物含硝酸盐较高。青绿饲料堆放过久，起热发黄，腐烂变质后再喂兔，极易产生亚硝酸盐中毒。

（二）发病机制

硝酸盐对消化道具有强烈刺激作用。硝酸盐对动物是低毒的，当硝酸盐转化为亚硝酸盐后，对动物的毒性剧增。亚硝酸盐的毒性作用机制是：

1. 具有氧化作用　亚硝酸盐属于强氧化型毒物，除刺激胃肠道黏膜引起炎症外，吸收入血后可将正常血红蛋白中的二价铁迅速氧化为三价铁，从而使正常的血红蛋白变为高铁血红蛋白。高铁血红蛋白流经肺泡时不能氧合，流经组织时不能氧离，从而丧失了血红蛋白正常携氧功能，造成组织缺氧，呼吸麻痹，窒息而死。

2. 具有扩张血管的作用 可使病兔末梢血管扩张，而导致外周循环衰竭。

3. 具有致癌性 亚硝酸盐与某些胺形成亚硝胺，具有致癌性，长期接触可能发生肝癌。

（三）临床症状

采食后短时间内发病，精神沉郁，食欲降低或废绝，呼吸迫促，心跳加快，可视黏膜发绀，流涎，口鼻青紫，血液呈酱油色，眼球突出，步态不稳，腹部膨大，严重者全身痉挛、挣扎，最后窒息死亡（图 8.76）。

（四）病理变化

中毒病兔的尸体腹部胀满，口鼻乌紫色，流出淡红色泡沫状液体。血液暗褐如酱油状，凝固不良，暴露在空气中经久仍不变红。各脏器的血管瘀血。胃肠道各部有不同程度的充血、出血（图 8.77、图 8.78），黏膜易脱落，肠系膜淋巴结轻度出血。气管和支气管黏膜充血、出血，管腔内充满带红色的泡沫状液体，肺充血。心外膜、心肌有出血斑点。肝、肾呈暗红色（图 8.79）。

（五）诊断要点

根据病史，结合饲料状况和血液缺氧（发病突然，病程短，皮肤、黏膜发绀，抽搐，痉挛，呼吸困难，血液呈暗褐色，血凝不良）为特征的临床症状，作为诊断的重要依据。同时在现场做变性血红蛋白检查和亚硝酸盐简易检验，可确诊。

（六）防制措施

1. 预防 预防本病的关键是将收获的青绿饲料摊开放在通风的地方，防止雨淋、暴晒、发热腐烂；接近收割的青饲料不能再施用硝酸盐化肥，以免增加其中硝酸盐或亚硝酸盐的含量。

2. 治疗 特效解毒药是美蓝和甲苯胺蓝。肌内注射 1% 美蓝 0.4～0.8 毫升/兔，或与 10% 葡萄糖 50～100 毫升、维生素 C 500 毫克混合静脉注射；将甲苯胺蓝按 5 毫克/千克体重的剂量，制成 5% 的水溶液，静脉、肌内或腹腔注射均可。

图 8.76　腹痛，呼吸困难，全身抽搐而亡

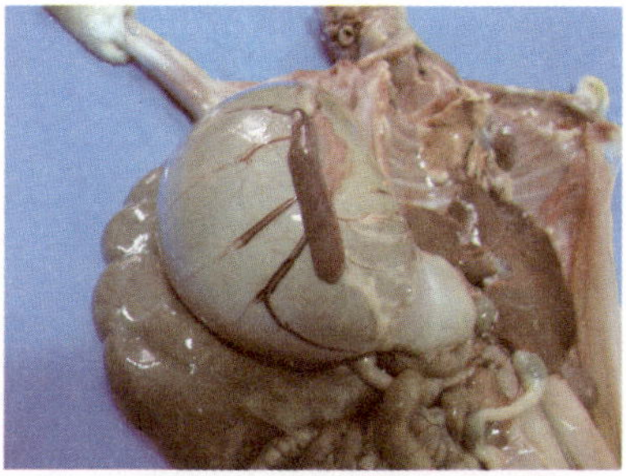
图 8.77　脾瘀血发褐，质脆，胃黏膜充血

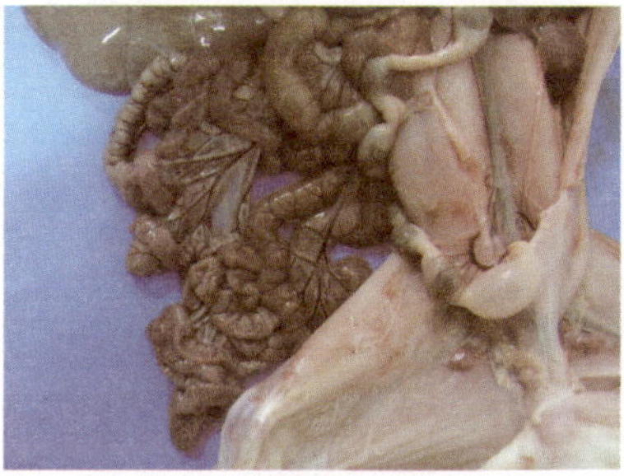
图 8.78　小肠鼓胀，黏膜有不同程度的充血、出血

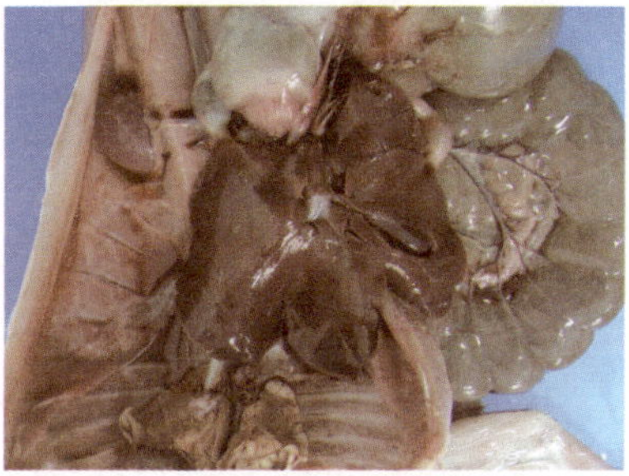
图 8.79　肝充血、瘀血发褐，胆囊肿大

四、有机磷农药中毒

有机磷农药中毒是因直接接触和吸入有机磷农药或采食被这些农药污染的青饲料或饮水所引起的，以神经症状为主要特征的中毒性疾病。有机磷化合物种类很多，是目前应用最广的一类杀虫剂，常用的有机磷类农药有甲胺磷、久效磷、敌百虫、敌敌畏、乐果、1605、1059、3911、马拉硫磷等。该病多发生于夏秋两季。

（一）病因

主要见于饲喂被有机磷农药污染的青草和饲料，偶见于使用敌百虫驱除胃肠寄生虫或体表寄生虫时，因剂量过大或使用不当而引起中毒。有机磷农药可经胃肠道、呼吸道和皮肤进入体内，与胆碱酯酶结合，使胆碱酯酶水解乙酰胆碱的能力降低，导致乙酰胆碱在体内大量积聚，发生与胆碱能神经功能亢进相似的一系列症状。

（二）临床症状

一般在接触药物后半小时至数小时出现症状。轻者仅表现精神沉郁，食欲减退，流涎，恶心，呕吐，腹泻，周身乏力；重者食欲废绝，流涎，流泪，口吐白沫，腹痛，腹泻，小便次数增加；眼结膜发绀，瞳孔缩小，全身肌肉震颤，兴奋不安，痉挛，心跳加快，呼吸困难，呼出的气体有大蒜臭味，先兴奋，后沉郁至昏迷，最后因呼吸中枢抑制，窒息而死。

（三）病理变化

胃肠黏膜充血、出血、糜烂和溃疡（图 8.80），肠系膜淋巴结出血，肺瘀血或水肿（图 8.81），气管、支气管中有较多泡沫状液体，肝脏和大脑均肿大或充血（图 8.82、图 8.83）。

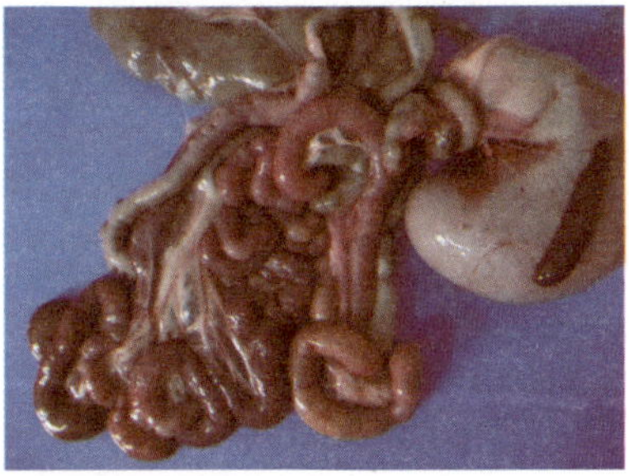

图 8.80　小肠充血、出血，脾肿大、瘀血

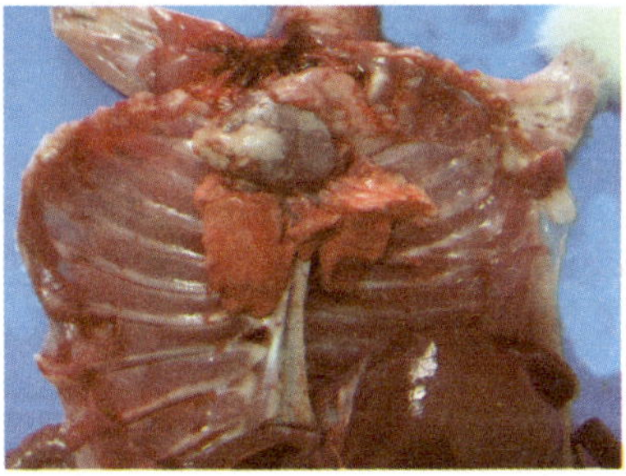

图 8.81　心肌瘀血，肺水肿、充血

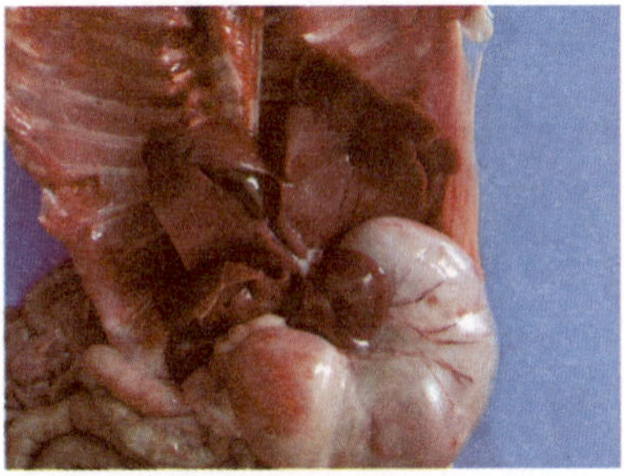

图 8.82　肝瘀血、质脆、发褐，胆囊肿大

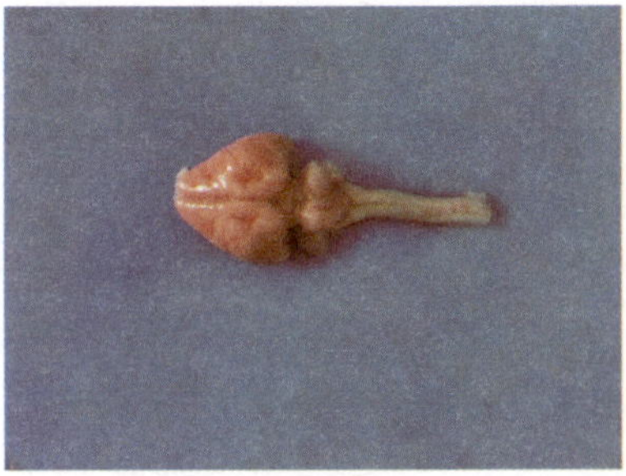

图 8.83　脑黏膜下充血

（四）防制措施

1. 预防 禁用喷洒过农药或被农药污染的牧草喂兔；饲料和牧草贮存时，要严格与农药隔离。体表驱虫时按剂量给药，并注意用药后的表现。发现中毒立即抢救。

2. 治疗 治疗原则是使用特效药解磷定、氯磷定、双复磷等配合阿托品急救，尽快除去尚未吸收的毒物。

（1）硫酸阿托品注射液：皮下或肌内注射 1 毫克/千克体重，可视情况连续多次使用或酌情增加剂量。

（2）解磷定：按 20～30 毫克/千克体重，用葡萄糖溶液或生理盐水配成 2.5%～5% 的溶液，缓慢静脉或皮下注射，因其在体内只能维持 1.5 小时，故需多用几次，严重病例 2 或 3 小时后重复用药。注射次数可根据中毒轻重和治疗的效果决定，使用时忌与碱性药物配伍。

（3）对症治疗：在应用特效解毒药的同时，可用 2%～3% 碳酸氢钠或 1% 食醋洗胃；硫酸镁 5～10 克用温水溶解后灌服，以促进毒物排泄；20% 葡萄糖 20～50 毫升加维生素 C 100 毫克，静脉注射，以保肝解毒。有机磷农药中毒，可用 1∶2 000 至 1∶5 000 高锰酸钾溶液洗胃，用硫酸镁导泻。

外用中毒者，应立即用清水洗涤皮肤，阻止毒物继续吸收。但要注意，敌百虫中毒时不能用碱性药物洗胃或洗涤皮肤，否则会转变为毒性更强的敌敌畏。

五、一氧化碳中毒

兔一氧化碳中毒是由于吸入大量一氧化碳并生成碳氧血红蛋白，造成全身组织缺氧而窒息死亡的一种急性疾病。一氧化碳是由含碳物质不完全燃烧产生的，也叫煤气。

（一）病因

冬季为了给仔兔保温，在兔舍里生煤炉，由于通风不良，煤燃烧不完全，产生大量的一氧化碳，常造成兔中毒死亡。

（二）临床症状

家兔接触大量一氧化碳后，会很快窒息死亡。轻度中毒时表现羞明，流泪，嗜睡，呕吐，咳嗽，心动过速，呼吸困难。如能及时脱离中毒环境，吸入新鲜空气，一般很快恢复健康。重度中毒时出现昏迷，知觉障碍，反射消失，肌肉无力，步态不稳，后躯麻痹，四肢厥冷，可视黏膜樱桃红色，有的苍白或发绀，全身出汗，呼吸急促，脉细弱，四肢瘫痪或阵发性肌肉强直与抽搐。随着缺氧症的发展及中枢神经的损害，病兔陷入极度昏迷状态，意识丧失，大小便失禁，呼吸困难，甚至中枢麻痹，如不及时抢救则很快死亡。

（三）病理变化

血管扩张，血液呈鲜红色，脏器表面有出血点。脑组织学变化为大脑的皮质、白质部、苍白球及脑干坏死；脑水肿、出血以及海马坏死和脱髓鞘。

（四）防制措施

1. 预防　冬季兔舍寒冷，如用煤炉取暖时，必须安装烟囱，使煤气顺利排出室外。不要紧闭门窗，以免兔舍内一氧化碳积聚，被兔吸入中毒。如发现有中毒，立即打开门窗，通风换气。兔舍内取暖最好安装暖气、土暖气或火道，火源在兔舍外面，不要在兔舍内直接燃火（兔对煤气极为敏感），以防兔煤气中毒。

2. 治疗　抢救时首先要打开兔舍门窗通风，将中毒兔移至通风良好处。对症给予强心剂（樟脑磺酸钠、安钠咖等）和呼吸中枢兴奋剂（尼可刹米等），并静脉注射10%～25%葡萄糖液。

六、灭鼠药中毒

本病是由于兔误食灭鼠药而引起的中毒性疾病。速效的灭鼠药有磷化锌、毒鼠灵、甘氟等，缓效的有敌鼠钠盐、杀鼠灵、氯鼠酮等。

（一）病因

家兔发生灭鼠药中毒主要是因为灭鼠药管理和使用不当，污染饲料和饮水，或是这些毒饵在毒鼠时被兔误食而引起中毒。

（二）临床症状

不同的灭鼠药，其组成成分不同，因此中毒后的症状亦有差异，通常表现精神萎靡，食欲减少或废绝，呕吐，腹痛，腹泻，一般体温不升高，共济失调，呼吸困难，昏迷（图 8. 84）。有的兴奋不安或抽搐、痉挛，口鼻出血或粪、尿带血。磷化锌中毒时，病兔精神不振，有渴感，恶心，呕吐，下痢，共济失调，死前惊厥。剖检时可在胃内容物中闻到磷化锌的特殊蒜臭味，肝可见严重病变。

（三）病理变化

剖检时可见胃黏膜脱落、出血（图 8. 85），小肠黏膜不同程度地充血、出血（图 8. 86），脾瘀血发褐（图 8. 87），肝充血、瘀血发褐，胆囊肿大（图 8. 88），脑黏膜下充血（图 8. 89）。

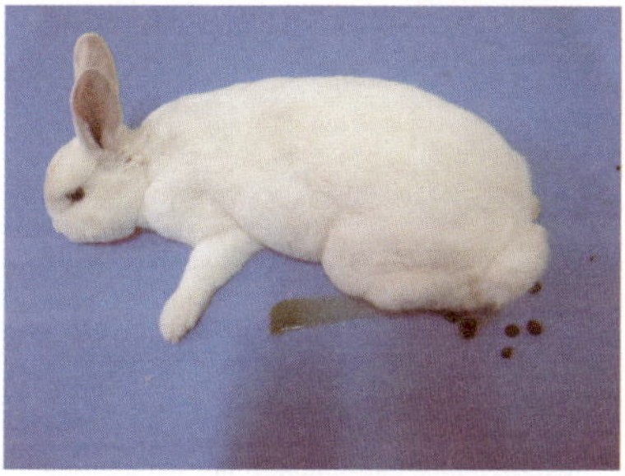

图 8. 84　麻痹、昏迷、大小便失禁

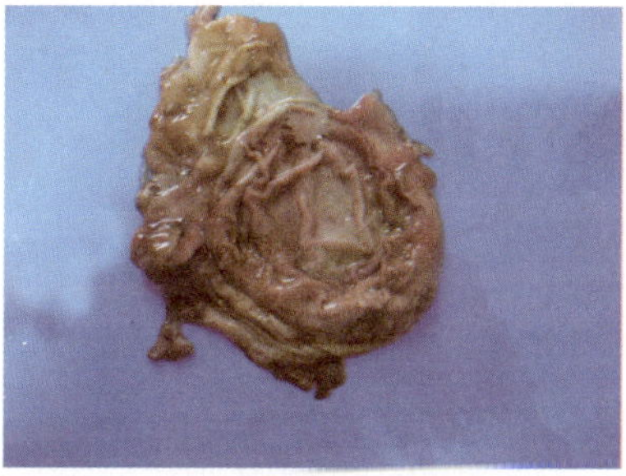

图 8. 85　胃黏膜充血、瘀血、脱落

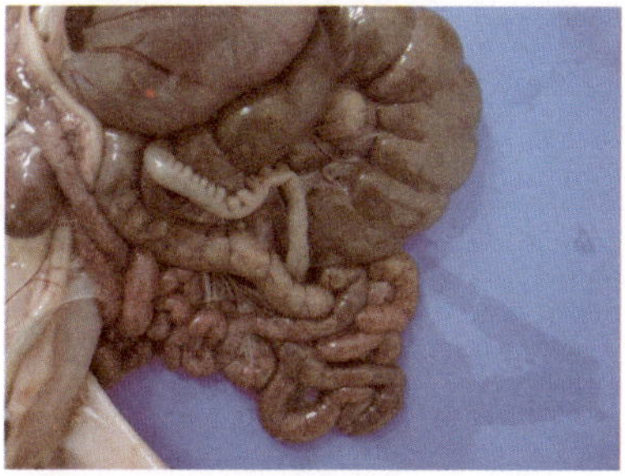

图 8. 86　小肠黏膜不同程度地充血、出血

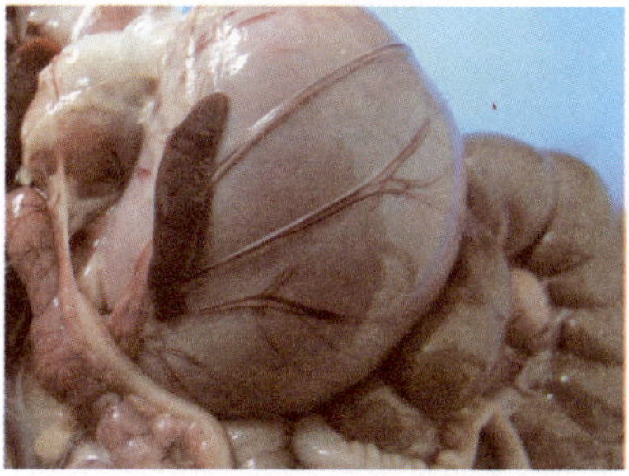

图 8. 87　胃壁下充血，脾瘀血发褐、质脆

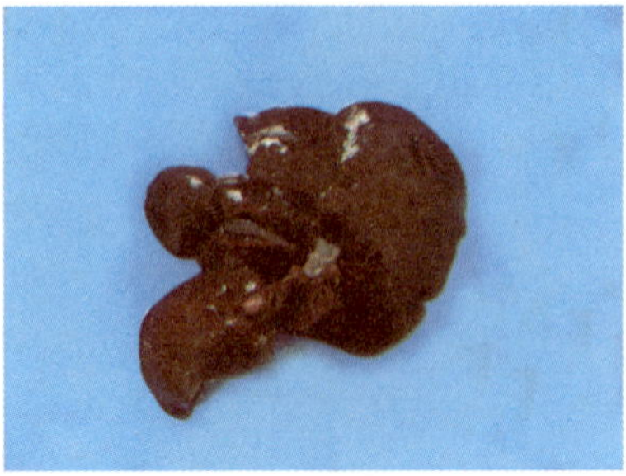

图 8.88　肝质脆、发褐，胆囊肿大

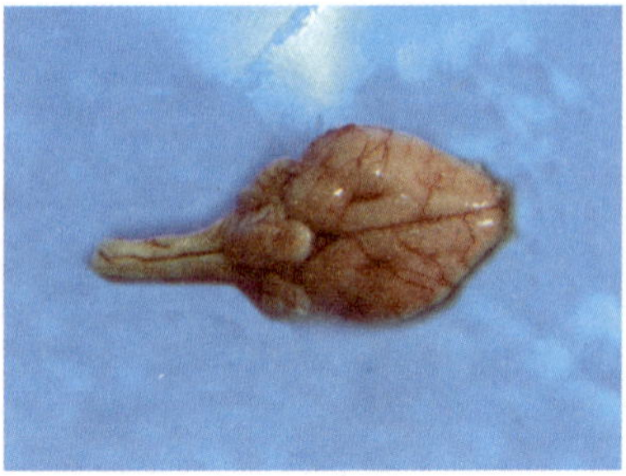

图 8.89　脑黏膜下充血

1. 预防　了解灭鼠药性能，妥善保管。放置灭鼠药毒饵时，应远离兔活动区域和草、料贮藏处。兔舍中使用灭鼠毒饵时应十分小心，谨防毒饵混入饲料和饮水中，防止兔误食中毒。

2. 治疗　调查病情，确定灭鼠药种类，选用特效解毒药。毒鼠磷中毒，按说明选用解磷定、阿托品解救；氟乙酰胺中毒，可肌内注射乙酰胺 20 ~ 50 毫克/千克体重，每天 2 次，连用 5 ~ 7 天；敌鼠钠中毒，肌内注射维生素 K 0.1 ~ 0.5 毫克/千克体重；磷化锌中毒，内服 0.1% ~ 0.5% 的硫酸铜；安妥中毒用 0.1% ~ 0.5% 的高锰酸钾溶液洗胃，静脉注射 1% 硫代硫酸钠 15 毫升；氟乙酸钠中毒，肌内注射乙二醇乙酸酯 0.1 毫克/千克体重，每天 2 次，连用 5 ~ 7 天。氟乙酰胺中毒，肌内注射解氟灵 100 毫克/千克体重，分 2 次用完。同时饮用葡萄糖盐水加抗生素，排毒消炎。无特效解毒药时，中毒不久者，可先给予催吐剂，灌服 0.1% ~ 0.5% 的硫酸铜溶液，或 0.1% 的高锰酸钾溶液，每 4 小时灌服 10 ~ 20 毫升，反复洗胃，排出毒物。怀疑毒物已进入肠道时，可内服泻剂以促进排出，如每兔一次灌服 5% 硫酸镁水溶液 30 ~ 50 毫升。对于已使用特效解毒药者也可同时进行洗胃和缓泻。

另外，采取补液、强心、利尿、镇静等措施进行对症治疗，如 20% 葡萄糖 20 ~ 50 毫升加维生素 C 100 毫克，静脉注射，以保肝解毒。

第七节　产科病

一、乳房炎

乳房炎是产仔母兔常见的一种疾病，乳腺肿胀、发热、疼痛、敏感，继之患部皮肤发红，以致变成蓝紫色，故俗称“蓝乳房病”。本病多发生于产后 5 ~20 天的哺乳母兔。轻者影响仔兔吃乳，重者造成母兔乳房坏死或发生败血症而死亡。

（一）病因

产前、产后饲喂精料过多，使母兔乳汁过多、过稠致乳汁不易吮出；或有些母兔母性差，拒绝给仔兔哺乳，均可使乳汁在乳房内长时间过量蓄积而引起乳房炎。或者由于外伤而引起链球菌、葡萄球菌、大肠杆菌、绿脓杆菌等病原微生物的侵入感染引起。笼舍内的锐利物损伤乳房，或因泌乳不足，仔兔饥饿，吮乳时咬破乳头也会引起乳房炎。

（二）临床症状

母兔乳房肿胀发红，拒绝给仔兔哺乳，体温明显升高。该病有轻有重，所表现出来的症状也不相同，大致可分为普通乳房炎、乳腺炎和败血型乳房炎三种类型。

1. 普通乳房炎　乳房红肿，乳头发绀（图 8.90），触及皮肤有热感，母兔一般仍能正常哺乳，但哺乳时间较短。一般仅限于一个或数个乳房，患部充血红肿，乳头发黑，皮肤张紧发亮，触之有灼热感，发病乳房通常拒绝哺乳。

2. 乳腺炎　为化脓菌侵入乳腺所致。发病不久，在乳房周围皮下可摸到山楂大小的硬块（图 8.91）。初期皮肤正常，后期皮肤发黑而形成脓肿，最后脓肿破裂，脓液流出。

3. 败血型乳房炎　初期乳房红肿，而后呈紫黑色，并迅速蔓延至所有乳房，丧失泌乳功能。体温升高达 40℃ 以上，精神沉郁，食欲下降或废绝，饮欲增加，通常在 2 ~3 天病兔死于败血症。母兔若继续哺乳，则整窝仔兔发生急性胃肠炎，严重时造成仔兔死亡。

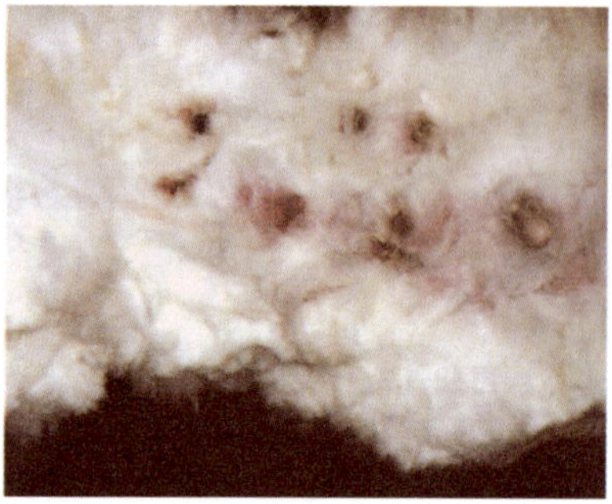

图 8.90 乳房红肿，乳头黑紫

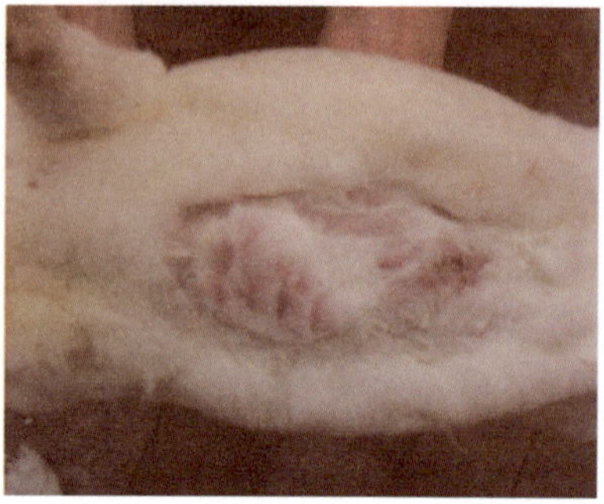

图 8.91 乳房肿块明显

（三）防制措施

1. 预防 保持笼舍清洁卫生，清除玻璃碴、木屑、铁丝挂刺等锐利物，尤其是笼箱出入口处要平滑，以防乳房外伤。产前、产后适当调整母兔精料和青饲料的比例，以防乳汁过多或不足。产后应检查产仔数目和哺乳情况，调整寄养仔兔，以免仔兔咬伤乳头或憋奶现象；仔兔断奶应分批进行，同时应逐渐减少母兔精饲料和多汁饲料的饲喂量。

2. 治疗

（1）发病后立即隔离仔兔，仔兔由其他母兔代哺或人工喂养。对轻症乳房炎，可挤出乳汁，局部涂以消炎软膏，如10%鱼石脂软膏、10%樟脑软膏、氧化锌软膏或碘软膏等。

（2）中药疗法，仙人掌去刺皮捣烂，酒调外敷患部，同时肌内注射大黄藤素或鱼腥草注射液2～4毫升，每2天1次，连用1～2次即愈。

（3）局部封闭疗法，用0.25%～1.0%盐酸普鲁卡因液5～10毫升，加入少量青霉素，针头平行腹壁刺入，注射于乳房基部。发生脓肿时，应及早纵行切开，排出脓汁，然后用3%过氧化氢等冲洗，按化脓创治疗。败血型乳房炎可局部封闭注射，用鱼石脂软膏涂抹。严重时可切开脓疱，排除脓血，切口用消毒纱布擦净，撒上消炎粉。同时应用青霉素、链霉素做全身治疗，注射抗生素或口服磺胺类药物。愈后不宜再用作繁殖母兔，育肥淘汰。

二、子宫内膜炎

子宫内膜炎是经产母兔常见的生殖器官疾病之一，是子宫黏膜及黏膜下层的炎症，多发生于分娩后。

（一）病因

通常是在配种时生殖器官直接接触或难产损伤子宫时而发生的感染，也可继发于其他疾病，引起子宫化脓性炎症。

（二）临床症状

本病按病程可分为急性和慢性。按炎症性质又可分为卡他性、化脓性、纤维素性和坏死性子宫内膜炎。急性型，多发生于分娩后，全身症状明显，体温升高，精神不振，食欲减退，贪饮。有时会发生腹泻，并时常努责，有时随同努责从阴道排出较臭、污秽不洁的红褐色黏液或黏液脓性分泌物，在卧下时排出的更多。慢性型，多由急性子宫内膜炎转化而来，全身症状不明显，周期性地从阴道排出混浊带有絮状的黏液，子宫外口肿胀充血，不发情或者即使发情也屡配不孕，甚至妊娠也容易流产。

（三）病理变化

子宫内积有脓性渗出物或血样暗红色液体，子宫内膜出血（图 8.92），并有坏死或增厚的病灶。有时子宫内还有死亡或已被吸收的胎儿组织或灰白凝乳块状物。

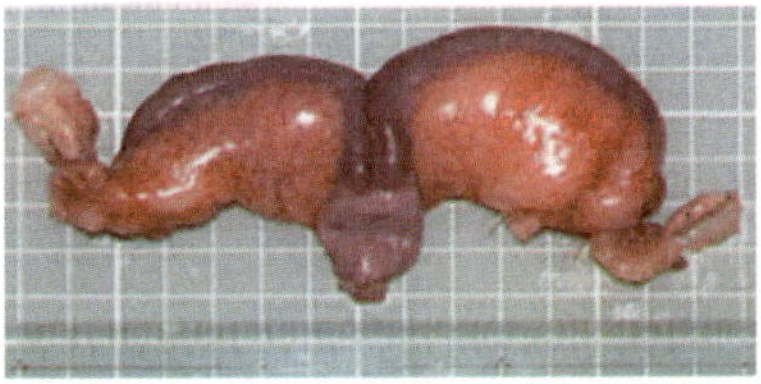

图 8.92　子宫内膜充血、出血、水肿

（四）防制措施

1. 预防　搞好笼、舍的清洁卫生。定期消毒兔舍、笼具以及各种用具。发现病兔及时隔离治疗，以防交配时相互传播。配种、分娩、接产时动作要适当，防止子宫内膜受损伤。产仔前后选用抗菌药预防。

2. 治疗

（1）用温0.1%高锰酸钾溶液、2%碳酸氢钠溶液、0.05%呋喃西林溶液、0.1%新洁尔灭溶液冲洗阴道和子宫，冲洗之后涂抹碘甘油、青霉素、链霉素等抗菌消炎药物，同时施以全身治疗。

（2）肌内注射脑垂体后叶激素5万~10万单位，以促使子宫颈的开张和收缩，然后再用生理盐水或0.05%呋喃西林溶液冲洗子宫，每天1次，连用2~4天。冲洗后，再向子宫内注入青霉素20万~40万单位。发现体温异常时，应及时进行补液和应用抗菌药物。

三、阴道炎

阴道炎是由于阴道及尿生殖前庭黏膜损伤和感染所引起的炎症。

（一）病因

本病通常在交配、人工授精、分娩、难产或阴道检查时，因阴道黏膜受到损伤感染病原微生物而发生。子宫脱出、子宫内膜炎也可继发阴道炎。

（二）临床症状

阴门常出现红肿，阴道内流出不同性状的分泌物，常附着在阴门及尾毛上，形成薄痂（图8.93）。排便时呻吟、弓背。阴道黏膜肿胀、充血及出血，甚至形成脓肿和溃烂，有疼痛感。

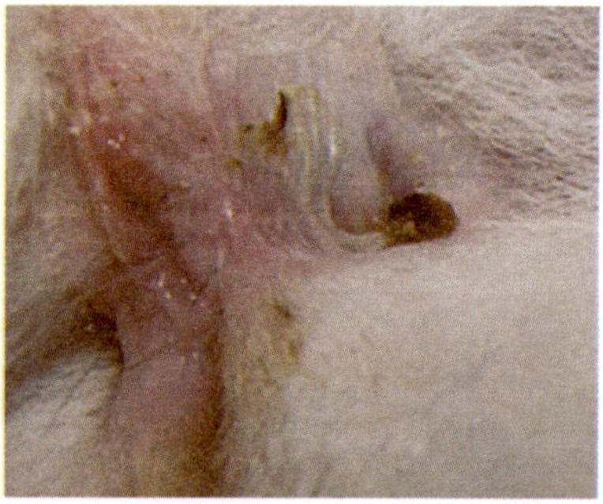

图8.93 阴唇潮红、有黏性分泌物

（三）防制措施

1. 预防 搞好笼、舍的清洁卫生。定期消毒兔舍、笼具以及各种用具。发现病兔及时隔离治疗，以防交配时相互传播。加强饲养管理，适当增加光照和运动，提高母兔的抗病能力。

2. 治疗

（1）用0.1%高锰酸钾液、3%过氧化氢、0.1%雷佛奴尔或0.1%新洁尔灭溶液冲洗，冲洗后要排出消毒液。

（2）对精神、食欲不振，有全身反应的病兔，肌内注射青霉素20万～30万单位，每天2次，连用3天。

（3）为排出渗出物，可用温2%碳酸氢钠液、1%～2%盐苏打液冲洗阴道。水肿严重时，可用温2%～5%高渗盐水或硫酸镁呋喃西林液冲洗。为消除感染，对局部常有化脓感染者，冲洗后涂抹碘甘油、青霉素软膏、磺胺软膏等。

四、流产与死胎

流产即妊娠中断，是指子宫内的胚胎部分或全部消失，或从产道流出不足月胎儿；怀孕足月，但产出死的胎儿，称为死胎（图8.94、图8.95）。

（一）病因

1. 疾病引起的流产　疾病引起的流产有传染性疾病引起的流产和一般性疾病引起的流产。妊娠母兔有相当比例因传染性疾病如布氏杆菌病、沙门杆菌病等终止妊娠而发生流产；一般性疾病流产，多因妊娠母兔饲料、饲草霉变，引起母兔肠炎，导致拉稀在3天以上，因体质下降而流产。还有的母兔患有慢性子宫内膜炎，妊娠后胎儿不能正常发育，到一定的阶段发生流产。

2. 饲料原因引起的流产　由于饲料量不足或饲料营养偏低以及饲养方法不当造成母兔瘦弱、抵抗力降低引起流产；使用棉籽饼、菜籽饼代替豆饼，没有进行脱毒且使用量又大，长期使用因中毒导致流产。

3. 管理不当引起的流产与死胎　母兔妊娠期间，特别是20天以后粗暴地抓捕妊娠母兔，母兔挣扎时子宫和胎儿受到损伤而引起流产；妊娠母兔受到突然惊吓造成流产；妊娠母兔从笼上跌下而伤及子宫，造成流产；气温突然升高至30℃以上，易造成流产。

（二）临床症状

一般在流产与死产前无明显症状，不易被注意到，或仅有精神、食欲的轻微变化，常常是在笼内见到母兔产出的未足月胎儿或死胎时才发现。怀孕初期，流产可为隐性的，在胚胎期终止了妊娠，胚胎溶化被子宫黏膜吸收，子宫不留任何痕迹，有的胚胎死亡后随着子宫内膜分泌物增多而排出体外，由尿液冲淡不显流产迹象。胚胎消失后，母兔经过或长或短的时间再次发情，不易发现。有的怀孕15天左右，衔草拉毛，产出没成形的胎儿；有的提前3～5天产出死胎；有的东产一只，西产一只，延续2～3天；有的产出部分死胎，部分活胎儿。产后母兔多数体温升高，食欲不振，精神不好。个别病兔可继发阴道炎、子宫炎，造成后配不孕。

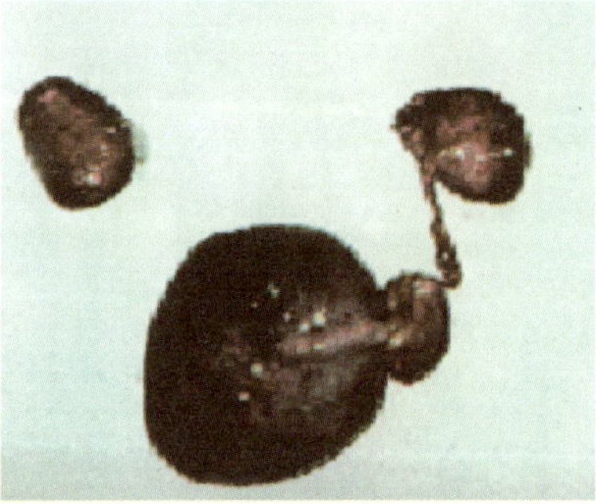

图8.94 肉球状流产物

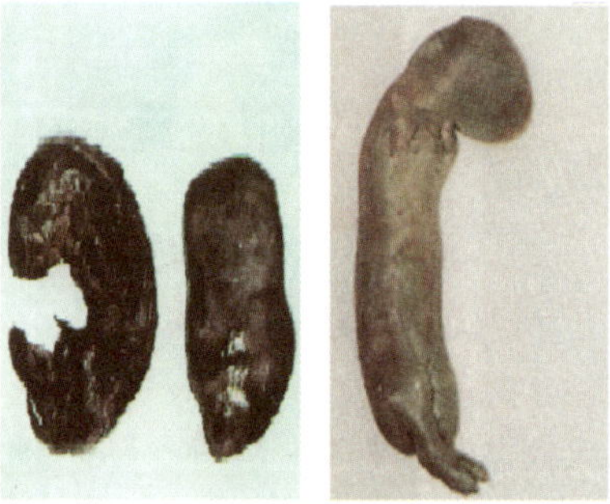

图8.95 死胎

（三）防制措施

1. 预防 防止早配和近亲繁殖。发现有流产征兆的母兔，可肌内注射黄体酮15毫克保胎。加强饲养管理，对于有习惯性流产病史的母兔，应及时淘汰或用中药安胎散预防流产。安胎散的配方为：炒白术30克、砂仁20克、当归30克、川芎20克、熟地20克、白芍20克、陈皮25克、艾叶25克、黄芩5克、党参20克、干姜15克、甘草15克、炒阿胶20克，共研为粉，加入饲料中，每天每兔7～10克，连用10天。

2. 治疗 及时找出流产与死产的原因并加以排除。对流产后的母兔，应保持安静，注意休息，喂给营养充足的饲料，饮用葡萄糖食盐加消炎药。用消毒性冲洗液如雷佛奴尔溶液、来苏儿溶液、稀碘溶液或高锰酸钾溶液冲洗子宫，直到母兔排出子宫中的分泌物转为正常为止；注射抗生素或磺胺药物，防止继发性感染。

五、难产

难产是指生产过程进展异常的慢。难产使母兔及仔兔的患病率及死亡率均提高。

（一）病因

1. 母兔造成的难产　一方面是产力异常，例如阵缩努责微弱、子宫收缩无力等。另一方面为产道异常，如阴道狭窄、子宫颈狭窄、骨盆狭窄等。

2. 胎儿造成的难产　一方面为胎儿过大、水肿胎、畸形胎等造成难产。另一方面为胎位不正（胎儿头颈侧弯、头颈仰转、头颈回转等）、胎位异常（下胎位、横背位、横腹位、纵背位、纵腹位等）造成难产。

（二）临床症状

1. 阵缩努责微弱　多因饲料营养水平低、母兔年龄偏大、体质较差或过于肥胖等造成。分两种情况，一种情况是一开始就阵缩无力、间歇时间长，母兔无明显不安表现，子宫颈开口期延长，迟迟不见羊水流出，或断断续续地流出小股羊水，胎儿迟迟产不出来，检查产道时，发现子宫颈口张开不全。另一种情况是开始阵缩还正常，但不见胎儿产出，经过一定时间的阵缩努责，母兔体力渐渐不支，有时产出 1 ~2 只仔兔阵缩努责就减弱或停止。

2. 产道狭窄　母兔阵缩努责正常，产期延长，迟迟产不出胎儿。检查时，如果是子宫颈狭窄的母兔，不见羊水流出或已见羊水而不见胎儿前置部位露出，子宫颈开张不全，肌层较厚，但厚薄均匀，胎儿前置部分被子宫颈裹着。如果是阴道或尿生殖前庭部位狭窄的母兔，阴道松弛不够，前置部分露出阴门，被阴门紧紧裹着，母兔强力努责也不能将胎儿产出。

3. 胎儿过大和胎儿异位　胎儿过大、胎儿头颈侧弯、头颈回转、胎头俯伏以及横位、侧位等，胎儿不能顺利进入产道，尽管母兔子宫收缩正常，努责也协调正常，胎儿却不能产出。有的病例生产时破水后不能顺利产出，羊水流尽，子宫和产道发干，更增加生产的困难。

（三）防制措施

1. 预防 加强饲养管理，适时配种，防止早配和近亲繁殖。母兔分娩时应保持绝对安静。

2. 治疗 难产是由多方面的原因造成的，应根据不同的病因采取不同的处理方法。

（1）母兔阵缩努责微弱的处理：对这种情况的病例，不必采用药物催产，用人工助产迅速拉出胎儿即可。胎膜未破的先人工破胎膜，然后拉出。胎位异常的先矫正胎位，然后拉出胎儿。无法矫正胎位的可采取剖腹产的办法取出胎儿。剖腹取出胎儿后，要迅速剥离胎衣，给母兔注射子宫收缩药物，并向子宫内注入抗生素，防止子宫弛缓或子宫感染出现子宫炎或子宫内膜炎等。

（2）母兔产道狭窄的处理：轻度子宫颈狭窄或子宫颈张开不全的病例，可用产钳夹住胎儿头部慢慢牵拉胎儿，机械性扩张子宫，将胎儿拉出；如果产道严重狭窄或子宫颈有瘢痕扩张困难的，又是活胎儿，可以及时进行剖腹，取出胎儿；如果是阴道狭窄或阴道前庭部位狭窄的，也可以用产钳夹住胎儿头部缓缓拉出，助产时均先拉出胎儿头部，然后再拉出两前肢，还要注意保护母兔产道和阴部，避免撕拉时造成产道和阴部损伤。

（3）胎儿过大的处理：强行拉出胎儿，但拉时必须掌握时机，一定得等到子宫颈口完全张开时进行。胎位异常的先顺胎位再拉胎儿，边拉边扩张产道，轻轻地上下、左右摆动胎儿，牵拉时用力要缓，不能过猛，不能生拉硬扯，只要拉出了一个胎儿，其他的助产就比较容易了。拉出困难，或强拉会损伤产道时，则应剖腹取胎。剖腹宜早不宜迟，否则胎儿腐败，预后不良。兔剖腹产时，取仰卧保定，在耻骨前沿腹正中线或最后肋骨后方切开。术部剃毛，用75%乙醇或0.1%新洁尔灭或1%高锰酸钾液消毒，用0.5%盐酸普鲁卡因液局部浸润麻醉，切开腹壁，拉出子宫，并用大纱布围绕，使与腹腔隔离，于子宫大弯处纵向切开子宫，取出胎儿胎衣，然后清洗消毒、缝合、还原子宫，按常规方法缝合腹膜、腹肌及皮肤。术后应用抗生素如青霉素40万单位，每天2次，连用3~5天，以防感染；耳静脉注射3%的葡萄糖酸钙15毫升，以防产道出血。

（4）其他胎位异常的处理：胎位异常种类很多，例如头颈侧弯、胎头俯伏、头颈回转、肩关节屈曲等。处理的办法是矫正胎位，有的母兔产道正常、子宫收缩和努责等都比较正常，胎儿也不是特别大，只是胎位异常不能顺利产出，只要将胎位调顺即可顺利产出。矫正胎位可以采用徒手的方法，即两人配合操作，一人保定种母兔，一人将用乙醇消毒后的手指插入待产母兔阴道和子宫颈中，用手指调整胎儿的胎位，使头部对着子宫颈口，两手指夹住胎儿的头，随着母兔子宫阵缩将胎儿拉出，只要第一个异位的胎儿助产产出了，后面没有异位的胎儿就会顺利产出。

剖腹产的整个过程包括：切开腹部皮肤、暴露子宫、拉出子宫、剖开子宫、取出仔兔、仔兔与子宫剥离、缝合子宫、还原子宫及缝合腹部皮肤等。整个过程要严格按规程无菌操作（图8.96～图8.105）。

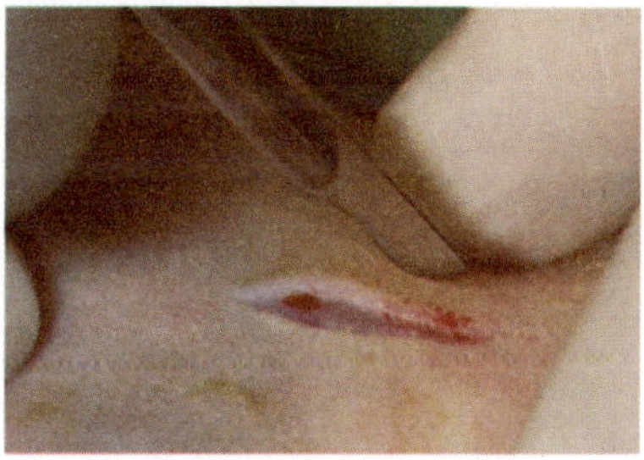

图8.96　切开腹部皮肤

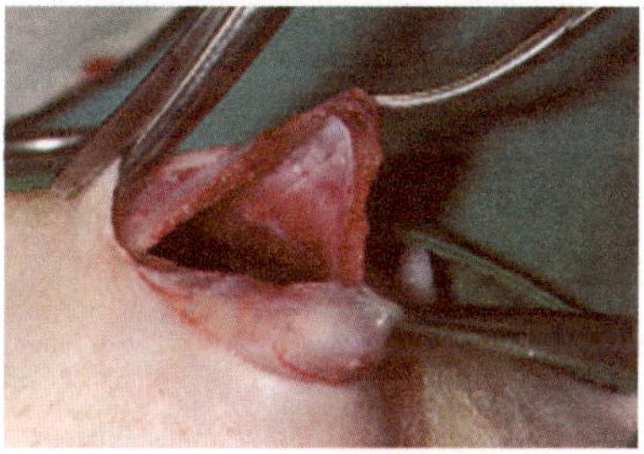

图8.97　暴露子宫

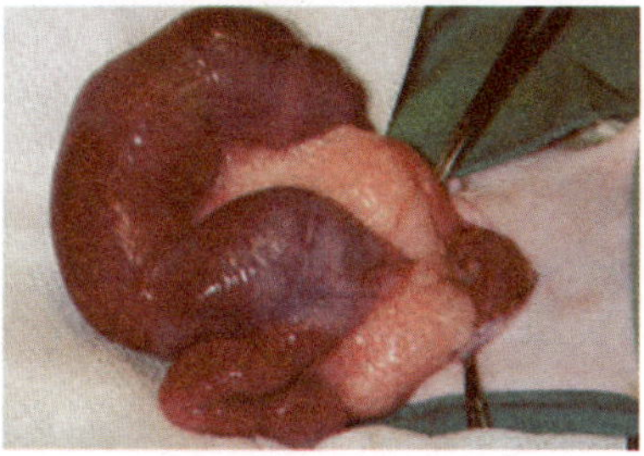

图8.98　拉出子宫

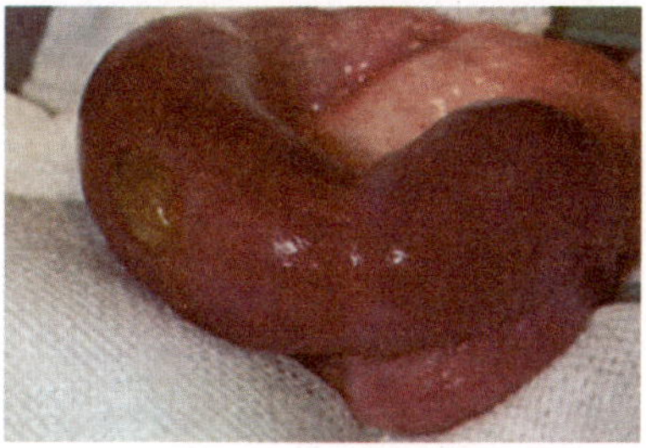

图8.99　剖开子宫

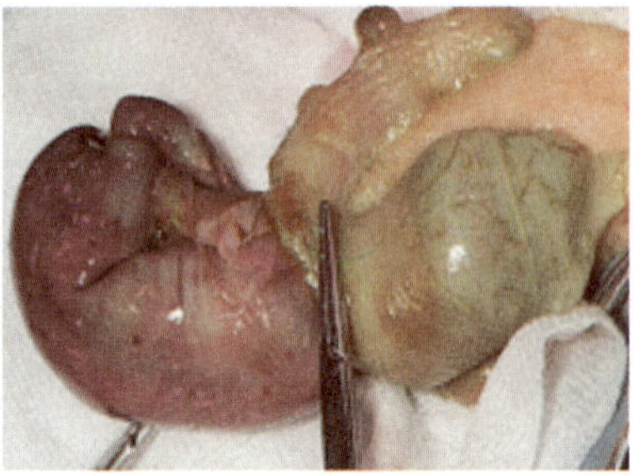

图 8.100　取出仔兔

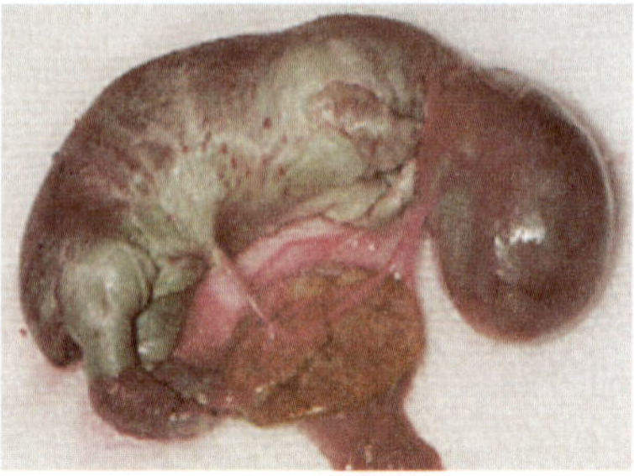

图 8.101　仔兔与子宫剥离

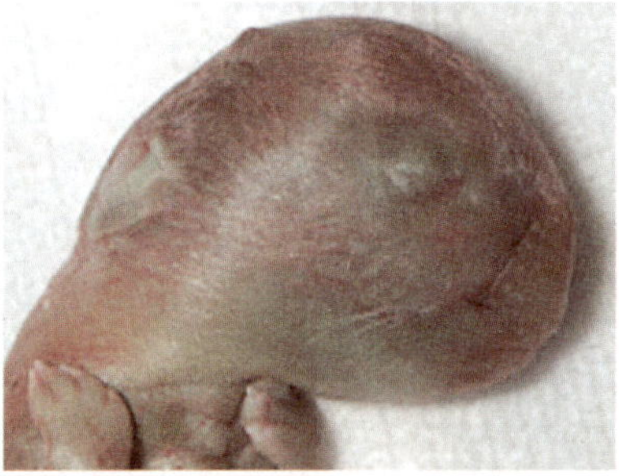

图 8.102　仔兔与子宫完全剥离

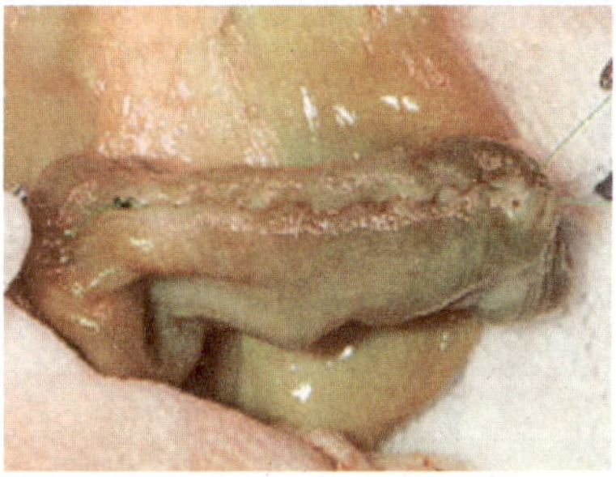

图 8.103　缝合子宫

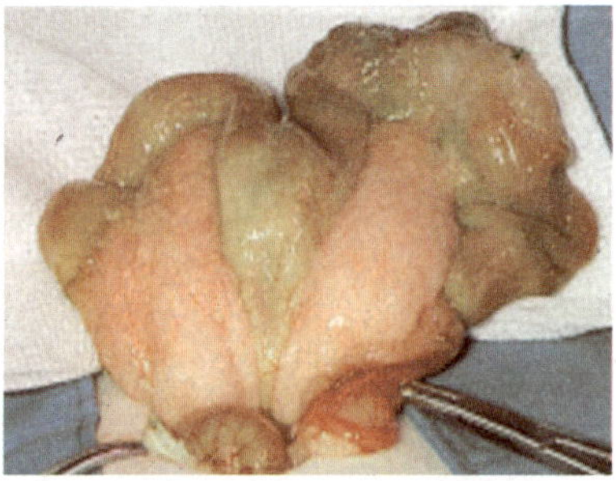

图 8.104　还原子宫

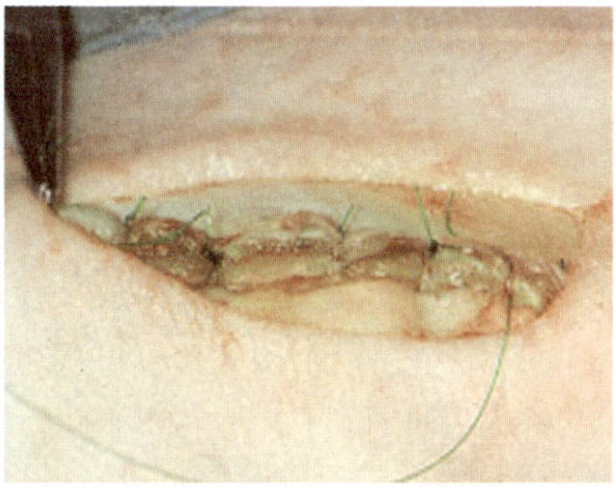

图 8.105　缝合皮肤

六、产后瘫痪

产后瘫痪是以四肢或后肢麻痹，出现跛行、昏睡为特征的疾病。

（一）病因

产后瘫痪的原因是多方面的，产前光照不足，运动不够，兔舍潮湿，饲料营养不全价，尤其是钙、磷比例不当或缺乏，产仔窝次过密，哺乳仔兔过多，受惊吓等，均可能引起产后瘫痪。饲料中毒，难产时助产不当，以及球虫病、梅毒病、子宫炎、肾炎等，也会引起产后瘫痪。

（二）临床症状

病兔症状较明显。病兔轻者少食，重者不食，排便减少或不通。产仔后，轻者跛行，重者四肢尤其是后肢不能站立，出现跛行、消瘦、昏睡。有时可伴有子宫脱出，流血过多以致死亡。

（三）防制措施

1. 预防　主要是加强饲养管理，保持兔舍干燥、通风，避免潮湿，并做到定期消毒。防止饲料中缺钙及缺乏维生素。还可适当加大日粮中麦麸的含量及米糠等含磷较多的饲料，加喂地瓜蔓、花生叶等含钙较多的粗饲料，尽量多喂新鲜青绿饲料，对预防母兔瘫痪也有良好效果。保证母兔适度运动，增强体质，使怀孕母兔保持良好的体况。

2. 治疗

（1）静脉注射5%氯化钙注射液3～5毫升/兔，每天1次，连用3～5次。

（2）肌内注射10%葡萄糖酸钙30毫升/兔，每天2次，连用5天。

（3）内服复合维生素B片，每次0.25克，每天1次，连用4天，以恢复和促进神经功能。

（4）对有便秘症状的病兔，采取内服油类泻剂、灌肠等对症治疗。可采取灌服硫酸镁溶液或直肠灌注植物油的方法，以润肠通便、清除积粪。无救治价值的淘汰。

七、妊娠毒血症

妊娠毒血症是一种较普遍的代谢性疾病，病死率高，多发于母兔怀孕后期。是以神经功能受损、共济失调、虚弱、失明和死亡为主要特征的代谢性疾病，妊娠、哺乳、假妊娠母兔均可发生。

（一）病因

病因尚不完全清楚，目前认为主要与营养失调和运动不足有关。怀胎过多、胎儿过大、妊娠期营养不良及环境变化等因素均可引起本病的发生。此外，与生殖障碍如流产、死产、遗弃仔兔、胎儿异常和子宫瘤等也密切相关。

（二）临床症状

病兔初期精神极度不安，常在笼内无意识漫游，甚至用头顶撞笼壁，安静时缩成一团，精神沉郁，食欲减退，不吃精料，粪球变尖变小，排尿减少，全身肌肉间歇性震颤，前后肢向两侧伸展，有时呈强直性痉挛。严重病例可见精神沉郁，废食，呼吸困难，粪干并常被胶冻样黏液包裹，或排稀粪，有黏液或呈水样，墨绿色，有恶臭味，尿量严重减少，呼出气体有酮味，出现共济失调，惊厥，昏迷，最后死亡。

（三）病理变化

剖检见乳腺分泌功能旺盛，卵巢黄体增大，肠系膜脂肪有坏死区。肝、肾和心脏苍白，脂肪变性，肾上腺变小、苍白，常有皮质瘤。甲状腺也变小、苍白。组织学变化以脂肪肝和脂肪肾为主。

（四）诊断要点

母兔在妊娠后期易发此病，临床出现肌肉震颤、强直痉挛、惊厥甚至昏迷，乳腺分泌功能旺盛，肾上腺、甲状腺变小、苍白，剖检有脂肪肝和脂肪肾病变。

（五）防制措施

1. 预防　加强对母兔的饲养管理，维持七八成膘情。在妊娠后期供给富含蛋白质和碳水化合物的饲料，不喂腐败变质饲料，避免饲料的突然更换和其他的应激因素。注意补充葡萄糖、维生素C。

2. 治疗　治疗原则是补充血糖，降低血脂，保肝解毒，维护心、肾功能。

（1）静脉注射25%～50%葡萄糖20毫升；同时可静脉注射维生素C 2毫升；肌内注射维生素B_1、维生素B_2各2毫升，每天1次，连用 3 ~5 天。

（2）静脉注射氢化可的松注射液 2 毫升/兔，每天 1 次，连用 2 ~3 天。

（3）内服维生素 B_1、维生素 B_2、维生素 B_6 和氢化可的松各 2 毫升，每天 1 次，连用 2 ~3 次。也可内服醋酸钠或甘油。

八、无乳或缺乳

母兔产后无乳或缺乳是母兔的产后常发病。

（一）病因

病因主要是母兔在怀孕期和哺乳期饲喂不当或饲料营养不全面所造成。母兔患有某些寄生虫病、热性传染病、乳房疾病、内分泌失调以及其他慢性消耗性疾病，过早交配，乳腺发育不全，年龄过大，乳腺萎缩也可造成缺乳或无乳。有些也与遗传因素有关。

（二）临床症状

临床症状主要表现在仔兔和母兔两个方面。仔兔吃奶次数增多，但吃不饱，在巢箱内爬动、鸣叫，逐渐消瘦，增重缓慢，发育不良，甚至因饥饿而死亡。母兔不愿哺乳，乳房和乳头松弛、柔软或萎缩变小，乳腺不发达，用手挤不出乳汁或量很少。

（三）防制措施

1. 预防　首先应改善母兔的饲养管理，喂给全价饲料，增加精饲料和青绿多汁饲料。防止早配，淘汰过老或泌乳性差的母兔，选育饲养母性好、泌乳足的母兔留种。积极治疗母兔原发性疾病。分娩前后注意协助母兔拉毛催乳。

2. 治疗　对产后无乳或缺乳母兔应进行催乳。在用药治疗的同时，还应首先增加全价配合精料及青绿多汁饲料的喂量，供足饮水，让兔适当运动。

（1）可用温盐水擦洗乳房，结合按摩 1 ~2 次，促进乳腺发育和泌乳。

（2）内服人用催乳灵 1 片，每天 1 次，连用 3 ~5 天。试用激素治疗，皮下或肌内注射垂体后叶素 10 单位/兔，每天 1 次，连用3 ~5

天。

（3）肌内注射苯甲酸雌二醇 0.5 ~ 1 毫升/兔，每天 1 次，连用 3 ~ 5 天。

（4）选用催乳和开胃健脾的中草药。处方 1：取鲜蚯蚓 1 ~ 2 条，开水泡至发白，切碎拌红糖喂兔，每天 1 ~ 2 次；或将蚯蚓晒干粉碎拌料喂给，连用 5 天。处方 2：王不留行 20 克，通草、穿山甲、白术各 7 克，白芍、山楂、陈皮、党参各 10 克，共研为末，分数次调在饲料中喂给。处方 3：王不留行、天花粉各 30 克，漏芦 20 克，蚕 15 克，猪蹄 1 只，水煮后分数次调拌在饲料中喂给。处方 4：取花生米 7 ~ 8 粒，温水浸泡 1 或 2 小时后，拌料喂给，连喂 2 ~ 3 次。处方 5：芝麻 10 克，花生米 15 克，酵母片 5 ~ 8 片，共捣碎拌精料喂兔，每天 1 ~ 2 次，连用 3 ~ 5 天。

（5）野草催乳：产仔前后多采集一些香菜、桃叶亚葱、王不留行、抱茎苦荬菜、蒲公英、苦菜、山苦荬、苦苣菜、剪刀股、泽漆等野草喂母兔，有促进泌乳和预防生殖系统炎症的作用。

（6）口服补液盐法：氯化钠 3.5 克，氯化钾 1.5 克，碳酸氢钠 2.5 克，葡萄糖 20 克，加温水 1 000 毫升，溶解供母兔自由饮用，每天 1 ~ 2 次，连用 2 ~ 3 天。

第八节　遗传性疾病

一、牙齿生长异常

养兔生产中家兔门齿异常生长时有发生，影响采食。

（一）病因

牙齿生长异常主要由遗传因素、饲喂粉料、外伤等造成。

（二）临床症状

病兔上、下牙齿都有长出口腔之外现象，引起门牙咬合不正（图 8.106、图 8.107）；唾液流下，有时颈下会产生皮肤湿疹。

图 8.106　门齿过长突出口外

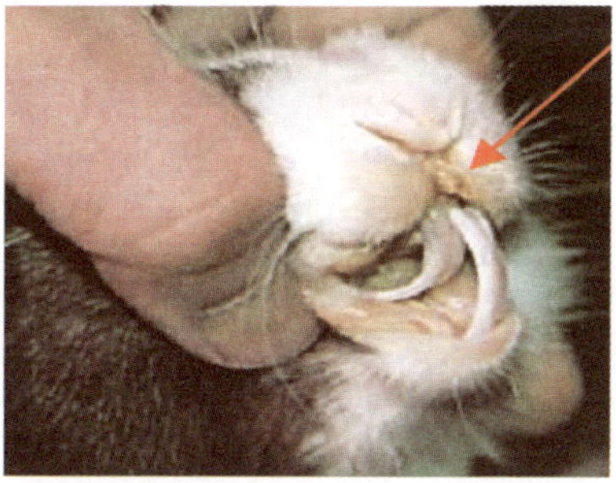

图 8.107　上下门齿都过长

（三）防制措施

定时检查，早期发现，早期处理。发现兔出现食欲不振或流涎不止的现象时应检查口腔内部。视病情状况，可能需要进行拔牙、切断、研磨等手术治疗。其方法是：一助手用手术镊横插进口腔内固定，露出过长门齿，术者持虎头钳剪断门齿 2/3 或 1/2，再长出，再剪去，就不会再长出了。

二、牛眼

牛眼又称水眼，或先天性幼畜青光眼，是兔较常见的遗传性疾病之一。

（一）病因

牛眼可能是一种常染色体隐性遗传疾病，兔饲料中缺乏维生素 A 时易发。

（二）临床症状

5 月龄左右的兔易发牛眼，单侧或双侧眼受害。病兔眼前房增大，角膜开始清晰或轻微混浊，随后失去光泽，逐渐混浊，结膜发炎，眼球突出（图 8.108）和增大似“牛眼”。

图 8.108　病兔眼球突出似牛眼

（三）防制措施

防止近亲繁殖，供给含维生素 A 丰富的饲料。病兔不做种用，适时淘汰病兔。

三、麻痹性震颤

麻痹性震颤是一种 X－连锁隐性基因的遗传性疾病。

（一）临床症状

仔兔出生后第一周就出现震颤。全身肌肉紧张，腱反射过大，病情迅速发展，4～6 周龄时，所有的肢体发展为痉挛性麻痹，伴发排尿失禁和压疮溃疡，死于6～7 月龄。皮兔多见。

（二）病理变化

麻痹性震颤由基底神经节中神经轴突开始变性，然后向外发展，侵入髓质、小脑和大脑的皮质，顶盖脊髓束脱鞘。

（三）防制措施

发现病兔应做淘汰处理。肌内注射青霉素、链霉素数天，有治愈的病例。

四、肾囊肿

肾囊肿是由不完全外现率（76%）的常染色体隐性基因传递的遗传性疾病。

（一）临床症状

兔患肾囊肿临床上表现为精神不振，弓背，步态谨慎，排尿异常。

（二）病理变化

尸体剖检时发现肾表面有小囊肿，尤其1～6 月龄的病兔小囊肿更多。眼观受害肾可见数个至百个小囊肿（图 8.109），直径约1 毫米，分布在包膜下肾皮质。

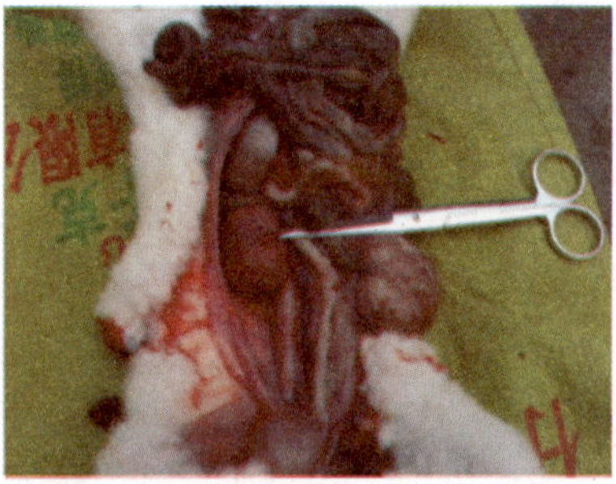

图 8.109　肾包膜下有许多脓性囊肿

（三）防制措施

无治疗价值，淘汰处理。

五、白内障

白内障是由遗传因素引起兔晶状体混浊的一种疾病。

（一）病因

白内障分为两型。第 1 型由单个隐性基因遗传；第 2 型由基因遗传，具 40% ~60% 不完全显性的外现率。

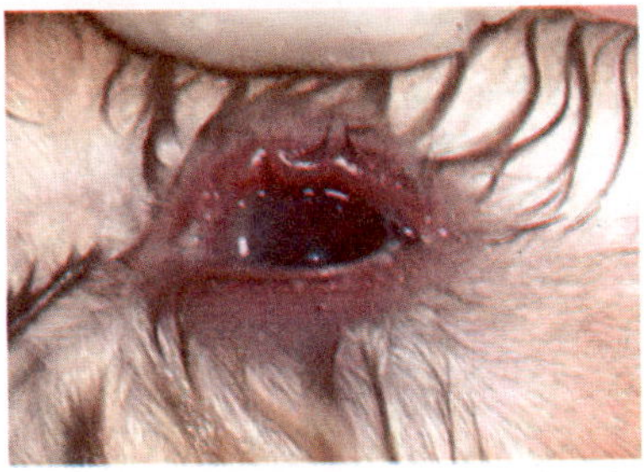

图 8.110　病兔晶状体混浊，流泪

（二）临床症状

第 1 型仔兔出生时两侧眼的晶状体后壁呈现轻微的混浊，5 ~ 9 周龄时晶状体完全混浊（图 8.110），导致失明。第 2 型多为单侧眼发病。

（三）诊断要点

有近亲繁殖史，再根据临床症状做出诊断。

（四）防制措施

此病无治疗价值，一旦发现病兔即可淘汰。

六、淋巴肉瘤

淋巴肉瘤病是淋巴组织的一种恶性肿瘤病。

（一）病因

发病原因不清楚，可能与遗传等多种因素有关。

（二）临床症状

本病多发生于幼兔和青年兔，临床表现为贫血。

（三）病理变化

剖检可见多处淋巴结肿大、色灰白，消化道的淋巴滤泡和淋巴集结有明显的肿大。脾肿大，切面有灰白色颗粒状结节。肾肿大，表面常有灰白色斑块和隆起，从切面可见这些病变主要位于皮质。肝肿大，表面有界线不明显的灰白色区域或大小不等的结节。胃、卵巢、肾上腺也常出现肿瘤性病变，子宫上见白色瘤状物。中性粒细胞减少，而未成熟的淋巴细胞大量增加，血红蛋白降低，血细胞比容下降，后期血液尿素氮升高。

（四）防制措施

研究发现，淋巴肉瘤病的发生率与遗传因素有关，因此要加强选种，病兔应做淘汰处理，不宜留作种用。

第九节　普通病

一、胃肠炎

胃肠炎是胃肠黏膜及黏膜下深层组织的重剧炎症。以严重的胃肠功能障碍和自体中毒为特征。

（一）病因

病因与消化不良基本相同，只是致病因素作用更为强烈、时间更为持久。刚断奶的幼兔，由于消化功能尚未发育健全，适应能力和抗病能力比较低，在致病因素的作用下，更易发病。饲养管理不当，饲料品质不良，精、粗饲料搭配不合理，以及饲料霉败、冰冻，饮水不洁等都是常见病因。胃肠炎也常因消化不良，口腔、牙齿疾病及肠道寄生虫病而继发。

（二）临床症状

初期，病兔表现消化不良，食欲减退，粪便带黏液。随着病情加重，病兔精神沉郁，蹲伏不动，拒食，体温升高，可视黏膜潮红、黄染。先短时间便秘，后拉稀，肠管鼓气，听诊肠音响亮，叩诊腹部有击水音。排出绿色水样恶臭稀便或黄白色带黏液粪便或胶冻样夹有粪球的稀便，肛门周围常被粪便污染。尿呈乳白色。随后，炎症进一步加剧，病兔严重下痢，大量失水时会引起脱水，眼球下陷，迅速消瘦，皮温不均，体温先升高而后短时间内降为正常以下，可视黏膜暗红或发绀，肌肉僵硬，尿量减少，若不及时治疗，很快死亡。

（三）病理变化

细胞总数增多，中性粒细胞增多，核型左移，血液浓稠，血沉减慢，红细胞压积容量和血红蛋白增多。尿蛋白质阳性。拉稀，胃肠黏膜有炎症表现。

（四）防制措施

1. 预防　加强饲养管理，兔舍要保持清洁、干燥，温度恒定，通风良好。饲槽定期刷洗、消毒，饮水要卫生，垫草勤更换。对刚断奶的幼兔，饲喂要定时定量，严禁饥饱不均。饲料应新鲜易消化，一旦发现霉败变质，应立即停喂，及时更换饲料。禁喂冰冻饲料，供足饮水，并增加其运动量。

2. 治疗　治疗期间让病兔安静休息，完全禁食 1 ~ 2 天。通过杀菌消炎、收敛止泻和维持营养方式进行治疗。

（1）杀菌消炎：可内服磺胺脒和碳酸氢钠，每次 0. 1 ~ 0. 15 克/千克体重，每天 2 次，连用 3 ~ 5 天。或选用广谱抗生素，如肌内注射新霉素 4 000 ~ 8 000 单位/千克体重，每天 2 次，连用 3 天。或肌内注射或静脉注射甲砜霉素 10 ~ 30 毫克/千克体重，每天 2 次，连用 3 天。或内服氟哌酸 20 ~ 30 毫克/千克体重，每天 2 次，连用 5 天。

（2）收敛止泻：内服痢特灵 5 ~ 10 毫克/千克体重，或者 1 份大蒜加 5 份水，捣成汁，每兔 5 毫升。每天 3 次，连用 5 天。

（3）维持营养：内服氯化钠 3. 5 克，碳酸氢钠 2. 5 克，氯化钾 1. 5 克，葡萄糖 20 克，加凉开水 1 000 毫升，让兔自由饮用。

二、便秘

便秘是由于兔肠管弛缓导致肠内容物积滞、变干、变硬，致使排粪困难而发生的一种肠道疾病。

（一）病因

兔便秘主要是因为饲养管理不当所致。长期饲喂粗硬干草且饮水不足，缺乏青绿饲料。精、粗饲料搭配不合理，精料过多或单一饲喂粗饲料。食量过多而缺乏运动，饲料中混有泥沙，误食兔毛等引起肠运动减弱和分泌减退而导致肠弛缓，使大量粪便停滞在盲肠、结肠、直肠内逐渐变干、变硬，致使肠道堵塞不通。某些热性病、慢性肠炎、肠结石等也可引起便秘。环境突然改变，运动不足，打乱正常排便习惯等同样会发病。

（二）临床症状

肠鸣音减弱或消失，频繁做排粪姿势，但无粪便排出或排少量的粪球，粪球细小、干燥而坚硬（图 8.111），甚至几天不排粪。食欲减退或废绝，耳色苍白，病兔常头颈弯曲，回顾腹部，用嘴啃肛门，精神不安。触诊腹部有痛感，且可摸到念珠状豌豆大小的坚硬粪块。便秘严重时，粪粒外有一层透明状的胶样物。盲肠、结肠坚硬似腊肠，如果肠管阻塞，致使产气，则出现胀肚。

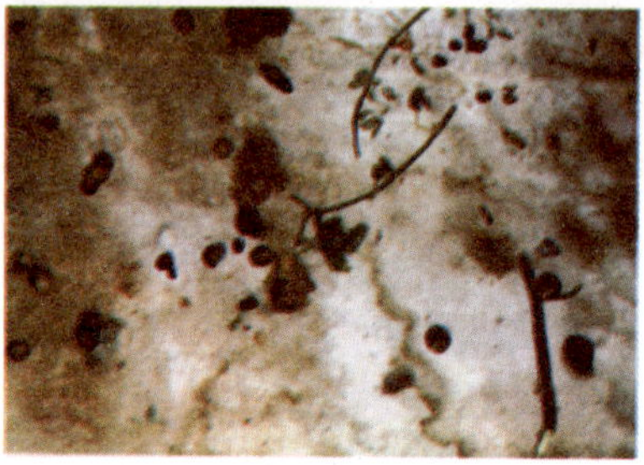

图 8.111　兔粪球干、小、硬

（三）防制措施

1. 预防　消除发病因素，喂养要定时定量，防止饥饱不均。精、粗饲料应合理搭配，供应足量饮水，增强运动。保持饲槽卫生，及时除去泥沙或被毛等污物。

2. 治疗

（1）内服人工盐，成年兔 5 克，幼兔 2.5 克，加适量水，每天 1～2 次，连服 2～3 天。

（2）内服液状石蜡或蓖麻油，成年兔 15～20 毫升，幼兔 8～10 毫升，加等量水，或 10% 鱼石脂溶液 5～8 毫升，或 5% 乳酸溶液 3～5 毫升，或酚酞 1～1.5 克，大黄苏打片 1～2 片/兔，或花生油或菜籽油 25 毫升、蜂蜜 10 毫升，每天 1～2 次，连服 2～3 天。

（3）神曲 50 克压碎，在 500 毫升温水中浸泡数小时，过滤后取滤液，内服 50 毫升/兔，每天 1 次，连用 3 天。

（4）温软皂水或 2% 碳酸氢钠水溶液 30～40 毫升灌肠，将导尿管插入病兔直肠，用不带针头的注射器接导尿管徐徐灌入，然后一手迅速按压肛门，另一手轻轻按摩结粪，以软化和刺激粪便排出。

三、腹泻

腹泻是指临床上具有腹泻症状的一类普通病，表现为排粪频繁，粪便稀软，呈粥样或水样便。

（一）病因

断奶后的幼兔，由吃奶转为吃料，其消化系统功能发育还未健全，适应能力和抗病能力低，若饲料品质不良和饲养管理不当最容易发生腹泻。其原因有：

1. 饲料发霉、腐败变质　若饲喂幼兔发霉变质饲料，4 小时左右全群兔出现拉稀。

2. 饲料不清洁　若喂给幼兔混有过多泥沙、污物的饲料，很容易导致拉稀。

3. 饮水不卫生　若兔饮用不洁净水或有异味水，4 小时左右便引起拉稀。

4. 突然更换饲料，喂量过大等　兔一时难以适应，常引起拉稀。

5. 遇冷冻环境或冰冻饲料　兔舍阴冷潮湿，腹部着凉，饲料含水量过多，或吃了大量的冰冻饲料常引起拉稀。

6. 某些传染病　如副伤寒、大肠杆菌病、魏氏梭菌病、结核性肠炎等；一些寄生虫病，如球虫病、线虫病等；中毒性疾病，如有机磷中毒、霉变饲料中毒等均可引起腹泻。

（二）临床症状

轻者食欲减退，精神不振，排粪稀软、呈粥样或水样，经常污染肛门及其周围被毛（图 8. 112、图 8. 113），使其失去光泽，病兔全身反应较轻，虚弱，消瘦，不爱运动，常勾头舔啃肛门处。重者体温升高，食欲废绝，精神倦怠，腹泻严重，呈水样，常混有血液或胶冻样黏液，粪便恶臭。腹部触诊有明显疼痛反应。呈脱水和衰竭状态及自体中毒症状，结膜发绀，脉搏细弱，呼吸促迫，常因虚脱而死亡。

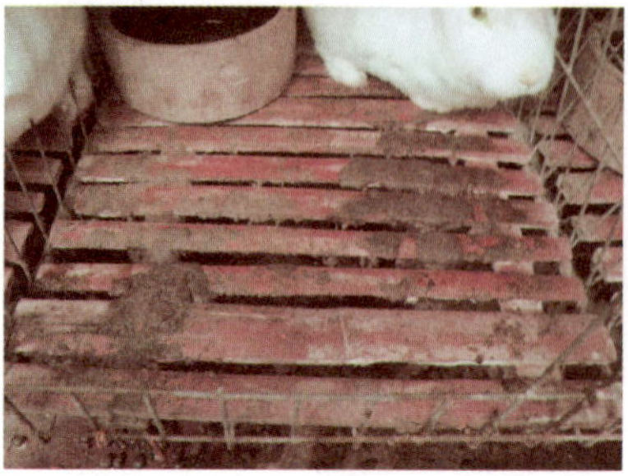

图 8.112　稀粪污染底箅

图 8.113　粪便污染肛门周围被毛

（三）防制措施

1. 预防　加强饲养管理，定时定量喂料，严禁饲喂腐败变质和冰冻的饲料。根据气候情况，合理饲喂多汁、青绿饲料，保持兔舍清洁干燥。不饮不洁饮水，换料逐渐进行，保持兔舍的干燥、通风、温暖等。做到定期驱虫。及早治疗原发病。

2. 治疗

（1）先清理胃肠，内服硫酸钠或人工盐 2～3 克，加水 40～50 毫升/（兔·次），或内服石蜡油 10～20 毫升/（兔·次）。配伍内服各种健胃药，如龙胆酊、陈皮酊 2～4 毫升/（兔·次），每天 2 次，连用 3～5 天。

（2）对重症腹泻要进行消炎，肌内或静脉注射氯霉素 10～30 毫克，或新霉素 4 000～8 000 单位/千克体重，或肌内注射庆大霉素等。

（3）内服氟哌酸 20～30 毫克/千克体重，或泻立停等止泻药，或鞣酸蛋白 0.3 克，每天 2～3 次，连用 4～5 天。

（4）病兔出现脱水，静脉注射葡萄糖盐水 30～50 毫升、肌内注射安钠咖液 1 毫升，每天 2 次，连用 2～3 天。有饮欲的兔给予葡萄糖盐水加适量乳酸环丙沙星饮水。

四、感冒

感冒是家兔常见的呼吸道疾病之一，是以体温升高和上呼吸道黏膜表层炎症为主的一种急性全身性疾病。主要是由于寒冷刺激引起的，在春秋两季气候急变及笼内潮湿、通风不好、温度不均的情况下容易发生感冒。若治疗不及时，容易继发支气管炎和肺炎。

（一）病因

兔感冒主要是由于寒冷的突然侵袭而致病。如冬季兔舍防寒不良，突然遭到寒流袭击，或早春、晚秋季节，天气骤变，日间温差过大，机体不易适应而抵抗力降低，冬季剪毛受寒等。

（二）临床症状

本病以流鼻液、呼吸困难为特征。病兔精神沉郁，流水样或黏稠鼻涕，鼻部发痒，常用前脚擦鼻，打喷嚏、咳嗽，不爱活动，眼呈半闭状。食欲减退或废绝。体温升高，可达40℃以上。皮温不均，四肢末端及耳鼻发凉，出现怕寒战栗。结膜潮红，伴发结膜炎时，见光流泪。

（三）防制措施

1. 预防 在气候寒冷和气温骤变的季节，要加强防寒保暖。兔舍要保持干爽、清洁、通风良好。在饲料中可添加一些热性饲料和饲料添加剂，提供热能，提高兔在寒冷环境中的抗逆能力，减少寒冷应激，适于寒冷季节气温变化。酒糟、黄豆籽实和稻谷籽实等属暖性饲料，适当添加可加强血液循环，改善消化功能，起到抗寒保暖的作用，提高家兔的抗寒能力。生姜和辣椒等属暖性饲料添加剂，性温味辛，可抗寒保暖。另外还可添加鱼肝油、维生素E、维生素C等，提高动物免疫力以减少兔感冒的发生。

2. 治疗 对病兔要加强护理，精心饲养，避风保暖，饮清洁温水，喂营养丰富易消化饲料。

（1）内服人用速效感冒胶囊1粒/（兔·次），每天1次，连用3天；或内服适量的人用感冒口服液，或扑热息痛0.5克，每天2次，连服2~3天。

（2）肌内注射复方氨基比林注射液，1毫升/（兔·次），或安痛定注射液0.2~0.4毫升/（兔·次），或青霉素10万~20万单位、链霉素10万~20万单位/（兔·次），或病毒灵注射液2~3毫升/（兔·次），或磺胺二甲嘧啶70毫克/千克体重，或10%增效磺胺邻二甲氧嘧啶钠0.1～0.2毫克/千克体重，或安乃近注射液1毫升/(兔·次)，每天2次，连用3天。

(3) 柴胡、炙杏仁、橘红、独活、麻黄、甘草各30克，共研为细末，混合均匀。成年兔每次3克，幼兔减半，每天2次，连用3天。

(4) 青霉素、链霉素溶液滴鼻，每次2～3滴，每天3次，连用5天。

五、支气管炎

支气管炎是支气管黏膜表层或深层的急、慢性炎症。

(一) 病因

由于饲养管理不当，舍内空气污秽，阴暗潮湿，通风不良，氨气过大，加上寒冷刺激可降低机体的抵抗力，特别是降低呼吸道黏膜的防御能力，为感染提供了条件。使呼吸道的常在菌，如巴氏杆菌、肺炎球菌、链球菌、葡萄球菌等得以大量繁殖而产生致病作用，引起急性支气管炎。另外，机械、化学因素刺激，如飞扬的尘土、粉碎性饲料、霉菌孢子、花粉、有毒气体或发生误咽等，均可刺激支气管黏膜引起炎症。伤风感冒、鼻炎、上呼吸道感染等也能诱发本病。

(二) 临床症状

病兔精神委顿，体温在40℃以上，食欲废绝。发病后由于支气管黏膜的充血、肿胀及敏感性增高，分泌增加，浆液渗出旺盛和上皮细胞脱落，以致支气管变窄，引起打喷嚏、咳嗽，初期为干痛短咳，以后随炎性渗出物的增加，变为长咳。鼻孔流出黏液，病初流浆液性鼻液，以后流黏液性或脓性鼻液，咳嗽时流出更多。呼吸困难，呼吸频率加快，两眼充满泪水。肺部听诊有干、湿性啰音。排便先干后稀，若不及时治疗，2～4天死亡，死亡率高。

(三) 病理变化

病兔肺有紫黑色病灶或化脓性病变。

(四) 防制措施

1. 预防 平时应搞好饲养管理，喂给营养丰富、易于消化的饲料，以增强抗病力。保持兔舍清洁干燥，温度、湿度适宜，经常通风换气。

2. 治疗

（1）抗菌消炎：内服阿司匹林或氨基比林 1/2 片，每天 2 次，连用 5～7 天。

（2）肌内注射青霉素 20 万单位/（兔·次）、链霉素 10 万单位/（兔·次），或卡那霉素 2 毫升/（兔·次），或 10% 增效磺胺嘧啶钠 3 毫升，每天 2 次，连用 3 天。

（3）祛痰止咳：内服氯化铵 0.3 克，或咳必清 10～20 毫升，或磷酸可待因 80 毫克，每天 2 次，连用 3 天。

六、肺炎

肺炎是肺实质的炎症，分小叶性肺炎和大叶性肺炎。小叶性肺炎以肺局部炎症为特征。大叶性肺炎是整个肺发生的急性炎症过程。小叶性肺炎又可分为卡他性肺炎和化脓性肺炎。家兔以卡他性肺炎较为多见，而且多见于幼兔。临床上以体温升高、咳嗽为特征，大多是由于感冒、鼻炎和气管炎继发引起。

（一）病因

兔舍潮湿、通风不良、天气骤变或长途运输、过度疲劳等都可导致肺炎发生。某些病原菌的侵入，如多杀性巴氏杆菌、金黄色葡萄球菌、溶血性链球菌、肺炎双球菌、绿脓杆菌、肺炎雷伯杆菌等感染也可引起肺炎。灌药时不慎使药液误入气管，可引起异物性肺炎，最后也往往因细菌继发感染而死亡。

（二）临床症状

病兔精神不振，打喷嚏，食欲减退或废绝。体温升高，结膜潮红或发绀。呼吸加快，有不同程度的呼吸困难，严重时伸颈或头向上仰。咳嗽，鼻腔有黏液性或脓性分泌物。肺泡呼吸音增强，可听到湿性啰音。

（三）病理变化

肺膨胀不全，出现灰白色小结节、肺脓肿等。肺实质可见出血性变化（图 8.114），胸膜、肺、心包膜上有纤维素性絮片。也有的病兔胸腔内充满混浊的胸水。严重时，可见由纤维组织包围的脓肿。病程的后期常表现为脓肿或整个肺叶的空洞。

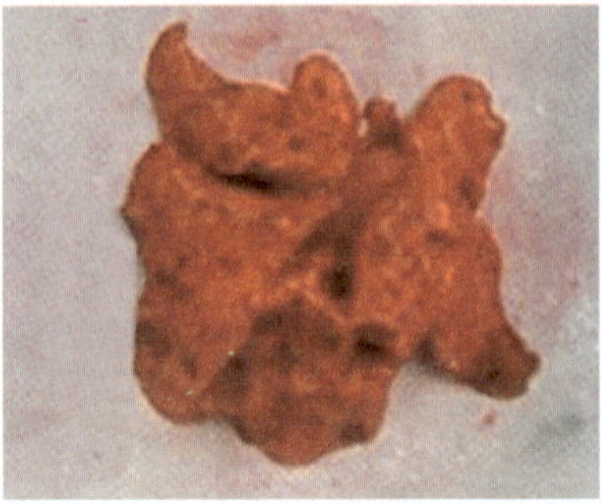

图 8.114　肺实质有出血性变化

（四）防制措施

1. 预防　加强饲养管理，增强兔的抗病力。严寒季节要注意保温，剪毛尽量避开寒流，幼兔更要注意保温防寒。同时注意保持室内空气新鲜，勤打扫粪尿。病兔要放在温暖、干燥与通风良好的环境中饲养，并给予营养丰富易消化饲料，保证饮水，防寒保暖。

2. 治疗　将病兔隔离在温暖、干燥与通风良好的环境中饲养，并给予营养丰富、易消化的饲料。充分保证饮水，注意防寒保暖。

（1）肌内注射青霉素、链霉素各 20 万单位 /（兔·次），或环丙沙星注射液 1 毫升/千克体重，或氨苄青霉素钠、白霉素或头孢菌素 10 ~ 15 毫克/千克体重，或双黄连 30 ~ 50 毫克/千克体重，每天 2 次，连用 3 天。

（2）鱼腥草 3 克、蒲公英 5 克，混合加水适量，煮沸后每天 2 次分服，连服 3 天；或苦参、杷叶、葶苈子各 2 克，加水适量，煮沸后分 2 次拌入饲料中喂服，连喂 3 ~ 5 天。或内服四环素 1 片，每天 2 次，连用 3 ~ 5 天。

（3）祛痰止咳，内服咳必清 10 ~ 20 毫升/（兔·次），每天 2 次，连用 3 天。

七、肾炎

肾炎通常是指肾小球、肾小管和肾间质的炎性变化。

（一）病因

1. 细菌性或病毒性感染　常引起肾炎。

2. 邻近器官的炎症蔓延　如膀胱炎、尿路感染等引起肾炎。

3. 有毒物质中毒　如松节油、砷、汞等引起肾炎。

4. 环境因素　潮湿、寒冷、温差过大和过敏性反应等因素能引起肾炎。

（二）临床症状

按病程分为急性肾炎和慢性肾炎。急性肾炎时，病兔表现精神沉郁，体温升高，食欲减退或废绝。常蹲伏，不愿活动，强行运动时，跳跃小心，背腰活动受限。压迫肾区时，表现为不安，躲避或抗拒检查。排尿次数增加，每次排尿量减少，甚至无尿。病情严重的可呈现尿毒症症状，体质衰弱无力，全身呈阵发性痉挛，呼吸困难，甚至出现昏迷状态。慢性肾炎多由急性转化而来。病兔全身症状不明显，主要表现排尿量减少，体重逐渐下降，眼睑、胸腹或四肢末端出现水肿。

（三）病理变化

肾有炎症病变，实验室检查可见尿中蛋白含量增加，尿沉渣检查可发现红、白细胞，肾上皮细胞和各种管型。

（四）防制措施

1. 预防　保持病兔安静，并置于温暖干燥的房舍内，给予营养丰富、易消化的饲料，适当限制食盐的用量。

2. 治疗

（1）消除炎症：选用抗生素类药物，如肌内注射青霉素 G 钾（钠）2 万～4 万单位/千克体重，或硫酸链霉素或卡那霉素 10～20 毫克/千克体重，或环丙沙星注射液 1 毫升/千克体重，每天 2 次，连用 5～7 天。

（2）脱敏：静脉注射强的松 2 毫克/千克体重，或地塞米松 0.125～0.5 毫克/千克体重，每天 2 次，连用 5～7 天。

（3）对症治疗：为消除水肿，可用利尿剂，如肌内注射速尿 2～4 毫克/千克体重。有尿毒症症状时，静脉注射 5% 碳酸钠注射液 5～10 毫升；尿血严重时，应用止血药，如肌内注射安络血 1～2 毫升，每天 2 次，连用 5～7 天。

八、中暑

中暑是日射病和热射病的统称。日射病是家兔在炎热的季节中，头部持续受到强烈的日光照射而引起的中枢神经系统功能严重障碍性疾病。热射病是家兔所处的外界环境气温高，湿度大，产热多，散热少，体内积热而引起的严重中枢神经系统功能紊乱的疾病。临床上以体温升高、血液循环和呼吸功能衰竭并发生一定的神经症状为特征。该病多发生于炎热的夏季，病情发展急剧，甚至迅速死亡。各种年龄的家兔都可发病，尤以怀孕母兔和毛用兔多发。当巢箱内垫草过厚且很少通风时，幼兔也特别易感。家兔对热非常敏感，当温度在30℃以上时，很容易发生中暑。

（一）病因

本病是因家兔长期处于高温环境条件下（33℃以上）而引起。天气闷热，湿度过高，兔舍内潮湿、拥挤、通风不良；露天兔场，遮光设备不完善，家兔长时间受强烈阳光的照射；家兔体质衰弱，心脏功能、呼吸功能不全，代谢功能紊乱；盛夏炎热天气进行长途车船运输，装载过于拥挤，又没有足够的遮阴设备，加之饮水不足，而使家兔体内排出多量的水分与盐类，都易促使本病的发生。

（二）发病机制

从发病学上分析，无论是热射病还是日射病，最终都会出现中枢神经系统紊乱，但是，其发病机制方面还有一定差异。

1. 日射病 因家兔头部持续受到强烈日光照射，日光中紫外线穿过颅骨直接作用于脑膜及脑组织，即引起头部血管扩张，脑及脑膜充血，头部温度和体温急剧升高，导致神智异常。又因日光中紫外线的光化反应，引起脑神经细胞炎性反应和组织蛋白分解，从而导致脑脊液增多，颅内压增高，影响中枢神经调节功能，新陈代谢异常，导致自体中毒、心力衰竭、病兔卧地不起、痉挛、昏迷。

2. 热射病 由于外界环境温度过高，湿度大，家兔体温调节中枢的功能降低，出汗少，散热障碍，产热与散热不能保持相对平衡，产热大于散热，以致造成家兔机体过热，引起中枢神经功能紊乱，血液循环和呼吸功能障碍而发生本病。热射病发生后，机体温度高达41～42℃，体内物质代谢加强，氧化产物大量蓄积，导致酸中毒。同时因热刺激，反射性地引起大量出汗，致使病兔脱水。由于脱水和水盐代谢失调，组织缺氧，碱贮下降，脑脊髓与体液间的渗透压急剧变化，影响中枢神经系统对内脏的调节作用，心、肺等脏器代谢功能衰竭，最终导致窒息和心脏麻痹。

（三）临床症状

在临床实践中，日射病和热射病常同时存在，因而很难精确区分。

1. 日射病 常突然发生，病初病兔精神沉郁，四肢无力，步态不稳，共济失调，突然倒地，四肢做游泳样运动。随着病情进一步发展，体温略有升高，呈现呼吸中枢、血管运动中枢功能紊乱，甚至麻痹症状。心力衰竭，静脉怒张，脉搏微弱，呼吸急促而节律失调，结膜发绀，瞳孔散大，皮肤干燥。皮肤、角膜、肛门反射减退或消失，腱反射亢进，常发生剧烈的痉挛或抽搐而迅速死亡，或因呼吸麻痹而死亡。

2. 热射病 突然发病，病初家兔精神不振，食欲减退或废绝，全身无力，步态不稳，流涎，体温显著升高，可达42℃以上，皮温升高，触摸全身体表有灼热感，呼出气体灼热，呼吸急促、心跳加快，眼睑、口腔和鼻腔黏膜潮红、充血。病情进一步发展，呼吸高度困难，可视黏膜发绀，口鼻呈青紫色，两鼻孔流出粉红色、带小泡沫的鼻液，瞳孔扩大或缩小。后期病兔呈昏迷状态，卧地不起，意识丧失，眼球突出，四肢抽搐，全身震颤，出现阵发性痉挛，呼吸浅而疾速，节律不齐，脉不感手。濒死前，多有体温下降，常因呼吸中枢麻痹而死亡。

（四）防制措施

1. 预防 加强饲养管理，在夏季要做好防暑降温工作。兔舍应通风，保持空气新鲜凉爽，温度过高时，应在地面洒水、放置冰块或安置排风扇等方法，来降低兔舍温度，长毛兔应剪毛。兔舍、兔笼应宽敞，防止过度拥挤，露天兔笼或运动场，要搭设凉棚，避免强烈日光照射家兔，供给充足的清洁饮水。在长途运输中，车厢内温度不宜过高，应有遮阴设施，要保证适当通风，供足饮水。

2. 治疗 治疗原则是消除病因，加强护理，促进机体散热和缓解心、肺功能障碍。发现中暑后，应立即将病兔移至阴凉通风处，用凉水冲洗头部或将冰块置于头部，并用冷水浸湿的毛巾冷敷头部或躯体部，每3～5分钟更换1次；灌服0.5%淡盐水、生理盐水或用冷水20毫升，直到体温降至常温为止。也可灌服人丹2～3粒或十滴水2～3滴，或藿香正气水2～3滴。为降低颅内压和缓解肺水肿，可采用静脉放血，从耳静脉、尾尖或脚趾等处进行放血，也可耳静脉注射20%甘露醇或25%山梨醇10～30毫升。当体温下降，症状有缓解时，静脉注射5%的葡萄糖生理盐水40毫升、樟脑磺酸钠注射液或樟脑注射液，兴奋呼吸中枢和血管运动中枢，以促进全身功能的恢复。

九、结膜炎

结膜炎是眼睑结膜、眼球结膜发炎，是兔眼病中发生较多的一种疾病。发病初期，病兔流泪，怕光，结膜肿胀、潮红、疼痛，2或3天后眼球混浊，继而出现黏液性和脓性分泌物，上下眼睑粘在一起。如果治疗不及时，往往引起失明。

（一）病因

结膜炎的原因是多方面的。

1. 机械性原因 如沙尘、谷皮、草屑、草籽、被毛等异物落入眼内而引起结膜发炎。

2. 物理性刺激 如烟、氨、石灰，强日光直射，红外线的刺激，以及高温作用等而引起结膜发炎。

3. 化学性原因 如化学消毒剂及分解变质眼药的刺激等而引起结膜发炎。

4. 细菌感染 某些传染病和内科病，如传染性鼻炎、维生素A缺乏症等而引起结膜发炎。

（二）临床症状

一般表现为流泪，怕光，结膜肿胀、潮红、疼痛和眼睑闭合等。

根据分泌物的性质分为黏液性结膜炎和化脓性结膜炎。黏液性结膜炎症状较轻，一般为结膜表层的炎症。病初结膜轻度潮红，眼睑结膜稍肿胀，分泌物较少，呈浆液性，随病程发展，分泌物变为黏液性，量也增多（图8.115、图8.116），眼睑闭合。化脓性结膜炎，则症状加剧，眼睑结膜剧烈充血和肿胀，眼睑变厚，疼痛剧烈，眼睑闭合，在结膜囊内蓄积黄白色脓性分泌物，并从眼内流出。如炎症侵害角膜，则角膜混浊，甚至溃疡，角膜溃疡可能造成穿孔而继发全眼球炎，导致失明。

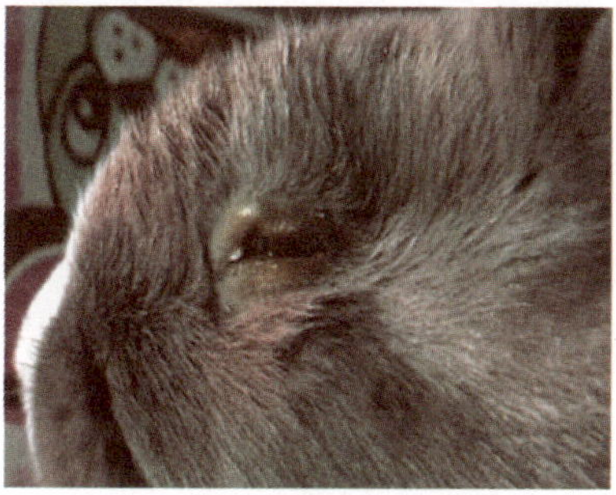

图8.115　眼结膜发红

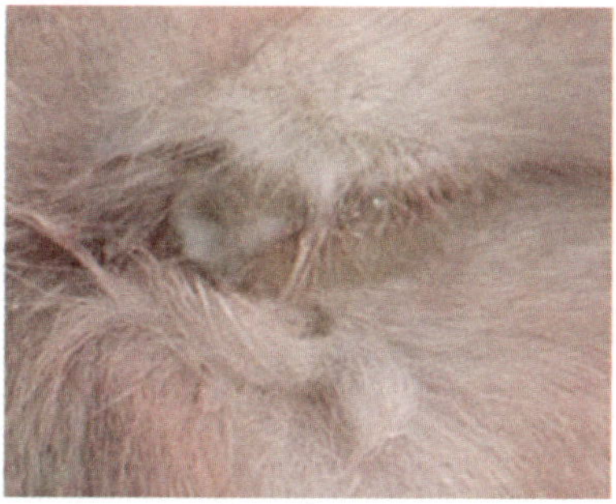

图8.116　眼睑肿胀，有脓性分泌物

（三）诊断要点

根据病因和临床症状即可确诊。

（四）防制措施

1. 预防　保持兔笼兔舍的清洁卫生，防止沙尘等异物落入眼内或防止发生眼部外伤；夏季避免强日光的直射。用化学消毒剂消毒时，要注意合理配制消毒剂的浓度及消毒时间。经常喂给富含维生素A的饲料，如胡萝卜、南瓜、黄玉米、青干草等。

2. 治疗

（1）滴眼消炎：1%甲砜霉素眼药水、0.6%黄连素眼药水、0.5%强酸氢化可的松眼药水、氯霉素眼药水等，每次滴眼2～3滴，每天3～5次，连用3～5天。

（2）中药治疗：野菊花15克、桑叶15克、木贼草15克，煎水洗患眼，每天2次，连用3～5天。或车前子6克、青葙子6克、黄芩8克、甘草5克，煎水内服，每天2次，连用3～5天。

（3）对症治疗：分泌物多时，用0.25%硫酸锌眼药水滴眼。角膜混浊者，涂敷1%黄氧化汞软膏。重症者可应用抗生素或磺胺疗法。

十、溃疡性脚皮炎

溃疡性脚皮炎是指跖骨部的底面，有时还有掌骨或指骨部的侧面所发生的损伤性溃疡性皮炎。本病后肢最为常见，前肢发生的较少。

（一）病因

本病实际上是一种压迫性坏死。由于兔体重大，脚部在笼底或粗糙坚硬地面上所承受的压力过大引起脚部皮肤压迫性坏死，故此病多发生于成年兔，幼兔和体型小的兔很少发生。环境因素如过度潮湿、兔笼底上尿液或污物的浸渍、粗糙不平的兔箱（笼）底、兔箱（笼）底的铁丝网格不合规格等也会引起。有些脚垫上皮毛较薄的家兔，因接触铁丝笼底时缺乏理想的缓冲，也容易患本病。神经过敏和易兴奋的，并惯于频繁跺脚活动的兔易患本病。

（二）临床症状

病初表现为神经过敏、易于兴奋和频繁跺脚。常于跖部底面和趾部侧面的皮肤上发生大小不等的局部性溃疡（图8.117），病兔感觉疼痛而畏惧走动，表面覆盖干燥痂皮，若溃疡面经久不愈，磨破后出血，有时发生继发性细菌感染（如金黄色葡萄球菌）而出现痂皮下化脓、溃烂、结痂，甚至可形成蜂窝组织炎。严重时也可发生不吃、体重下降、弓背、走动时脚高跷等症状。如细菌侵入血流则呈现败血症，病兔很快死亡。病兔的体重负担经常由一条腿换成另一条腿，由后肢换成前肢。前肢之所以发病可能是由于体重负担由疼痛的后肢换成前肢所致。

（三）诊断要点

根据病因和临床症状即可确诊。

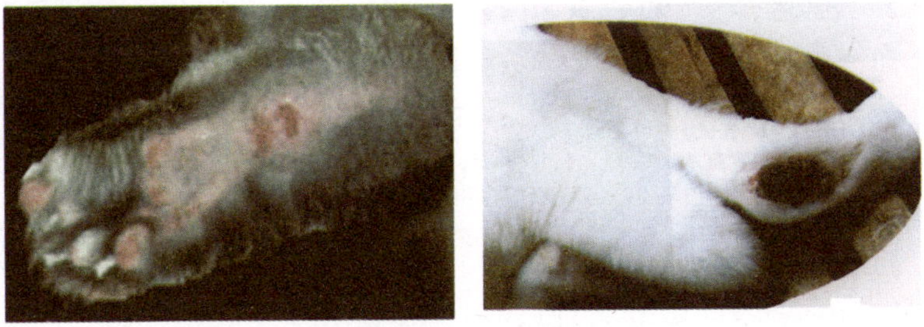

图 8.117 后脚溃烂结痂

（四）防制措施

1. 预防 改进兔笼设计和管理方法。兔笼应宽敞舒适，笼底应平整，给予干燥、柔软垫草，可在铁丝笼底板上垫铺竹底板。笼舍应保持清洁干燥。

2. 治疗 隔离病兔，在笼底箅上铺一层厚厚的垫草，剪去疮口周围脚毛，先用过氧化氢，或3%过氧化氢溶液，或0.2%醋酸铝溶液冲洗患部，除去坏死组织，然后涂擦红霉素软膏，或10%碘仿软膏，或15%氧化锌软膏，或3%土霉素软膏。配合肌内注射青霉素、链霉素20万单位，每天2次，连用5～7天。在治疗期间，注意勤换垫草。

十一、直肠脱和脱肛

直肠后段全部脱出于肛门外，称为直肠脱；若仅直肠后段部黏膜脱出肛门外，称为脱肛。

（一）病因

直肠壁组织较松弛，当慢性便秘、慢性炎症引起长期腹泻、直肠有炎症时，腹内压增高和过度努责，这是本病的主要原因。另外，营养不良、年老体弱、长期患慢性消耗性疾病以及某些维生素缺乏等也是本病发生的诱因。

（二）临床症状

发病初期，仅在排便后见少量盲肠黏膜外翻，呈粉红色或鲜红色（图8.118），但仍能恢复。如进一步发展，脱出部不能自行恢复，引起水肿、瘀血，呈暗红色或青紫色，易出血。最后黏膜坏死，结痂，并附有兔毛、粪便和草屑。严重者排粪困难，体温、食欲等有明显变化，救治不及时也可引起病兔死亡。

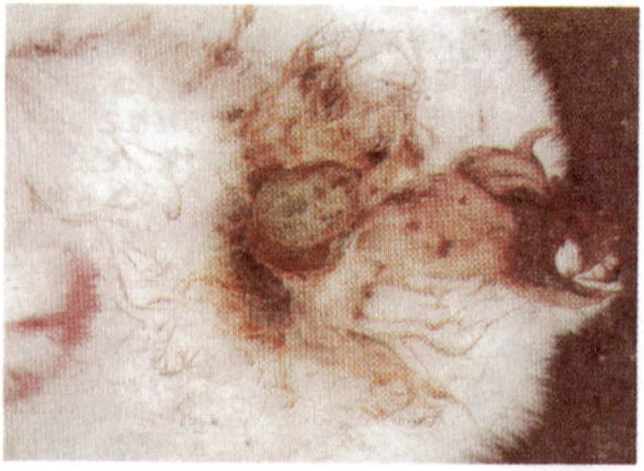

图 8.118　直肠脱出，黏膜红肿

（三）防制措施

1. 预防　加强饲养管理，适当增加光照和运动，保持兔舍清洁干燥，及时治疗消化系统疾病。

2. 治疗　轻者，用 0.05% ~0.1% 高锰酸钾溶液，或 0.1% 新洁尔灭，或 0.3% 明矾水等清洗消毒后，提起后肢，慢慢复位。重者，脱出时间长，水肿严重，甚至部分黏膜已发生坏死时，用消毒液清洗消毒后，剪除坏死组织，轻轻整复，并伸入手指，判断是否有套叠或绞扭。整复困难时，用注射针头刺破水肿部，用浸有高渗液的温纱布包裹，并稍用力挤出水肿液，再行整复。整复后肛门周围做荷包缝合，但要松紧适度，以不影响排便为宜。为防止剧烈努责而复发，在肛门上方注射 1% 盐酸普鲁卡因液 3 ~5 毫升。若脱出部坏死糜烂严重，无法整复时，淘汰。

参考文献

[1] 任克良．兔场兽医师手册［M］．北京：金盾出版社，2008.

[2] 程相朝，薛帮群．兔病类症鉴别诊断彩色图谱［M］．北京：中国农业出版社，2009.

[3] 薛帮群．獭兔饲养管理规范的研究［J］．中国养兔，2008，4：19－20.

[4] 沈幼章，王启明，翟颖．现代养兔实用新技术［M］．北京：中国农业出版社，2006.

[5] 孙慈云，杨秀女．科学养兔指南［M］．北京：中国农业大学出版社，2006.

[6] 谷子林．现代养兔实用百科全书［M］．北京：中国农业出版社，2007.

[7] 张玉．獭兔养殖大全［M］．北京：中国农业出版社，2010.

[8] 牛树田，田夫林．兔高效饲养与疫病监控［M］．北京：中国农业大学出版社，2002.

[9] 万遂如．兔病防治手册［M］．4版．北京：金盾出版社，2011.

[10] 高翔．畜禽无公害高效养殖实用新技术［M］．北京：中国农业出版社，2003.

[11] 杜玉川．实用养兔大全［M］．北京：中国农业出版社，1993.

[12] 薛帮群．三种规格兔笼的设计与建筑技术［J］．黑龙江畜牧兽医，2004，6：66－67.

[13] 晋爱兰. 兔病防治指南［M］. 北京: 中国农业出版社, 2009.

[14] 任克良. 兔病诊断与防治原色图谱［M］. 北京: 金盾出版社, 2009.

[15] 王晓平. 一例兔皮下脓肿的诊治［J］. 现代农业科技, 2012, 13: 292.

[16] 刘永超, 褚景生, 张月颖, 等. 獭兔乳房炎致病菌的分离培养［J］. 中国兽医杂志, 2012, 6: 56.

[17] 李巧云. 根据兔粪诊断兔病的方法［J］. 农村养殖技术, 2012, 12: 22.

[18] 张娜, 李书光, 陈金龙, 等. 兔F型多杀性巴氏杆菌的分离鉴定及其致病性［J］. 中国兽医科学, 2012, 7: 685-689.

[19] 李阳友. 兔病毒性出血症诊断方法研究概况［J］. 畜牧兽医科技信息, 2012, 6: 6-8.

[20] 龙明珠. 圈养野兔感染球虫病的诊断和防治［J］. 贵州畜牧兽医, 2012, 3: 43-44.

[21] 刘勇, 方鹏飞, 欧阳宇艺. 兔病毒性出血症病毒“LQ”株的分离鉴定［J］. 四川畜牧兽医, 2012, 6: 29-30.

[22] 周述辉. 家兔副伤寒防治［J］. 四川畜牧兽医, 2012, 6: 51.

[23] 邢兰君, 冯福江. 兔瘟与巴氏杆菌病混合感染不容忽视［J］. 兽医导刊, 2012, 6: 65.